释梦

Dream Interpretation

修订版

朱建军 著

中国人民大学出版社
·北京·

序言

人生如梦

　　1998 年，我出版的第一本书的主题就是释梦。转眼 27 年过去，我前后出版或再版的各个不同主题的书也有 40 多部。其中销量最高的，至今为止还是释梦主题的书。计算一下各版的释梦书，发行量加起来应不少于 400 万册。可见这个主题，真的很受读者偏爱。如今步入老年，精力日衰，对写书这件事情也热情稍退。《释梦》这本书现在要修订再版，我自己其实有点拿不准——还有什么可以修订的吗？对于梦这个主题，说了这么多年，还有什么新的内容可以补充的吗？

　　但想一想，居然发现还真有新的内容可说。一个小小的，但是却挺重要的新的关于梦的内容就是"梦的主体"。我过去只讲了梦的内容怎么去解释，但是对"做梦的主体"是谁，讲得并不透彻，只讲了"做梦的这个人"，而没有去讲做梦的主体也许是人的某个特别的子人格，也没有讲"有时候人可能会站在别人的视角去做梦"。于是，我在这一版中，就把这些内容添加在相应的章节中了。

　　还有一点过去也没有讲，也很重要，就是"人生如梦"。这个内容，我本来想放在各种类型的梦那一章，把"人生"或者说"清醒时的生活"作为一种特殊类型的梦去讨论，但是感觉也不是很合适——毕竟醒着时的人生本身，在我们的生活中，是被看作和梦相互对立的一个存在。如果它也算成梦的一种，那么梦和醒的分别，就难以界定了。因此，也就没有添加在那一章中。但是，由于这个内容非常重要，我想，如果要向读者介绍它，并且体现出其格外重要，那最好是放在再版序言之中来讲一讲了。

我们如果在释梦的道路上走到一定程度，总有一天会发现，我们清醒的生活，我们现实中的人生境遇，实实在在和梦并无差异，所以"人生如梦"这句话，实实在在是真相。"人生如梦"在中国可以说是老生常谈了，不过，真的懂得人生本身也是一个梦，对我来说，也是做释梦之后很久，才真正获得的一个领悟。

我说"真正获得"，是因为"人生如梦"这个说法我早就知道了，并且在意识中也早就认同了这个观点。古人讲人生如梦，在思想上，来源于佛教或道家的理念。他们都认为我们生活的这个世界，从根本上说是虚幻不实的存在。所以，所有的人生经验，理论上都是梦一样的存在。但我和其他人一样，虽然承认佛教、道家都很高明，但看待生活的时候，还是觉得都挺真实的，通常并不会把生活看作是梦——所以人们会奋斗，会争取更高的地位，会争夺资源，通常并不把一切看作虚幻。月底发工资的日子，如果老板对员工说，"人生如梦，一切都是虚幻，工资也不过是梦中的东西，算了，不给你了"，我想员工并不会欣然同意。

古人讲人生如梦，并非完全是口头上说说，有的时候，也的确会有比较真切的实际感受。当在生活中产生虚幻感的时候，他们就容易承认"人生如梦"。比如，杨慎被罢官贬谪的时候，填词说"是非成败转头空"，这个转头空的感受，就和梦的那种虚幻感很相像。苏东坡被贬官的时候，遇到一位老太婆对他说，你过去的荣华

序 言

富贵,在今天看,就是春天的一场梦啊。苏东坡深受启发,尊称她为"春梦婆"。这个时候的苏东坡对现实生活的感受,也是一种如梦一样的虚幻感。再比如,春风得意的时候,如果某个人有反思的习惯,回想过去艰难的日子,和当下的志得意满相比较,也可能会激发"人生如梦"的虚幻感。虽然我一时没有找到例子,但是我猜,范进中举时、刘秀娶妻娶到阴丽华时,也许都会有这种"如梦似幻"的感受吧。

固然我们有时会感慨"人生如梦",不过,并没有真正认为人生是梦一样的存在。所以,这不是"真正获得"了"人生如梦"的领悟。只有实实在在、毫不怀疑地知道,人生真的如梦,那才是真正获得了这个领悟。

我领悟到人生如梦的道理,是在释梦的过程中。一开始我是分析"梦"本身,后来我发现"往事"也可以当作梦一样做分析解释,而所得到的那些解释和分析,都和释梦一样有意义。之后,我发现不仅"往事"可以这样分析,现在的生活,乃至生活中的一切事,都可以这样拿来当作梦分析,于是,"现实人生"与"梦境"相同的一面,就逐渐进入了我的视野。

梦和现实生活,相同在哪里呢?相同的就是,都包含着大量的投射。我们看到的,并不是"客观实体"的样子,而是我们的心、我们的意念、我们的欲望所投射出的样子。

梦中"凶恶的敌人或野兽"之所以相貌那么凶恶,行为那么凶狠,实际上是被投射而成的。因为做梦的主体,梦中的那个我感到了恐惧,所以我觉得一定有个很可怕的敌人或野兽存在,于是在梦境中就化现出了一个敌人或野兽的形象。所以,敌人或野兽是我的恐惧所投射出来的。表面的故事是,因为有敌人所以我恐惧,实际上相反，是因为我恐惧，所以创造了敌人的形象。

现实生活相对"客观"一点，外面的人，并不是我们的内心投射而成的，而是独立于我们的心而存在的。但是，如果我们对生活了解得更多一点，我们就会知道，现实生活中，外面的人在我们看起来是什么样子，很大程度上一样是我们的投射所创造的。如果我们有恐惧，我们身边的人，也一样会"更恶一些"。因为就算外在的那个人并不恶，我们如果非常恐惧，也会担心他作恶或者把他当作可怕的人，然后在我们的心中，他就是一个恶人。当我们把一个人看作恶人之后，通常，那个人会对我们很不喜欢，因此，他很可能就会以很凶恶的方式来对待我们，他也就会真的成为恶人。如果有的人本身就不太好，他就会在我们这里很快变坏；如果有些人本来挺好，他就会变得慢一些，但是最后一定都会变的比较坏。于是，我们在现实中创造了敌人。

这些投射、化现，在梦中和在现实生活中都一样存在，它所创造的就是"梦"或者人生如梦的那个"梦"。

当然，梦和现实生活，真实程度还是有差别的。如果我们说它们都是虚幻的，那么虚幻的程度也是有差别的。现实生活相对来说，还有一定的客观性，不完全是我们的心所化现的，现实生活中的别人，并不是我们认为他们是什么样子就会完全成为那个样子。所以，现实生活相对来说，真实程度会高一些。但是，我在做心理咨询的过程中发现，人们在现实生活中，因为有大量的心理投射，所以最后他们心中看到的人的样子，和外界的人的关系越来越小，和他们自己的内心关系越来越大。

绝大多数人根本不知道他们的父母、配偶和子女实际上是什么样子的人。他们对父母、配偶和子女有很大的误解。他们心中的父母、配偶和子女，实际上是他们幻想出来的样子，所以，对于大多数人来说，他们的人生和梦，实际上的确区别很小。因此，人生不仅是如梦，而且本身也是广义上的梦。

我虽然是释梦的高手，但其实也是绝大多数人中的一员。经过多年的心理成长，我的幻想相对少了很多，但是余留下来的，依旧不少。所以，我也还是"梦中人"，并没有真正醒过来。

如果人生，或者说我们的现实生活，也是广义上的梦，我们都在这个广义的梦中，并没有醒来，那么，我们可以做什么呢？是不是既然人生如梦，我们也就只好醉生梦死了呢？并非如此，我们说人生如梦，说现实生活也是虚幻的，只是说我们不能把我们看到的东西太"当真"。虽然梦中的事情"不是真的"，但梦中的感受、情绪、欲求、动机等却是真实存在的。幻想中的梅子是不存在的，但是幻想的梅子所引发出来的口水却是真实的。

人生，也许只是一个梦，但是这个梦中的种种，给我们心理带来的影响，是实在的。梦假，情真。

所以，虽然人生也许只是一个梦，我们无须把看到的事情太当真，但是我们也不能把人生当作虚幻，不严肃地对待人生。人生虽然是一个梦，但也是一个机会，一个用假来修真的机会。

借助这个机会，我们可以改善自己的心态，提升自己的精神境界，完善自己的心理素质，从而给我们带来更好的梦，以及更真实的一定程度的醒。

在人生的这场大梦之中，我们可以看其中每晚所做的梦中梦，或者看白天所谓清醒时刻的广义的梦，并且分析解释这些梦，从而让我们少一些自己所投射的虚假，多一些相对比较客观的真实。

这就是释梦。

释梦（修订版）

  当本书修订再版的时候，就把这些文字作为新版《释梦》的再版序言吧。至于其他释梦的具体细节方法等，这次并没有太多的修订——这倒也是一件好事，说明重温旧作，我依旧认可9年前写这本书的时候所使用的方法以及所总结的经验。这说明我过去给大家提供的释梦知识和经验，是靠得住的。好书，应该如此。

2025年4月1日

目 录

第一章 梦的意义 　　　　　　　　　　　1
　　一、梦在表达什么？ 　　　　　　　　2
　　二、慧眼读梦 　　　　　　　　　　　8

第二章 揭开梦的面纱 　　　　　　　　　15
　　一、梦与睡眠的实验研究 　　　　　　16
　　二、弗洛伊德的梦研究 　　　　　　　19
　　三、荣格的梦理论 　　　　　　　　　26
　　四、弗洛姆谈梦的"语言" 　　　　　37
　　五、我的释梦观 　　　　　　　　　　39

第三章 打开梦王国的宝库 　　　　　　　48
　　一、迷雾中的寻宝者 　　　　　　　　49
　　二、得到藏宝图 　　　　　　　　　　50
　　三、芝麻开门：释梦 　　　　　　　　54

　　　　四、宝库的门开了：释梦方法　　　　69
　　　　五、释梦同心圆　　　　73

第四章　梦象征参考词典　　　　80

　　　　一、动物　　　　82
　　　　二、交通工具　　　　94
　　　　三、房屋　　　　98
　　　　四、穿戴之物　　　　100
　　　　五、身体各部位　　　　103
　　　　六、物品　　　　105
　　　　七、人物　　　　112
　　　　八、水　　　　125
　　　　九、路　　　　129
　　　　十、其他事物　　　　132

第五章　梦的常见主题　　　　138

　　　　一、被追赶　　　　139
　　　　二、迟到、误车　　　　142
　　　　三、飞翔　　　　145
　　　　四、考试　　　　148
　　　　五、掉牙　　　　151
　　　　六、裸体　　　　152
　　　　七、战斗　　　　154

八、死亡　　　　　　　　　　　　155
　　九、性爱　　　　　　　　　　　　158
　　十、上下楼梯　　　　　　　　　　159
　　十一、入监狱　　　　　　　　　　161

第六章　关于生死、性爱的梦　　　　162
　　一、关于出生的梦　　　　　　　　163
　　二、关于死亡的梦　　　　　　　　167
　　三、性梦　　　　　　　　　　　　178

第七章　梦的表达　　　　　　　　　　194
　　一、梦的表达方式　　　　　　　　196
　　二、梦怎样表达人名、数字和时间？　214
　　三、做个快乐彩色梦　　　　　　　216
　　四、梦的表达有技巧　　　　　　　222

第八章　你也能释梦　　　　　　　　　225
　　一、先从自己的梦开始　　　　　　226
　　二、释梦也要看主人　　　　　　　227
　　三、哪个梦更珍贵？　　　　　　　232
　　四、同夜的梦都相关　　　　　　　235
　　五、再谈梦中人物　　　　　　　　237
　　六、梦作品有风格　　　　　　　　239

七、扩充梦和表演梦　　239
　　八、多一点细节　　240
　　九、往事如梦　　241
　　十、找证人和线索：侦破梦的案子　　244

第九章　奇梦共欣赏　　254

　　一、噩梦　　255
　　二、清醒的梦　　262
　　三、提示疾病的梦　　267
　　四、启发性的梦　　271
　　五、创造性的梦　　274
　　六、预言性的梦　　276
　　七、心灵感应的梦　　282

第十章　做梦的主人　　287

　　一、记录梦的方法　　288
　　二、命题做梦　　300
　　三、造梦　　308

第十一章　用梦　　319

　　一、梦是智慧的体现　　320
　　二、释梦能促进自我接纳　　323
　　三、释梦能改善心理状况　　327

四、梦能辅助心理咨询　　　　　　　　347

第十二章　梦与文化　　　　　　357

一、梦文化的解读　　　　　　　358
二、文化的梦解读　　　　　　　380

释 梦

第一章
梦的意义

一、梦在表达什么？
二、慧眼读梦

一、梦在表达什么？

"我的房子是一个两层的独栋。前面有一片空地，种了一些蔬菜。我发现房子的部分房间住了别人，而不是我家里的人。但是我也无意于去让他离开什么的。我关心的是我种的那些蔬菜和植物。遗憾的是那些苗并不是都很茂盛，地好像不够肥沃，水也不是很够，因此只有少数的苗长得比较好，而其他的却长得不够好。有的苗上有蒺藜，它们挂在我的衣服上，并且刺痛了我。我只好小心地一点点把衣服上的蒺藜去掉，心想：我需要找到一种药喷到这些蒺藜上，让它们变成别的更好的植物。"

这是我在 2010 年做的一个梦。

一种现象很常见并不意味着人们就了解它。人人都做梦，而且常常做梦，可是人们对梦的理解仍然很少。彩虹，我们一年也许只能看见一两次，可是我们对它的原理清清楚楚。而梦是怎么回事，有多少人能说清楚呢？

虽然谁也说不清楚，但是人们对它却一向很有兴趣。梦是闲谈的好题目。你讲一个梦，我讲一个梦，这么一件简单的事足以消磨掉一个夏夜。

1. 梦有意义吗？

人们对梦的兴趣一半是因为梦的新奇。人们对新奇的事物总是有兴趣的。报纸上刊登的诸如连体婴儿、五条腿的牛、人体自

第一章 梦的意义

燃、野人怪兽等奇闻轶事，总是可以吸引读者，尽管连体婴儿只不过是种罕见的畸形，而人体自燃也许根本不存在。报纸上的怪事终归数量有限，情节简单，远不如梦人人都有，又千奇百怪。自然，人们会对梦有兴趣了。

人们对梦感兴趣的另一个原因，则是很多人或多或少相信：梦是有意义的，梦是传递信息的密码。

梦有意义吗？有些人认为没有。他们认为梦不过是这么一回事：在睡眠时，大脑皮层总体上停止活动了，而少数地方还有微弱的活动，像熄灭的篝火中零零星星的火星。白天看到的形象毫无秩序地显现在眼前，这就是梦。这就是建立在巴甫洛夫条件反射理论基础上的看待梦的观点。持这种观点的人认为，总的来说，梦是没有意义的。梦，就像是小孩子用一支笔在纸上信手涂鸦。但是，他们也不得不承认：当一个人感到饥饿时，他会梦到吃饭，感到口渴时，他会梦到喝水。当一个人听到铃声时，他会梦到听见某种类似铃声的声音。他们认为，这是人对内外界刺激的反应，如果说有意义的话，这类梦有一点点意义，它指出了我们正感受着一种刺激。提出这种观点的，是俄国的生理学家巴甫洛夫。从 20 世纪 50 年代到 70 年代，我国的科学界一直把他的理论奉为正统，他关于梦的观点也被当成了唯一的科学解释。

相信梦有意义的人还是比较多的，但是他们对梦的意义的看法却形形色色。迷信、谬误和真理混杂在一起，至今仍未完全澄清。这些观点的共同之处是，认为梦的意义不是它的表面意义。在我的梦里，我会飞，动物会说话，冰能变成宝石。这些显然不可能在现实生活中发生。因此，相信梦有意义的人都同意，梦在荒谬的外表下有更深层的意义。梦仿佛是密码，传递着秘密的信息。

2. 梦的吉凶预兆

最古老的一种信念认为梦的意义是预兆。例如：景颇族认为梦见枪、长刀，是妻子生男孩的预兆；梦见铁锅，是妻子生女孩的预兆。汉族也同样有这种观念。殷商时期的甲骨文中，就有用梦卜吉凶的记载。历代史书中，都有梦预言吉凶的记录。例如《晋书》载，曹操曾梦见三匹马在同一个槽里吃食。曹操认为这预示着司马懿、司马师和司马昭（三马）父子将篡曹（槽）氏天下，因此提醒曹丕要留意。

传说中这种例子不胜枚举，如《左传》中记载，宋景公死后，得和启两个人争夺王位。得梦见启头向北躺在卢门外边，而自己是一只乌鸦在启的身上，嘴放在南门上，尾在桐门上。于是得认为，他的梦好，象征着他将成功地继承王位。后来他真的被立为宋的君王。得为什么认为这个梦好呢？因为中国古代有释梦理论认为："头向北躺着，代表死；在门外，代表失去国家。"所以启会失败，而得面对南方（"南面为王"），而且控制着各个城门，自然得应该成功。

由于相信梦的预兆作用，中国古人会根据梦来决定自己的行动。据说唐朝开国皇帝李渊在刚刚要起兵反叛隋朝时曾做过一个梦，梦见自己掉到床下，被蛆吃。他认为这是表示自己要死的预兆，所以不敢起兵。而他手下的一个人解释说："落在床下，意思是'陛下'，被蛆吃，表示众人要依附于你，这个梦表示你要当皇帝。"李渊听了这话，才放心地起兵，后来他推翻了隋朝，自己当上了唐朝的皇帝。

西方文化中，也有与此相同的信念。例如《圣经·旧约》中埃及法老梦见 7 头壮牛，随后有 7 头瘦牛出现并把壮牛吃掉。约瑟告诉法老，这预示着："将有 7 个丰年，随后有 7 个灾荒年，这 7 个灾荒年把前 7 年的盈余全部耗光了。"

这种古老的信念至今仍然存在。在我接触的人中有不少人仍然相信梦能预示未来。虽然他们往往在理智上承认这是种迷信，但内心中却隐隐觉得这种说法也有道理。

3. 梦是另一种现实

稍后产生的一种信念认为梦的这种意义是另一种现实。也就是说，梦是人的灵魂离开身体后遇见的现实。据说，圭亚那印第安人认为：梦中的人是暂时离开肉体的灵魂，所以，人要为自己在梦里做的事负责。如果在梦中打伤了别人，醒后他要去道歉；反之在梦中受人伤害，醒后也要去报复。如果梦见和别人的太太性交，就必须交付罚款。当地的原住民如果告诉别人"我昨天梦见拥有了你的土地"，那么对方就要拱手把土地让给他。当然当地原住民都为人朴实，不会说谎。如果我们不老实，对他们说个假梦，"你的土地都归了我"，那么他们就惨了。

中国古代有这样一个故事：某道人见到一个和尚正在酣睡，从他的脑袋顶出来一条蛇。这蛇遇上唾液就吃，见尿就喝，出门过小沟，在花丛边转了一圈后，又想过另一条小沟，但因为有水没过去。蛇回来时，道人把小刀插在地上。蛇看见刀很害怕，另找路回到和尚头中。和尚这时醒过来，说："我梦见吃了好东西、喝了美酒，又过了一条小江，遇见一位美女，想过另一条江，但水大没过去。我回来时遇上了强盗，绕路才回来。"这个关于梦的故事想说明的是，灵魂可以用动物形态出游而形成梦。

直到现在，这种观念仍然存在。1990年，在中国农村还发生过这样的事：一个丈夫梦见妻子和某男人性交，于是他急忙跑到妻子所住的地方——一个看青的棚屋，问谁来过。虽然妻子说没人来过，但他还是不相信。他显然是认为他做梦时自己的灵魂是真的看到了妻子和别人性交。后来，他竟然杀了那个梦里出现的男人。

预兆观和灵魂出游观并不相同。相信梦能预示未来的人有两种解释，一种是梦中鬼神或别人的灵魂可以告诉他未来，另一种则是认为自然界可以通过某种感应引起梦（即天人感应），因此，在发生大的灾变或喜事前，人可以在梦中获得预兆。而认为梦是"灵魂出游"的神交观，则不认为梦是"感应"，他们只同意鬼神可以和自己出游的灵魂交流。

4. 醒梦皆虚幻

古印度人关于梦的观点是十分独特的，他们认为梦可以成为我们所在的物质世界中的现实，而同时，我们所在的"现实世界"本质上不过是个虚幻的梦。换句话说，梦像现实一样真实，而所谓真实的现实世界像梦一样虚幻。古代中国人的梦观与印度人有一个很大的不同，他们认为，梦是灵魂经历的"真实事件"，和现实生活一样是真实的。某和尚做梦时脑袋顶出来的蛇形的灵魂实际存在，并且确实吃过唾液，过了小沟，去了花丛。而印度人则认为梦和"现实"世界虽然本质上没有什么区别，但都不是真实的，梦是虚幻，"现实"也同样是虚幻，没有什么"真实事件"在发生。

印度经典里有许多关于一个人在梦里变成另一个人的故事，而且故事中他们醒来后，发现梦中的事都是确有其事的。《婆喜史多

第一章 梦的意义

瑜伽》中,有一个这样的特异的梦的故事。

有个国王在魔法师的催眠下睡着了。几分钟后,国王醒来并迷惑地问道:"这是什么地方?这是谁的宫殿?"他最终恢复感觉后,告诉了大家他的梦:梦中他骑马去打猎,被野兽袭击。后来一个低种姓的女子遇到他,给他食物。他和她结了婚,生了两个儿子和两个女儿。过了6年,他死于可怕的饥荒。然后他醒过来,发现自己在做梦。

但国王第二天真的去了梦中的地方,并发现了所有他梦见过的事物:他认识了曾是他的熟人的猎手,找到了那个收留他的村庄。他看到了所有人们使用的东西,干旱袭击过的树林,失去父母的猎手的孩子。他见到了曾是他岳母的老妇人。他问她:"这里发生了什么事?你是谁?"她给他讲了个故事——正是他梦到的事情。

在这样的梦的故事里,印度人引出了他们特有的梦观和世界观。在印度人的观念中,没有什么"现实的事件",人在梦中、在日常生活中经历的种种事件,对他的精神来说,是的确发生了。而且不同的人的精神意识或心灵中会出现同一个事件,仿佛大家同做一个梦,在这种情况下,大家就都认为这种事是发生过的真事而不是虚幻的梦。这种观点显然不是唯物主义的。

印度人的这种观点,在中国不是主流,但庄子也曾说:我曾梦见自己是蝴蝶,醒来后想,是庄周做梦成了蝴蝶,还是蝴蝶做梦成了庄周呢?也许世界就是梦。而梦中的一个人的精神可以转化或分解为几种不同的精神。这些不同的精神既是同一的又是独立的。这种观点比中国古人认为人睡后灵魂出窍形成梦或鬼神致梦显然要奇特得多,神秘得多。

5. 梦是身心活动的反映

另外两类看法则不具有神秘感。其中一类认为梦是身体的状态或病变的反映。中国古代医生认为，如果梦见白物、刀枪，可能是肺有病变；梦见溺水则是肾有病变；梦见大火炙烤则是心有病变……这种看法也同样存在于现代，现代的说法是：当身体有轻微的不适，虽然醒时人没有注意到，但是梦中会出现相应的内容。例如，心区微痛就会梦见被人用刀刺中心脏。

另一种看法认为梦是由思想、情绪、愿望等引起的。因此，我们如果白天一直想着某一件事，就会梦见这件事，所谓"日有所思，夜有所梦"。我们如果盼望富有，就会梦见自己成为富有的人。如果想念某个朋友，就会梦见他。反过来，我们如果恐惧、担心什么，也就会梦见可怕的事物。19世纪末，奥地利伟大的心理学家弗洛伊德，用科学方法研究梦，发现了梦的本质规律，首次建立了关于梦的科学理论。他对梦的意义的理解也属于这一类。他认为梦是一种愿望的幻想性的满足。梦的外显的意义不同于内隐的意义，而内隐的意义就是某种愿望。按照他的理论，如果一个女子梦见打针，针很可能代表男性生殖器，而打针则表明她希望有机会性交。弗洛伊德等人的成就，使梦的研究最终进入了科学的殿堂。

二、慧眼读梦

古往今来，有几个人真正懂得自己的梦？一方面，即使在现

第一章 梦的意义

在，科学对梦的了解，也远远比不上对阿米巴虫、蚂蚁和海星的了解多。可是，人们仍旧一代代活得还不错。从这个角度看，破译梦并不是一件很必要的事。

的确，破译梦不是生活必需的。人们必须懂得如何种粮食、如何盖房屋、如何织布，不然人们就无法生存；而不懂得梦，人们仍旧可以生存得很好。

但是从另一方面看，科学家研究阿米巴虫、蚂蚁和海星，研究宇宙的起源和几百万光年以外的星球，研究质子和夸克，对生存又有多大的意义呢？比起蚂蚁、天狼星和夸克来，梦和我们的联系大得多了，释梦对生活的作用是很大的。

释梦是改善生活的一个很好的手段。它虽然不是唯一的手段，但却是好的手段之一。没有它我们能活得很好，有了它我们可以活得更好；就像没有发明汽车时人们也能旅行，但是一旦有了汽车，人们就可以旅行得更多、更远，也更轻松。

释梦，承载着我们到心灵的深处旅行，并且带回无数的珍宝。

1. 看破梦中鬼魅

释梦，不仅可以让我们知道某个梦是什么意思，也可以让我们知道梦是怎么一回事。除了释梦的实用价值之外，让我们知道梦是怎么一回事也是它的一大价值。因为人类是最爱获得知识的动物，我们连几百万光年外的星球是怎么一回事都想知道，又怎么会不渴望知道每天晚上都会做的梦是怎么一回事呢？

在发现关于梦的真理之前，人们不得不接受一些关于梦的迷信，以消除认识的饥饿。现在，有许多关于梦的迷信，这些迷信之所以难以消除，正是因为关于梦的真理还不为人们所知。现代没有人还会相信,太阳是由一个神用车拉着在天上跑过的,因为科学家已经清楚地知道太阳是什么,而且把这些知识告诉了大家。但还是有人相信,梦是鬼神的显现。这是因为科学家还没有能够使人们明白,梦究竟是怎么一回事。

因此,释梦(这里指的是科学地释梦)不仅不会促进迷信的弥漫,而且可以消除迷信。例如,一个孩子在夜里看到一个可怕的白影子,以为那是鬼,聪明的父母不会让他远远地躲开白影子,而会带他去看清楚那白影子到底是什么。同样,释梦就是让我们看清楚梦是什么,看清之后,迷信的谬误也就不攻自破了。

这可以说是释梦的第一个作用。

2. 看出自己的精神

如果把我们心灵的领域比作一座园林的话,这也许应该说是一座夜间的园林:除了一间亮着灯的房子以外,树林、池塘、草地和假山都处于黑暗之中。借助淡淡的星光,我们可以隐隐约约看到房子以外的事物,但是那一切都是变形的,树木像高大可怕的人,池塘闪着奇异的光泽,假山的洞穴更是神秘。亮着灯的房子是我们的意识,我们对意识中的思想很清楚。房子外黑暗的区域是我们的潜意识,是我们自己也不是很了解的那部分心灵,是我们内心深处那些潜藏着的情感和意念。

许多人误把亮着灯的房子当成他的全部心灵,以为完全了解自己。但是,有些时候,他也会被一种难以控制的情感左右,而他却不知道这种情感的由来。他会奇怪地说:"我今天这是怎么了?为什么我会为这么一件小事如此愤怒?"他不知道,虽然他否认房子外的事物的存在,但是树林里的风声会传到房子里,草地上的秋虫会闯入房子里，甚至毒蛇也会爬进房子里。不论你是否承认潜意识的存在，潜意识中的东西都会对你产生影响。

而释梦或许可以说是一个手电筒，它可以帮助你看清你内心中那看不清楚的一切，有时甚至可以将它比作月光，照彻你的内心，使你在这一时刻真正完全了解自己。

一次，一个18岁的男孩对我讲了这样一个梦："一只小鸟被我踩在脚下，我想抓住它，想捆住它的脚。不料我一拉，竟然把它的头和皮拉掉了，血肉模糊。我还记得我威胁它'你跑就把你喂猫'。"

我马上就猜出来了，"小鸟"指的是他的女友，但是出于慎重，我只说："小鸟指某一个人，这个人在某方面像只小鸟，你身边有没有一个使你想到小鸟的人？"

"有，"他说，"她是一个小鸟依人似的温顺的人。"

"这个人会飞走或跑走。"我说。

"对，"他说，"我很担心她离开我。"

"于是你想捆住它的脚，但是你无意中伤害了它。"

"真的是这样，我应该怎么办呢？"他问我。

其实，他的梦已经指出了小鸟想飞走的原因，他把"它""踩在脚下"。经过释梦，他可以明白这样对待"小鸟"的后果是伤害了"小鸟"，只要他不把"它""踩在脚下"，"小鸟"就不会想"逃走"。

假如不释梦，他就得不到这个启示，就不能认识到他在恋爱中错在了什么地方。

有些时候，梦作为来自内心的独白，可以帮助我们选择人生的道路。

美国心理学家弗洛姆分析过这样一个梦："我坐在一辆停在高

山脚下的汽车里，该处有一条通到山顶的狭窄而特别陡峭的路。我犹豫是否该开上去，因为路看起来很危险。但是一个站在汽车旁边的人叫我开过去并不必畏惧。我决定遵从他的劝告。于是我开上去，但路越来越危险，已没有办法使汽车停止，当我接近顶峰时，引擎突然停止，刹车失灵，于是汽车向后滑回去，并坠向万丈悬崖！我很恐惧地惊醒过来。"

做这个梦的人是一位作家。当时，他正面临一个选择，他可以得到一个赚很多钱的职位，但是他同时必须写他所不相信的东西。梦中鼓励他开上山路的那个人，是他的一位画家朋友。这位朋友选择了一个赚钱很多的行业，做肖像画家，现在虽然很富有但丧失了创造力。弗洛姆对这个梦的解释是：开车上山象征着像朋友一样选择钱多、地位高的职业，但是，他内心知道，这条道路是危险的。"在梦的意象里，毁灭的是他自己的肉体，这象征了他的智慧与精神上的自我正处于被毁灭的危险中。"

梦使我们能洞察自己的内心，知道什么是自己真正的需要。在我们面临重大选择时，我们的梦可以给我们启示。

3. 看透人间万象

有两种梦可以使我们洞悉别人的内心，一是我们自己的梦，二是别人讲述的梦。

我们自己的深层自我（或者说潜意识）比起我们意识中的自我来说，要敏感细心得多，因为这个深层自我可以注意到别人的许许多多的细微的特征和不引人注意的言行，并且根据经验从这些小的地方去推断这个人的品行。有时，我们初见一个人就莫名其妙地不喜欢他，我们自己说不出理由，甚至我们相信这个人是个很好的

第一章 梦的意义

人，但是在心里就是有点不舒服。其实，这就是深层自我做出了判断，它根据一些细节判断，这个人不好。这种判断一般被称为直觉。一般人不太愿意相信直觉，因为直觉说不出理由，但是事实证明，直觉往往是对的。

在梦里，我们的深层自我对一个人的判断和评价会明确地用一个形象表现出来。如果我们会释梦，我们就知道，我们内心是怎么看待这一个人的。

在《梦的精神分析》一书中，弗洛姆举过这样的例子。

做梦者在做梦前，碰见过一位显赫的要人，"这个要人素以智慧及仁慈为人所知"。做梦者拜访他时，深深地为他的智慧及仁慈所感动。他逗留了约一小时后才离开，内心有种得以瞻仰一个伟大而仁慈的人之后的喜悦感觉。这天晚上他做了一个梦。

"我看到××先生（那位要人），他的脸和昨天所见的非常不同。我看见一张显露残酷及严厉的脸孔。他正哈哈大笑地告诉别人，他刚刚欺骗了一个可怜的寡妇，使她失去了最后几分钱。"

对这个梦的分析表明，做梦者在梦中有更敏锐的洞察力，看穿了××的真面目，或者说看到了面具后面的脸。此后的观察证实了××的确是个无情残忍的人。

弗洛姆举出的第二个梦像是个预言性的梦。

有一次，A与B见面，以讨论彼此在未来事业上的合作。A对B印象深刻而良好，因此决定把B当作自己事业上的伙伴。见面后的当晚，他做了这个梦："我看见B坐在我们合用的办公室里。他正在查阅账本，并篡改账本上的一些数字，以便掩饰他擅用大笔公款的事实。"

在A与B合作一年后，A发现B的确做了这种事，擅自侵吞公款，并涂改账本。

A的梦同样反映了对他人的理解和洞察。别人讲述他的梦，是我们了解他的一个极顺畅的途径，它可以让我们看到他不加掩饰地暴露出来的内心世界，因为人们虽然不愿意对别人坦白内心，却不在意给别人讲一个自己的梦。

因此，作为心理咨询和治疗工作者，懂得释梦是十分必要的。一个梦所讲述的，也许比你几次咨询中所了解到的还要多。释梦技术的使用可以使心理咨询和治疗专家节省咨询时间，减少错误诊断。同时，为来访者分析解释梦的过程也可以成为一种心理咨询和治疗手段，起到让来访者提高自知力的作用。

心理咨询和治疗工作者使用释梦技术，还有这样的好处：释梦可以激起来访者的兴趣，使他更好地合作。因为中国的民众对梦有种传统观念，认为梦有预兆意义，所以他们对释梦很有兴趣。借助这种兴趣，可以让他们把梦讲出来。

释梦可以绕过某些阻碍。有些来访者在谈话中尽力避免话题深入。一旦话题接近内心症结，他们就会把话题引开，或突然情绪激动使咨询者无法继续询问，或干脆拒绝回答问题。在这种时候，可以用释梦去了解他的症结，由于来访者不了解梦的意义，他们可以较容易地说出自己的梦，从而暴露出他们不敢暴露的内心。一旦通过释梦揭示了部分症结，来访者往往就不再掩盖它。

释梦还可以增加来访者对心理咨询工作的信任。如果心理咨询工作者能恰如其分地释梦，来访者就会对心理咨询者的能力产生信任。由此看来，破译梦是很有用的技术。那么，我们何妨花上一点时间，认真地研究一下这种技术？

释 梦

第二章
揭开梦的面纱

一、梦与睡眠的实验研究
二、弗洛伊德的梦研究
三、荣格的梦理论
四、弗洛姆谈梦的"语言"
五、我的释梦观

梦究竟是什么呢？为什么在我们睡眠时，脑海里会出现这种奇怪的幻象？没有梦我们不是也一样可以生活吗？为什么要有梦？如果说梦是我们自己的创造，那么为什么我们自己反而不知道它的意义？如果说梦是鬼神的启示，有什么证据证明鬼神这么爱管闲事，每晚都进入人们的睡眠？每个人每晚都做梦吗？梦是脑的哪一部分的活动？……关于梦，我们可以提出无数的问题。

自从梦被哲学家、科学家关注以来，这些问题一遍遍地被提出，又反复地被解答。特别是自弗洛伊德把释梦作为了解潜意识的利器以来，研究梦的科学家就更多了。有的问题现在有了较好的答案，但也有许多问题至今还没有令人满意的答案。在这一章里，我将简要介绍一些前人对梦的解释，并阐明我自己的看法，本书后面所要讲到的那些具体的释梦方法和我对梦的根本看法是不可分割的。

一、梦与睡眠的实验研究

1953 年，美国芝加哥大学柯立特曼教授和他的研究生阿赛斯基采用脑电波测量的方法研究睡眠。阿赛斯基负责观察被试——一些婴儿睡眠时的脑电图。阿赛斯基也许是个很细心的人，再不然就是婴儿可爱的面庞吸引了他。他在观察脑电图的同时，还看了婴儿的脸，偶然间他发现，每当脑电图上出现快波时，婴儿的眼球就会快速运动，仿佛闭着的眼睛在看什么东西。

这是怎么回事？柯立特曼教授和阿赛斯基猜想这或许和梦有关。他们把一些成人被试带到实验室里，在他们头上接上电极，然后让他们睡觉。当脑电图上出现快波时，他们的眼球也开始快速运动。柯立特曼和阿赛斯基急忙唤醒他们，问他们是否做梦，他们回答说：是的。

而当没有快速眼动的时候，被叫醒的被试大多数都说自己没有在做梦。

由此，人们发现，梦和脑电图上的快波以及快速眼动是相联系的。

研究发现，一夜的睡眠过程是两种睡眠的交替，在较短的快波睡眠后，是时间较长的慢波睡眠，然后又是快波睡眠，如此循环。慢波睡眠可划分为4个阶段或4期。因此更具体地说，睡眠的程序是：觉醒→慢波1期→2期→3期→4期→快波睡眠，然后再次重复慢波睡眠2期→3期→4期→快波睡眠，如此循环。一般从一次快波睡眠到下一次快波睡眠的间隔为70～120分钟，平均90分钟。一夜大致要循环4～6次。越到后半夜，快波睡眠时间越长，慢波睡眠时间越短。

由于快波睡眠期是人做梦的时期，我们由睡眠过程的脑电图可推断，一个人每夜一般会做4～6个梦，前半夜的梦较短，后半夜的梦较长。根据研究，人整夜共有1～2小时的时间是在做梦的。

每个人正常睡眠时间都超过一个循环的时间，由此可知每个人每晚都要做梦。有些人自称自己睡觉从不做梦，是因为他醒来后把夜里的梦忘记了。

早期的研究者们假设，只有在快波睡眠时才有梦。但是近期的研究却发现，慢波睡眠期也有梦。慢波睡眠期的梦不像一般的梦那样由形象构成，也不像一般的梦那么生动富于象征性。例如，一个从慢波睡眠中刚醒来的人会说："我正在想着明天的考试。"研究者还发现，大多数的梦游和梦话都是出现在慢波睡眠期。

脑电波可以指示出人是否在做梦，因此脑电波测量是研究梦的一个主要手段。但是脑电波却不能说明梦和睡眠的生理机制，更无法告诉我们梦是什么。关于梦的生理机制目前还极少研究，但是对睡眠的生理机制却有很多的研究，这对我们理解梦有一定的参考价值。

早期的生理心理学家巴甫洛夫认为：睡眠就是大脑皮层神经活动停止，即所谓抑制。梦是大脑皮层神经活动停止时，偶尔出现的残余活动，即兴奋。如果我们把清醒状态下的大脑皮层比作一个燃烧着的火堆，那么按巴甫洛夫的观点，睡眠就是这堆火熄灭了，而梦就是在木炭灰烬中偶尔亮起来的火星。

近几十年来，通过对睡眠的生理机制的研究，人们知道巴甫洛夫的观点是不准确的。睡眠不是觉醒状态的终结，不是神经活动的停止或休息，而是中枢神经系统中另一种形式的活动，是一个主动的过程。

如果很学术地说这个过程，我们需要使用很多生僻词，比如网状系统、蓝斑、中缝核、五羟色胺、去甲肾上腺素、快波睡眠、慢波睡眠……为了不把大家搞疯掉，我就简单地说吧，大脑里面有一个专门控制人清醒与睡眠转换的中枢，它仿佛一个转换开关，这个开关又受人的思维和感觉影响，而且有专门决定是不是有梦睡眠的中枢。同时，脑中的化学物质会对人是不是做梦产生影响。

对睡眠，特别是与梦有关的快波睡眠的生理层面的研究，使我们对梦的作用有了一定的理解。如果用药物或其他技术抑制快波睡眠，被试的注意、学习、记忆功能就会受到损害，同时，情绪会变得焦虑、愤怒，并造成处理人际关系能力的下降。由此提示，梦对改善学习与记忆、改善情绪和社会能力可能有作用。

还有一些研究也发现，当睡眠处于所谓快波睡眠的形态时，人更容易做梦，而梦可能与新信息的编码有关。一些没有见到过的新形象在梦里得到"复习"和"整理"，然后存入长时记忆库中。根据这种假说，婴儿每天见到的新东西多，所以就需要多做梦，老年人难得见到什么新东西，因此就不必多做梦。实际上，婴儿快波睡眠的时间占总睡眠时间的比例也确实远大于老年人。实验也发现，在环境丰富的条件下，饲养的大白鼠快波睡眠的总时间和百分比都比其他大白鼠更长更多。由此提示，至少"复习整理新形象和新知识"是梦的作用之一。

二、弗洛伊德的梦研究

不同流派的心理学家对梦有着不同的解释。早期的一些心理学家认为梦没有意义，而到了今天，这种观点已不复存在。第一个提出对梦进行全面解释的是奥地利心理学家弗洛伊德。这是一位心理学界的伟人，他曾和马克思、爱因斯坦一起，被誉为对 20 世纪思想影响最大的三个犹太人之一。继弗洛伊德之后提出的新的对梦的解释，无不或多或少受到他的影响。虽然新的解释往往反对和批评弗洛伊德，但它们的产生也同样是由于弗洛伊德梦理论的激发。这使得当今任何一本谈梦的书,都不能不谈及弗洛伊德对梦的解释。

作为一名医生,弗洛伊德经常要治疗一些精神病人或其他"脑子有毛病"的人。别人往往对这些人的话不屑一顾,但是他却总觉得这些人的话也值得分析。假设这些人是撞坏了的汽车,我们不正好可以看看汽车内部的结构吗?而在车子完好时,我们还看不到它的内部呢!在分析心理有毛病的人的过程中,他发现梦和精神病有些类似,于是他又用科学的方法研究梦。

有一天,他终于发现了梦的秘密。他高兴极了,高兴得发出狂言,说:"在这个酒馆里应该竖一块石碑,上面写上'某年某月某日,弗洛伊德博士发现了梦的秘密'。"

这话听起来够狂的吧,可是现在心理学家们不觉得他狂,反而说他伟大,因为他的确发现了梦的秘密。

弗洛伊德指出,梦的材料来自三方面:一是身体状态;二是日间印象;三是儿童期的经历。梦的材料来源于身体所受刺激,这是几乎每个人都承认的事实。例如,一个人如果饿了,在梦里就会梦见吃饭;一个人如果脚冷了,就可能会梦见在雪地里行走;一个人如果咽喉肿痛,就可能梦见被人卡住脖子;如此等等。虽然弗洛伊德也同意身体所受刺激会影响梦的具体内容,但是他却认为身体所受的这些刺激只是被梦作为素材使用而已,对梦的意义影响不大。按弗洛伊德的思路,我们可以举这样一个例子。清晨男性有小便感觉时,阴茎会受刺激而勃起,这时男性也许会做性梦。按一般人的看法,这个男人梦见和女人性交的原因是,膀胱胀满刺激引起了阴茎勃起。而按弗洛伊德的思路,可以这么说,这个男性有性的愿望才会做这种梦。如果这个男人没有强烈性欲,即使阴茎勃起,他也不过是做梦找厕所而已。

第二章 揭开梦的面纱

白天经历的事会进入晚上的梦,这也是很多人都注意到的事实。假如临睡前看了一部有关战争的影片,有些人在晚上就可能会做有关战争的梦。再如弗洛伊德自己的例子。梦中"我写了一本有关某种植物的学术专论",其来源是:"当天早上我在书商那儿看到一本有关樱草属植物的学术专论。"弗洛伊德指出,两三天前发生的事,如果在做梦前一天曾想到,也同样会在这天晚上的梦里出现。但是,他认为梦绝不仅仅是白天生活中琐事的重现。梦中,我们借助白天的一些小事,目的在于用这些小事映射另外的更重要的心事。

弗洛伊德提出,那些清醒时早已忘记的童年往事也会在梦中重现。例如:"有一个人决定要回到他那已离开多年的家乡。出发当晚,他梦见他身处一个完全陌生的地点,正与一个陌生人交谈着。等到他一回到家乡,才发现梦中那些奇奇怪怪的景色正是他老家附近的景色,那个梦中的陌生人也是确有其人的。"再如:"一个30多岁的医生,从小到大常梦到一只黄色的狮子……后来有一天他终于发现了'实物'——一个已被他遗忘的陶瓷黄狮子,他母亲告诉他,这是他儿时最喜欢的玩具。"

弗洛伊德关于梦的一个重要观点是,梦的唯一目的是满足愿望。例如,口渴时做梦喝水。梦可以满足人的愿望,这一点相信任何人都不会有异议。我们日常生活中,也总是把美好而又难以实现的愿望称为"美梦""梦想"。但是说梦的唯一目的是满足愿望,并不是谁都同意。一个人做噩梦被人追杀,难道是他内心有被杀的愿望吗?弗洛伊德认为是的,所有的梦都是为了满足愿望。

他举例说,某女士梦见她最喜爱的外甥死了,躺在棺材里,两手交叉平放,周围插满蜡烛。情景恰恰和几年前她的另一个外甥死

· 21 ·

时一样。

表面上看，这不会是满足她愿望的梦，因为她不会盼着外甥死。但是，弗洛伊德发现，这个梦只不过是一个"伪装后"的满足愿望的梦。这位女士爱着一个男人，但由于家庭反对而未能终成眷属。她很久没有见过他了，只是在上次她的一个外甥死时，那个男人来吊丧，她才得以见他一面。这位女士的梦，实际的意思是："如果这个外甥也死了，我就可以再见到我爱的那个人。"

虽然就这个梦来说，弗洛伊德的解释很有道理，但是我不同意弗洛伊德认为"梦都是愿望的满足"的观点，我认为梦不仅能用来满足愿望，还可以用来启发思路、认识环境等。不过，我这里暂时先放下不说。

弗洛伊德由"梦是愿望的达成"出发，推断有些梦是"伪装后"的愿望达成。那么，梦中为何要伪装呢？说到这里，就要讲一下他提出的另一个重要理论了。

弗洛伊德认为人的心灵是由三个部分组成的，分别叫"本我""自我""超我"。每个人的心都是这三个"人"组成的小团体。

"本我"代表人的本能，它是我们心里隐藏着的这么一个"人"：极端任性，像一个小孩子一样不懂事。他贪吃好色，谁惹了他，他就想报复；没一点涵养，只想怎么高兴怎么来，不管别人怎么想。要是依着他，他会无法无天地想干什么就干什么。

弗洛伊德说，不管你自己是否承认，每个人都有这个本我，有这么一面。让我们不自欺地想一想，我们自己也一定有这么一个本我：想为所欲为不受约束，贪图享受。

当然，本我的欲望也不一定都是坏的，有时他只是喜欢玩玩游戏，晒晒太阳。但是不容否认，本我欲望中有不少不道德的想法。

第二章 揭开梦的面纱

人如果只有本我，就会不考虑未来，只想及时行乐，不讲法律，不讲道德，完全放纵自己，这个世界将会一片混乱。

好在我们的心灵中，还有一个部分叫"自我"，自我是聪明的，知道一个人不能任意胡为。所以当一个男人见到一个美女时，虽然他的本我恨不得立即占有她，但是自我却不许本我这样做。自我可能会说："慢慢来，让我先送给她一束玫瑰，先赢得她的好感。"

弗洛伊德说，本我只求快乐，而自我讲究现实原则，要看一个愿望是不是现实的，要考虑满足自己愿望的方法。

自我虽然也想一夜暴富，却不一定想抢银行，因为他考虑到这样做后果堪忧——也许会被枪毙。

而且我们还有良心，良心也好像心灵里的另一个人一样，不过这是一个严厉的人。弗洛伊德将其称为"超我"。超我像个警察，他像盯贼一样盯着本我，不许他干坏事：本我的欲望发泄不了，就只好靠幻想安慰自己，从而编一些美梦。咱们中国人常说的一句话是：做梦娶媳妇。不过本我这个家伙的欲望不仅仅是娶媳妇：有时候，他想把邻居的老婆霸占过来；有时候，他想有十个美女左拥右抱；有时候，他想杀了总经理，夺取他的财产……有时候，他的想法坏得无法说出口。

这就惹恼了正直的超我。看到在心灵的世界里，本我总是偷偷摸摸地出版一些诲淫诲盗的书，超我不禁怒火冲天，决定采取书籍审查制度，不允许坏书"出版"。

本我为了躲过"书籍审查"，只好故意把话说得含糊、晦涩、拐弯抹角，再用上些双关语、黑话等，于是"书"终于骗过了审查，得以出版，也就是说，进入了我们的意识。

梦就是这样形成的。在睡着以后，本我就开始了幻想，但是超我这个审查员却总在"审查书报",于是本我只好做伪装。经过伪装后的梦是梦的显义,而它所要表达的意义是潜藏着的,是梦的隐义。例如某男人梦见他妹妹和两个女孩在一起。这个梦的显义似乎是无邪的。而在隐义中,那两个女孩则表示他妹妹的乳房。这个梦表示他想看、想接触他妹妹的乳房。通过伪装,乳房变成了另外两个女孩,使梦者可以去看而不受到道德的谴责。

弗洛伊德总结说,为了伪装,梦采用了一些特殊的构造形式,或者说,一些特殊的骗术。弗洛伊德归纳为以下几类:凝缩、移置、视觉化、象征和再度校正。

凝缩,是把几个有联系的事物转化为一个单一的形象或单一的内容。例如,某女子梦见一间房子,它既像浴室,又像厕所,还有些像更衣室。而实际上,这间房子所指的是"脱衣服的房子"。利用这个凝缩,梦说出了一句不能直说的话:脱衣服(以及和脱衣服相联系的性交)。

移置,指梦把重要的内容放在梦里不引人注意的情节上。这有些像一个害羞的借钱者,他先和有钱人东拉西扯地说好多话,然后好像顺口提起一样,捎带说起借钱的事。

视觉化,指把心理内容转变为视觉形象。梦好像一个黑社会的成员,他不能把黑社会联络的信息写在留言簿上。如果他写上"明天到翠华楼去,我们要和××帮打架",那么,警察就会也赶到翠华楼。于是,为了躲避警察,黑社会成员在墙上画了一个咧着嘴拿着根木棍的小孩,头上有一朵花,同伴看到后就明白了。而外人却以为那只不过是小孩乱画的。

象征,指用一个事物代表另一个事物。例如:"所有长的物体,如木棍、树干及雨伞代表着男性性器官,长而锋利的武器,如刀、

第二章 揭开梦的面纱

匕首及矛也是一样。箱子、皮箱、柜子、炉子则代表子宫。"一个小孩梦见"爸爸用盘子托着他的头",弗洛伊德解释为这是指割掉阴茎。

再度校正,指如果超我不小心让一些不允许出现的内容出现在梦里,本我就会通过一些话去努力减少这些内容的影响。例如,在梦里加上一句话:"这不过是个梦。"再比如,改造梦的回忆,让梦者尽快遗忘梦的一些"敏感性"的内容。

弗洛伊德运气不好,年纪很大时还没被提为副教授。有一次他总算被两位教授提名为副教授候选人。这天,一位朋友R来访后,他做了个梦:"我的朋友是我的叔叔——我对他很有感情。我看见他的脸就在眼前,略有变形。它似乎拉长了,周围长满黄色胡须,看上去很独特。"

弗洛伊德说R是他的叔叔,这意味着什么?他的叔叔是什么样的人呢?弗洛伊德告诉我们:"30多年前,他为了赚钱卷入违法交易,并因此受到了法律制裁。""我父亲说他不是坏人,是被人利用的傻瓜。"因此,梦的第一个意思是,R是傻瓜。

在实际生活中,R早就被提名为教授候选人了,但是却迟迟得不到正式任命。弗洛伊德现在也被提名,正在担心自己会遭到与R一样的命运。他在梦里把R说成傻瓜,用意是安慰自己:"他是傻瓜,所以当不上教授。我又不是傻瓜,我怎么会当不上教授呢?"

为什么在梦里他对R很有感情呢?弗洛伊德解释说,这不过是一种伪装罢了。把人家说成傻瓜,良心上过不去,于是就装出对R有感情来掩饰。

"叔叔是罪犯"又让他想到,另一个同事N也迟迟评不上教授,而N涉嫌男女关系问题。所以这个梦还有一个意思是:"N是罪犯，我又不是罪犯，我怎么会当不上教授呢？"

弗洛伊德又解释道："梦里我把两位同事一个当作傻瓜，一个当成罪犯，仿佛我像部长一样发号施令。"梦为什么这样做呢？"部长拒绝任命我为教授，因而在梦中我便占了他的位置，这就是我对他的报复。"

三、荣格的梦理论

在梦的研究中，另一位大师级的人物是瑞士心理学家荣格。荣格释过数以万计的梦，对梦有极为深刻的理解，但他的观点与弗洛伊德的观点不同，他不认为梦仅仅是为了满足愿望，也不认为梦进行了什么伪装。荣格认为："梦是无意识心灵自发的和没有扭曲的产物……梦给我们展示的是未加修饰的自然的真理。"在弗洛伊德看来，梦好像一个狡猾的流氓，拐弯抹角地说下流话。而在荣格看来，梦好像一位诗人，他用生动形象的语言讲述关于心灵的真理。这种梦所用的类似于诗的语言就是象征。

象征不是为了伪装，而是为了更清楚地表达。这正如我们在给别人描述一个新奇的东西时，为了说清楚，需要利用比喻来加以说明。

梦的基本目的不是通过伪装满足欲望，而是恢复心理平衡。荣格将此称为梦的补偿。他认为，如果一个人的个性发展不平衡，当他过分地发展自己的一个方面，而压抑自己的另外一些方面时，梦就会提醒他注意到这被压抑的一面。例如，当一个人过分注重自己的强悍、勇敢的气质,而不承认自己也有温情,甚至也有软弱的一面时,他也许就会梦见自己是个胆怯的小孩。

他还认为,梦展示出做梦者自己内心的被忽视、被压抑的一面,因此往往可以起到警示的作用。荣格提到过这样一个例子。一个女士平时刚愎自用、固执偏激、喜欢争论。她做了一个梦:"我参加社交聚会。女主人欢迎说:'真高兴您来了,您的所有朋友都在这儿等您呢。'然后,女主人领我到门口,帮我开门。我走进去一看,是牛圈。"

由这个梦可以看出,做梦者内心的另一面是谦虚的,它提醒这位女士,你平时的表现就像一头犟牛。

荣格还有一种观点,他认为人类世世代代经历的事件和情感,最终会在心灵上留下痕迹,这些痕迹可以通过遗传传递。例如,一个人想到太阳,就会想到伟大、善良、光彩照人,如同一个英俊的男子;想到月亮,就会想到温柔、美好,如同一个少女。这是因为一代代人都看到了太阳和月亮,一代代人对太阳和月亮的情感通过遗传传到了每一个人心里。一个现代人想到智者时,很容易在头脑中浮现出一个白发长须的老者形象,而不太可能浮现出一个活泼的少女形象,这就是因为在过去的世世代代,最聪明的人是那些饱经沧桑的老人。

荣格把这种遗传的原始痕迹称为原型。他说原型本身不是具体的形象,而只是一种倾向,但是原型却可以通过一种形象出现。在梦里,有时会出现一些奇异的情节和形象,这些东西用做梦者自身生活的经历解释不了,那么,这就是表现原型的形象。

有一个10岁的女孩做了一系列梦,梦中有极其古怪、不可思议的形象和主题。她把这些梦画成了画册,画册上画了这样一些

画面:

(1) 邪恶的蛇样怪物出现,它有角,杀死并吃掉其他动物。但上帝从四面来到(画上是4个上帝),让所有动物再生。

(2) 升天,上面的异教徒在跳舞庆祝。下地狱,天使们在行善。

(3) 一群小动物恐吓她,小动物变大,其中一个吞吃了她。

(4) 一个小耗子为虫子、蛇、鱼和人所穿透。耗子变成了人。这描绘了人类开始的四个阶段。

(5) 透过显微镜看一滴水,她看到水中有许多树。这描绘了世界(或者说生命)的诞生。

(6) 一个坏孩子拿着一块土,他一点点扔向过路人,过路人便都变成坏人。

(7) 一醉妇落水,起来又成新人。

(8) 美国,许多人在蚁堆上滚并被蚂蚁攻击,一害怕,这个小女孩掉到河里。

(9) 月亮上有个沙漠。她往下沉,沉入地狱。

(10) 有个闪光的球。她碰它,它便冒蒸气,里边出来一个人,把她杀了。

(11) 她自己病危。突然肚子里生出鸟来,把她盖住了。

(12) 大批昆虫遮住了太阳、月亮和星星,唯一一颗没有被遮住的星星落到她身上。

荣格认为,这些梦的思想带有哲学概念。比如以上每个梦中都有死亡和复活的主题,这种主题也存在于许多宗教思想之中,而且是全球性的。第二个梦反映了道德相对性的思想,第四、五个梦包含着进化论的思想。总的来说,这一系列梦思考了一组哲学问题,即死亡、复活、赎罪、人类诞生和价值相对性,反映了"人生如

第二章 揭开梦的面纱

梦"的思想和生死的转化。

那么,一个 10 岁的女孩怎么可能懂得这些呢?又怎么会想到这些呢?荣格认为,她能懂,是因为世世代代祖先的思考已通过原型遗传给了她。她想到这些,是因为她面临这个问题,她可能就要死了。

这个做梦的女孩,当时虽然没有生病,却在不久后因为被传染而病故。

在荣格眼中,原型并不是一些固定的形式,而更像一些潜藏在我们心灵最深处——荣格称之为集体潜意识——的"原始人"的灵魂。这些"原始人"在梦中以种种不同的形象出现,当我们遇到难题时,他们帮我们想主意,当我们面临危险时,他们警示我们。由于他们有几百几千代的生活经验,他们的智慧和直觉远远超过我们意识中的思想。

荣格认为"我们心中的原始人"是用梦来显示自己、表达自己的。我们如果能理解梦,就如同认识了许多"原始人"朋友,他们的智慧可以给予我们极大的帮助。

荣格认为,不是所有的梦都有同等的价值,有些梦只涉及琐事,不太重要,而另一些梦——原型介入的梦——则震撼人心,如此神秘和神圣,如此奇异陌生,不可思议,仿佛来自另一个世界,这些梦更重要。

梦不是愿望的满足,而是启示,是对未来的预测或预示,所以,我们应重视梦的智慧。

荣格在释梦时,非常注意寻找原型。我们要想了解荣格释梦的方式,就应该对他所说的原型有所了解。

我们知道在潜意识深处,荣格称为集体潜意识的地方,储存着大量原型。

原型是人类祖先千千万万年的生活经历的产物，也是前人类甚至人的动物祖先的生活经历的结晶。人及其动物祖先一代代经验相似的东西，比如可怕的雷电、温暖的春风，从而在心灵上凝结成一些"愤怒的雷电之灵"之类的原型。

原型虽然没有固定的意象，但是却有形成某种形象的潜质，所以人们可以很容易地把它和一些具体特征结合起来。比如西方有圣母玛利亚，东方有观音，这两个形象虽然不同却有很多共性，很可能来源于同一个原型。这两个形象的不同是后天文化的影响，而其相同的特质则是各民族人心灵中共有的，而且是一直就有的，是一个原型。

虽然同一个原型的形象不固定，但是它给人的感受或它的"性格"却是较为固定的。正如不论是西方百姓心中的圣母还是东方百姓心中的观音，都是同样的善良仁慈。

对每一个人来说，对原型的反应在一定程度上是先天的，不需要后天学习。例如人害怕蛇，害怕黑暗，都是生而具有的。就算他从没有被蛇咬过，也没有在黑暗中遇到什么可怕的东西，他也一样怕蛇、怕黑暗。原因是，他的许多代祖先——从动物远祖开始，到猿人，再到原始人——都被蛇伤过或在黑暗中遇到过野兽侵袭。生活在山洞里的祖先害怕天黑，因为天一黑，狼就会来到洞口。这种恐惧进入了集体潜意识，使从来没见过狼的现代子孙不敢走夜路。当然，如果这个人走夜路遇到过危险，他就会更怕黑，这是后天经历对原型的强化。

原型会在我们的梦中显现，当它在梦中显现时，它会根据当时的具体情况成为某一种样子，也许每次的样子是不同的，但是如果我们熟悉原型，我们就能在变化多端的形象中，识别出它是哪一种原型。

在神话故事中，神仙或妖怪可以变化多种外形，比如孙悟空可以变成小女孩、小妖怪、蚊子和石头，但是如果你有慧眼，你可以看出这多种东西都是他。原型就如同孙悟空，如同其他神仙、妖怪，在我们的梦中，它会变换成不同的形象，但是如果我们熟悉它，我们还是可以知道它是什么。

一般的象征形象和原型显现出的形象之间并没有一条把它们截然分开的鸿沟，它们一样是可以变化多端的。比如某男子对某个女孩有好感，在每天的梦里，他会梦见不同的女性、不同的小动物，梦见花、溪流、彩云，而他知道这些都象征着她，都是她的形象在梦中的转化，是这个女孩的象征形象。这些非原型象征形象和原型形象（又可称为原始意象）的区别在于，前者是外界实有的人物的象征，或心中情绪、情结的象征，不是与生俱来的东西，而后者是对内心中与生俱来的最深处的精神性存在的象征。

荣格确定并描述过许多原型，它们一次次以各种形态在神话中、在人们的梦中出现。在不出现时，它们也存在着，以潜在的形象存在于人们的心里。它们仿佛构成了另一个世界，一个神秘的鬼神世界。以唯物主义观点看，它们不是客观存在。但是，在心理结构中，它们是一种稳定的主观存在。

下面我以几个原型为例，让我们认识一下原型。

（1）上帝原型。如果你体验过与上帝原型力量的接触，你会发现这种感受和你以为的有很多不同。你会感到恐惧，这种恐惧十分强烈，但是不含任何阴险、邪恶，举个不十分恰当的例子，他像冬天凛冽的北风一样，你竟不敢称呼他的名字。

他的力量,仿佛无穷无尽;他的威力,仿佛能主宰一切。他以似乎极无情的方式惩恶,而赋予善良者使命,在这无情的背后是他对人的关切。

上帝原型极少在梦中出现,如果他出现,不一定会是人形,他可能显现为光、雷电等。信仰宗教的人如果梦中有上帝原型形象,他会认为这是圣灵真的来临。

(2)恶魔原型。恶魔原型体现为一种破坏性的冲动,毁灭性的冲动,一种恶的快感。但是我们不得不承认这种原型极有力量,因为他可以和上帝原型的力量相对抗。

恶魔原型体现为一种恐怖的狂欢。恶魔的形象不一定总是狰狞的,有时他的形象会像个高雅的绅士。

下面的这段梦引自我国台湾王溢嘉、严曼丽的《夜间风景梦:一位心理医生谈梦与人生》一书,梦者G是一位年约40岁的女士。

有一个陌生人来告诉我,说我丈夫正在秘密筹开一个性狂欢派对,邀请的对象尽是一些浪荡男女,而且据说我的一位已婚的中学好友也将参加。这消息让我于心不甘,当下我决定要偷偷出席那个派对。

当我抵达会场时,已经来了一些男男女女,我的那位中学好友也来了,奇怪的是没看到我丈夫。更出乎我意料的是整个会场布置得十分光洁高雅,来的人们也都穿着整齐体面,看起来不像是什么性狂欢派对,反倒像要举行一场盛大的宴会。

我和众人一起等待着。忽然所有在场的人都不约而同地意识到,地狱就在我们脚踩的地板之下。大家因此不安地骚动起来。

没多久,一个男人被架出人群,听说他是奴隶。而不知从何处翩然出现的主人,居然是个中年妇人,她厉声令人将该男奴作为祭品丢进地狱中。这时,一个年轻女人发出歇斯底里的叫声跳进大厅中央——那里竟是水池。一个男人拿出一把巨型的餐用叉子将女人叉出水面,看来她似乎已经气绝。

我一下子陷入末世人生的惨绝心境,跑到楼上,想跳楼了之,但又想或许先吃点东西可以增加勇气。于是下楼来和我的中学好友同桌进餐,吃着餐盘中的肉,我抬头与好友目光相遇,我们心照不宣地知道盘里的肉就是方才跳水的女人……

在这个梦中,虽然"恶魔"原型没有直接化为一个单一形象出现,但是"性狂欢派对"、"整齐体面"的男男女女、"中年妇人"、用叉子叉女人的"男人"和吃人肉的梦者好友和她自己,都有恶魔原型的影子映现。我们可以由此看到恶魔原型的特质:性狂欢、整齐体面的外表、厉声令人把男奴丢进地狱的中年妇人的残忍。男人用大餐叉叉死女人的野蛮,以及她和好友心照不宣地吃人肉,这最后的场景实际上是最"恶魔性"的。

这个梦中,梦者心里的"恶魔原型"被唤醒,梦者心中的恶魔不是那个可怜无助的被欺负的女人,而是一个带着一种邪性的欢乐欣赏并卷入地狱的魔鬼。与其说她恨丈夫和情敌,不如说她不恨,她和他们一同进行这个"狂欢",厉声令人扔男奴进地狱、叉女人、吃肉都是一种狂欢,而梦中的被虐者也是狂欢者,双方共同进行虐待和被虐待的狂欢。

恶魔原型还有一个变化的形态,就是诱惑性的魔鬼,他外表漂亮、聪明,会给你你所要的一切,但夺走你的灵魂。

(3)智慧老人原型。在以后谈象征时,我们将详细讲解智慧老人的形象。智慧老人原型是原始智慧和直觉智慧的形象化。在梦中，他常常是以一个清癯的老人形象出现，往往有长胡须，并且手上常有拂尘、扇子之类的东西。

（4）大地母亲原型。这一原型在梦中多以梦者母亲的形象出现或以一个慈爱老婆婆的形象出现。该原型体现出的主要性格特征是：包容、慈善、关怀。她像大地一样胸怀宽广，像大地养育万物一样充满母性。

大地母亲原型也会以大地（或包含岩洞）的形象出现，大地中的岩洞代表母亲的子宫。梦见进入岩洞没有性的意义，而是代表回到子宫的安宁中。

（5）英雄原型。英雄原型是一个英勇无畏、力大无穷的英雄，他光彩夺目，会创造奇迹般的成就。

各民族都有传说中的英雄，如犹太人的参孙、我国藏族的格萨尔王、《荷马史诗》中的阿喀琉斯。这些传说中的英雄类似于这一原型。

在实际历史人物中，有岳飞等人们心目中的英雄原型。

在文学人物中，约翰·克利斯朵夫接近英雄原型。梦中出现英雄原型时，显现的形象多为英雄、江湖好汉、大将军之类的人物。

英雄原型的一个特有形态是"英雄少年"，他往往年纪很小，外表不强壮，但是出人意料地担负起了极大的责任。这一原型的例子有打败巨人的大卫、少年时的亚瑟王等。

（6）人格面具原型。人格面具是人在公众中展示的形象，是人的社会角色的形象。

人格面具原型是一个扮演者，他往往按照别人的希望来扮演角色。人格面具过强，人就会迷失自我，把自己混同于自己扮演的角色。在梦中，人格面具原型会以演员等形象出现。

（7）自性原型。自性原型是一个人集体潜意识的中心，如同太阳是太阳系的中心。这一原型是人真正的我。梦中这一原型较少出现，只有心理极健康、心理发展很完善的人才能经常梦见这一原型。

有时梦中的自性原型以太阳的形象出现，有时以佛、菩萨的形象出现，有时以一座庄严的神庙形象出现，有时以类似曼达拉（坛城）的形象出现，有时也以一种宝物如钻石或宝石的形象出现。

不论它以什么形象出现，梦中都有一种安宁、平静、神圣的感受。

除了这些原型之外，还有许多原型，比如武器的原型，自然力如风、雨、云的原型等。而且，有时两个或更多的原型会结合在一起，构成一些很典型的形象。这种形象的身上往往有两个或多个原型的特点。

例如，巫术原型和阿尼玛原型结合就成为神秘女人的形象：她既有女巫的神秘，也有顽皮女孩的可爱，而且有一种激情。墨西哥电影《叶塞尼亚》中的女主人公就有些类似这种女性的形象。

又如太阳王子。这一形象是太阳原型和阿尼姆斯原型的结合，被现代女性称为白马王子，他年轻、英俊潇洒、性格开朗。

女孩子请注意，你也许会幸运地在梦中见到他。但是不要以他作为择偶标准，因为在现实生活中能接近这一形象的男性太少太少了。如果你认为你的男朋友就是接近这一形象的人，那么，你很可能是被爱情冲昏了头。你在男朋友身上看到的优秀品质，实际上不是他所有的，而是你自己心目中的王子所具有的，你只是把心中的形象（像放幻灯一样）投射到了男朋友身上。你是昏头了，但是，这种昏头是难得的、幸福的。

请看以下荣格释的一个梦。

一个病人来找荣格。他40多岁,出身寒微,靠奋斗当上了一所学校的校长。近来他患了一种病,这让他感到眩晕、心悸、恶心、衰弱无力,类似瑞士的高山病。他说他做过三个梦。第一个梦是:他梦见自己在瑞士的小村庄里。他身穿黑色长袍,显得庄重严肃,腋下夹着几本厚书。有几个孩子是他的同学。孩子们说:"这家伙不常在这儿露面。"

按荣格的解释,梦说的是:不要忘记你已从小村庄走到了校长的位置。有如一个登山者,你一天爬到了海拔6 000英尺(1英尺约合0.3米),已经累坏了,不想再"往上爬"了。荣格说:你产生高山病症状也正是由于这个原因。

校长的第二个梦是:他急于出席重要会议,但衣服找不到了。好不容易找到衣服,帽子又找不到了。找到东西出门又忘了拿公文包,等他取了公文包跑到火车站,火车刚刚开出。他的注意力被引向铁轨。他处在A处,心想:"司机如果聪明,机头到D处时不要加速,要不然他身后处于拐弯处的车厢就要出轨。"机头刚到D处,司机就全速行驶。果真火车出轨了,于是他大叫一声醒来。

荣格说他梦中的阻碍是自己的内心。内心提醒他不要急着上火车。火车司机就是他的理智,司机看到前边的路笔直,就急于加速,正如他急于追求更大的成就一样。但是司机却忘了火车尾巴,正如他忘了他的心灵的另一部分——无意识。

他的第三个梦是:出现了一个怪物,半像螃蟹半像蜥蜴。他用竹竿轻敲怪物的头,把它打死了。

荣格说这个梦反映了梦者的"英雄主题",他与怪物的搏斗,是英雄与龙搏斗这种神话的变形。这个怪物又是脑脊髓系统和交感神经系统的象征。梦再次提醒他:如果再这样下去,你的身体要和你做对了。

三个梦都是要警告他,不要继续拼命工作。

四、弗洛姆谈梦的"语言"

美国心理学家弗洛姆也认为梦所用的是象征语言。他说:"所有的神话和所有的梦境都有共同的地方:它们都是以相同的语言,即象征的语言'写成的'。"

"巴比伦、印度、埃及、希伯来和希腊的神话,是以相同的语言写成的。生活于纽约或巴黎的人所做的梦,与几千年前住在雅典或耶路撒冷的人的梦是一样的。"梦是古今通用、世界通用的语言,这门语言值得学习。学外语的朋友不妨也学学释梦,梦发自内心,可称为"内语"。内语与外语一起学,内外兼修,对人大有好处。

弗洛姆认为,用日常的语言,我们很难解释清楚我们内心的感受。许多心情的微妙的部分,找不到适当的语言来表达。而运用象征则可以把这些细微的感受表达出来。例如:"在日落时发现自己站在郊外,除了一辆牛奶车外,四周空空荡荡,房屋破旧,环境陌生,你找不到汽车或地铁让你回家。"这个场景是一个梦,这件事并没有发生过。但是,这个梦所表现的那种迷失和阴郁的感觉,却恰恰是梦者当时的心境。

弗洛姆把象征分为三类:惯例的象征、偶然的象征和普遍的象征。我们把一种会汪汪叫的动物称作"狗",把一种四腿坐具称作椅子,这都属于惯例的象征。这种象征没有什么道理。汪汪叫的那种动物我们称为"狗",还有人叫它"dog",或者"犬",如果一高兴大家改称其为"驴"也无妨。它现在被我们称为狗纯属一个惯例而已。再如,红十字代表医院,也是一种惯例的象征。

偶然的象征与其代表的事物则有一点内在联系。假如某个人向女友求爱时,是在一个大雪天。那么,下雪天以后对他来说,也许就是恋爱的象征。再如一个人正吃鸡肉时,听到了挚友死亡的消息,那么鸡肉对他来说,就是悲伤的象征。由于偶然的象征来源于某个人的经历,其他人是难以理解的。

普遍的象征与其代表的事物联系密切。例如,光明代表着善良、正义、成功等;火代表着热情、勇敢、力量、活力以及危险等;堕落代表着地位下降、道德沦丧、犯错误、失败等。光明、火、堕落等都是普遍的象征。不论是什么人,也不论他处于什么时代,属于什么民族,都可以理解这些象征。

我认为,弗洛姆对象征的分类很恰当、很准确。在梦里,这三种象征都存在,但以后两种象征居多。

弗洛姆认为,任何心理活动的表现都会出现在梦里。他不同意弗洛伊德把梦说成仅仅是"愿望达成"。

弗洛姆认为,清醒时人要面对外界,而睡眠时人却不必面对外界,不必行动,而只需要面对内心。这是梦与清醒时的心理活动不同的原因。例如我认为一个人微不足道,我在梦里就梦见他是蚂蚁,这在梦里是很合理的,它准确地反映了我对他的态度。但是清醒时,我就不能把他真当成蚂蚁,因为清醒时我会有行动。比如,我把他一脚踩死了,我就犯了杀人罪。

下面是弗洛姆释的一个梦:

"有个男人在经过一座果园时,从一棵树上摘下一个苹果。一条大狗出现并扑过来。"这个人恐惧万分，于是惊醒了，嘴里大喊"救命"。

弗洛姆解释说，梦者对一个已婚妇女产生了欲望。他想和她发生关系，却有所恐惧。

事实确是如此。

五、我的释梦观

在我们列举了古今中外各种人对梦的各种叙述判断之后，我们应该自己亲眼看看梦了——就像我们听许多人议论一个新娘之后，现在到了掀起盖头，看看她的真实面目的时候。

"梦是正的还是反的？"

"梦见蛇好不好？"

"梦见杀人呢？"

关于梦的问题，很少有一两句话能说清楚的，梦没有那么简单。

我将先从回答上面的较简单的问题开始。你问梦是正的还是反的，就说明你对梦还有误解。

什么叫正？什么叫反？你是不是说梦和第二天的事相同就算正，相反就是反？

也就是说你认为梦能预见未来？

这就与我的看法不同了。在我看来，绝大多数梦的意义不在于预见未来，而在于揭示你自己内心中那些连自己都不知道的东西，那些潜藏的欲望、直觉的洞察和判断。恰如荣格见到的那位校长，他的梦是暗示他不要太努力,应该放松一下自己。

再说,如果你梦见狗追你,那么哪个是正,哪个是反?

正,是不是说你第二天真的会被狗追?反,是不是说明天你会追狗玩?

如果你梦见飞上天空,用两个手臂当翅膀自由飞翔,那么正,是不是说你明天真的会飞上天空,就像天女、神仙或妖怪那样,反,是不是说你会从天上掉下来,或你会入地?

用正梦反梦这种说法谈梦,是没有什么意义的。

而问梦见蛇是好是坏这种问题的人大概是受到《周公解梦》一类书的影响。在《周公解梦》一类书里,梦见蛇主什么,梦见吵架主什么,一一列出。那种释梦法倒真是方便,手持一卷《周公解梦》,像查字典似的一查,就知道梦的意义了。

可惜的是,释梦并非这么简单。如果你不信,可以买一本《周公解梦》,每天用你的梦检验它的准确度,你会发现十次里难得有一次准。

梦见的蛇是什么样子的?这条蛇做了什么?这条蛇在什么地方?梦里的你又做了些什么?你有什么感觉?……所有这一切,对解释梦的意义都有影响。

譬如有个人问你:听到一个人说"去",这意味着什么?我必须问他是谁,在什么情况下说的,语调如何,我才能知道这个字的意义。

如果你问朋友,想不想去苏州玩,他说"去",意思是他愿意去苏州。

如果是小孩子缠着母亲,而母亲正在做饭,"去"的意思是让孩子离开她自己玩去。

第二章　揭开梦的面纱

如果你很害羞，走到别人介绍的女孩的家门口不敢进门，陪你来的红娘一推你，说一声"去"，意思是让你鼓足勇气走进去。

一个"去"字，会有这么多种意思。更别提梦中的蛇，意思就更多了。

我怎么才能回答这一问题呢？我只能说，讲讲你的那个梦，讲讲梦里你是怎么遇见蛇的。最好还要讲讲做梦之前的最近几天，你遇到了什么事。

那么，梦到底是什么？

弗洛伊德的观点认为梦是愿望的满足，梦之所以表现出千奇百怪的样子是为了逃避"超我"这个"审查员"的审查。

弗洛伊德去世后的今天，人们已经发现他的看法不能说明所有的梦。

首先，我们已发现，梦之所以要以一种难以理解的形式表达出来，并不是压抑和伪装的结果。我认为梦即使毫不受压抑，即使没有"审查员"，梦也不会采取其他形式。梦并不是为了欺骗"审查员"而说黑话。凝缩、象征等方式就是梦的本来面目、唯一形式。比如，梦都是一些图像，而不是思想和语言。在弗洛伊德看来，这和压抑、逃避审查有关。但是，我们知道，用语言也是可以进行欺骗和逃避审查的。罪犯和间谍在骗人时并不装哑巴用手比画，相反他们说话，说大量的假话。因此，梦用图像而不用语言去叙述情节，这不是为了伪装而是另有原因。

再如，为什么梦要使用一些奇怪的构造方式呢？弗洛伊德认为也是为了伪装。但是，许多研究都指出，梦的构造方式和古代语言及诗人语言都很相似，表达比较委婉含蓄。例如，"慈爱"一词在梦里往往用一个象征性的形象表示，比如用一个抱小孩的母亲形象表示。如果你在梦中想表示你对某个人的感情是慈爱的，你可能会梦见你像抱小孩一样抱着他。这种方法恰恰是远古人的表达方式。他们如果想表达思乡的急切，会说"我是射回家乡的箭"。后来人们开始用"好像"之类的词联结比喻的主客体，例如，"我对他好像母亲对孩子"，"我思乡的心跑得好像箭一样快"。直到更近的时候，才出现形容词"慈爱""急切"等，人们也才会说，"我对他很慈爱"，"我急切地想回家"。这种古代语言与梦相似的例子比比皆是。春秋战国时期的说客们多用比喻手法，这可以看成远古语言的遗迹。诗人的语言也类似于梦，例如"夏日里最后一朵玫瑰，还在孤独地开放"。这里的玫瑰指老人。但是诗人为什么不说"一个老人还在孤独地活着"，而用象征性形象来表达呢？难道是为了伪装，为了逃避审查吗？梦为什么要用刀代表男性性器官呢？如果用"口"代表或用"调"代表，不是更容易通过审查吗？

因此我认为梦采用这种方式不一定是为了逃避审查，而是另有原因。

另外，我不认为梦仅仅是为了满足愿望。如果梦的目的是满足愿望，那么梦伪装之后，意识中的自我并不理解梦的意义，这又有什么满足可言？打个比方，你讲了一个笑话，听笑话的人没听懂，这个笑话说了又有什么用呢？

从我的经验来看，有许多梦如果用"满足愿望"去解释则十分牵强，而且有的根本解释不通。

在我看来，和弗洛伊德相比，荣格等人更深地发掘了梦的奥秘。梦与其说是伪装，不如说是一种表达方式。在我们心灵深处，的确有个原始的部分存在，如同一个原始人。他不懂得现代人的逻辑和语言，他的语言是形象化的、象征性的。梦就是他的语言。在

第二章 揭开梦的面纱

过去的著述中,我把梦比作"原始人来信"。

"原始人"不会写字,所以他写信不用文字。用什么呢?用图画!用连环画!现代的文盲不也是这样写信吗?

"原始人"想说,这个人勇猛威严如同狮子,可是他不会写字,也不会说话,于是他就画出一个人面狮子。金字塔前的狮身人面像就是这样创造的。梦里的形象也是这样创造的。"原始人"想说,这个女人狡猾、阴险,我被她诱惑了,这很危险。可是"原始人"不会写字,于是他便创造这样一个梦:一个熟悉的美丽女人将我带到一个屋子里。我到屋子里以后却发现她不见了,屋里有一条蛇,我吓得想飞跑,但却跑不动。

"原始人"的信是用象征的笔法写的,类似一个寓言故事。这种笔法和文学家的笔法有些相似。

要想知道"原始人"的信是什么意思,你应该从头到尾看完它,至少也该看上一段话。如果从这封信里抽出一个字"蛇",谁也不知道它是什么意思。

"原始人"的信会写些什么呢?

什么都会写。当"原始人"饿了的时候,他喜欢写信谈饮食。当"原始人"性欲不满足时,他喜欢写信谈女人(女"原始人"就谈男人)。有时他会编一个色情故事来过过瘾。当"原始人"生气时,他写信痛骂他的敌人,编一个故事,故事里这个敌人被杀死了,好让自己痛快一些。

有时候"原始人"心情很好,一切都满足,他就会写信描述他的美好生活和好心情。白天遇到了什么人或什么事,晚上"原始人"也会加以评论,并且提醒自己应该怎样对待这个人或这件事。如果你白天做错了什么事,"原始人"就会指出应该如何改正。当你面临一些重大的选择时，他也会为你出谋划策，向你详细说明如何做会带来何种后果。

白天有什么难题解决不了，"原始人"也会动脑子帮你想。你听说过吗？有许多科学家都是在梦里得到启发，才有伟大发现和发明的。比如说有个科学家研究如何使橡胶更牢固，他绞尽脑汁也想不出来。一天，在梦里，一个魔鬼告诉他可以往橡胶里加硫磺。他醒后一试，还真对！于是他创造了硫化橡胶。

当然世界上没有客观的魔鬼，告诉他主意的是他内心中的原始我，或者说他心灵的原始部分。

"原始人"有时还有特异功能。比如，他能知道遥远的亲人那儿发生的重大事情。释梦就是翻译"原始人"来信。我们心中的"原始人"虽然文化程度不高，却具有一种朴素的智慧。他不会被词句欺骗，更能看清事物的本质。他时刻注意着周围的事情，所以能注意到微小的细节，从中得出一些判断。他很有自知之明，当你狂妄自大时他会及时提醒你应该谦虚。他还有几百万年来人类积累的经验，因此他很善于辨别善恶，知道什么对你是好的，什么是危险的。他也不自欺欺人。

所以我们真的很应该看看他的信，应该学会这门"原始语"，学会释梦。

"原始人"也会有恐惧紧张的时候，有不知所措的时候，有相互冲突的时候，但是，他很少有说谎的时候。

"原始人来信"这个比喻很恰当地反映了梦的本质，但是为了透彻地说明梦，我还将用更严谨的科学的语言来加以说明。

从弗洛伊德开始，心理学家发现了一件事：人的心理活动有一部分是潜意识的。

第二章 揭开梦的面纱

我们一般认为,所谓心理就是我的所思所想、我的喜怒哀乐,总之,是自己意识中的内容。人们从不认为,有些心理活动是自己意识不到的——"如果说,别人做一件事的原因是什么我不知道,这是情有可原的,人心隔肚皮,我不是别人肚子里的虫子,但是如果说我有时自己都不知道自己的心理,不知道自己做事的动机,我难以相信。"自己不知道自己的心理,这听起来似乎很荒谬。

但实际上,人的心理很多是自己不知道的,心理学家称为潜意识。我们平时不经意的一举一动中,都常有潜意识心理在影响。比如,一个女孩暗暗喜欢一个男孩但无从表达,那一天她"偶然"跌倒在他怀里(虽然她的确不是故意的)就是潜意识心理指挥下的行动。

处在潜意识中的那部分心理,或者简称潜意识,和意识中的心理有明显不同。它不仅不能被意识到,也不容易受意志控制,正如前面例子中的女孩不可能用意志控制自己的眼睛瞎与不瞎。而且,潜意识活动更为情绪化。最主要的一点则是,它的认识活动大多是通过象征性的形象进行的。

潜意识为什么与意识心理如此不同?答案是:它是心理结构中较原始的部分。在人类的原始期,在人类还没有语言或刚刚有语言的时期,人们都是以形象的、直觉的和情绪性的方式面对世界的。只是在进入人类的成熟时期以后,人类才学会用理性逻辑思考。现代人心理结构中,占主导地位的是逻辑的、理性的思维,但是原有的那种象征或形象思维方式也没有消失,而是留在了潜意识之中。

潜意识的心理和意识的心理形式很不相同,而且在一定程度上相互独立,当我们偶尔看到了自己潜意识的活动时,我们会觉得那简直像是活动在我们身体里的另一个人——一个"原始人"。

梦，就是潜意识中的心理，"原始人"的形象思维和象征。

做梦，是我们与潜意识沟通的最直接的方式。

除了梦以外，优秀艺术家的灵感也来自潜意识。有些作家认为灵感是神的启示，因为他们自己也不知道灵感是怎么来的。突然灵光一闪，一个好的构思、一个形象、一句好诗就来到意识中，似乎完全不是自己想出来的，因为比自己能想出来的都要好，难怪他们会以为灵感来源于神的启示。而实际上，灵感就是潜意识（我们心中的"原始人"）创造的，是我们自己创造的。

神话故事、童话故事、民间传说等往往也都来源于潜意识。讲出这些故事的人往往并不知道这些故事中蕴含了什么象征意义。

所以我们也完全可以把神话、传说、一些优秀的文学作品或艺术品当作梦看待，像释梦一样解释它们，因为它们和梦一样，都是潜意识的作品。

还要说明一点，所谓潜意识并不是单一的东西。

人的心理结构是一层层的，在最浅层是意识，深层是潜意识。潜意识中，相对较浅的是个人潜意识，它离意识较近，不是太原始的。由这一层产生的梦比较平常，也比较接近日常生活。我们大多数的梦来源于这里。而更深层是集体潜意识，也就是荣格所讲的原型所在之处，由这一层产生的梦就是荣格所说的"大梦"，这些梦神秘奇异、匪夷所思，和日常生活相距极远，而与一些古老的神话反而十分近似，这一层次的梦极具震撼力，会给梦者留下极深的印象。

有没有更深层次从潜意识中产生的梦呢？现代心理学对此还没有定论。对梦的科学研究，现在还没有到完成的时候。

梦引领我们进入了潜意识的世界，进入了心灵深处。越了解梦，你就越知道，心灵的世界无比浩大，隐藏着无数的奥秘，你的心灵绝不仅仅是你的那一点可怜的思想，在你的心灵中，有无限智慧、无限潜能。

了解梦，就是了解自我，也就是让自己获得人类最深刻的智慧。释梦除了前面提到的作用外，还有一个更重要的作用：了解自己的梦可以改变自己，使自己的内心变得更丰富，使自己的智慧更深刻，使自己更懂得人、生命、自然和生死。释梦，是一种完善人格的心理学手段。

今夜，闭上眼睛，你又将回到梦中世界。在经历了它的奇幻之后，你不妨按本书下面讲的方法，试着破解梦的秘密，不要把黑夜送给你的礼物随便丢弃。

释 梦

第三章
打开梦王国的宝库

一、迷雾中的寻宝者

二、得到藏宝图

三、芝麻开门：释梦

四、宝库的门开了：释梦方法

五、释梦同心圆

第三章 打开梦王国的宝库

一、迷雾中的寻宝者

你可以看到许多谈论梦的书,那些书旁征博引,滔滔不绝地谈梦,的确开人眼界,颇有趣味,但是它们没有揭示梦的秘密,看完书之后,你还是不知道,你昨天晚上那个怪梦到底有什么意义。

这就仿佛你听见有人在议论山中某处的地下宝库,议论谁得到了宝贝,议论宝库之中的种种珍奇,听来的确有趣,但是,你仍旧穷困,因为他们没有告诉你怎样才能找到珍宝。

你也许会想到查找《周公解梦》之类的书,这本发黄破旧的书据说就是藏宝图,但是你会发现它不是,它只是张假图,至多只是藏宝图的残片,从上面你已经看不出什么了。

且不说那些街上买的拼凑的所谓解梦书,就是专家挖掘出的真品《敦煌本梦书》,其中也是矛盾重重。例如在 P.3908 号 "人身梳镜章第六",有一条 "梦见马者,主大凶",而在 S.620 号 "六畜篇第卅一",却又说 "梦见马,吉",真不知道这个梦见马的人到底该哭还是该笑,也许面对这张破碎的旧地图,他只有哭笑不得了。

中国古代的确对释梦有所研究,剔除迷信的东西之后,仍旧有可取之处。但是,古代释梦书为什么不能用来指导我们释梦呢?首先是因为其中夹杂了迷信,不是科学的。另外,随着时代的变迁,古代人所用的象征与现代人已经有所不同。古代人不会梦见飞机,所以古代释梦书无法指导你释一个有关飞机的梦。古代人穿衣服的颜色和社会地位有关,比如只有皇帝才可以穿某种黄色的衣服,所以梦见穿黄袍也许就是与称帝有关。而现代人则不然,黄色的衣服也许只是一件普通的运动衫。还有,古人中精于释梦者大多会秘藏他们的技术,不会轻传别人。

梦的宝库的藏宝图和钥匙现在只能到心理学中寻找。心理学以科学的手段,使你能真正了解梦的奥秘。

二、得到藏宝图

学习释梦是不是很困难呢?

释梦的方法说难不难,说易不易。说难不难,是因为我曾经在大学心理学课上讲过释梦术,不过两三个半天就有许多学生初步掌握了这门技术,而且成功地破译了自己或别人的某个梦。说易不易,这是说如果无人指点,完全靠自己摸索,只怕十年八年也未必能摸索出规律来。当然,如果你读了关于释梦的书,而且这本书写得很好的话,你也可以很快就掌握释梦技术。弗洛伊德的《梦的解析》、弗洛姆的《梦的精神分析》都是关于释梦的好书。读一读这些书,并且认真实践,那么一年半载之后,你或许就能释梦,当然,你如果把我这本书读完并且认真实践,半月一月之后,你或许就能释梦,个别聪明人还可以更快些——为什么看我这本小书比看伟大的心理学家弗洛伊德和弗洛姆的书还好呢?原因很简单,弗洛伊德和弗洛姆的书都不是为了教人释梦,而是为了说明他们的理论所写的,对于一般人来说太高深,学起来很不容易。

弗洛伊德的《梦的解析》,20世纪80年代末在我国出版并销售

第三章 打开梦王国的宝库

了几万册，近年来也有好几个版本。读过这本书的人不少，可是从这本书学会了释梦的人只怕一百个人里也未必有一个。因为弗洛伊德的书非常难懂，梦的显义、梦的隐义、意识、前意识、潜意识、原发过程、继发过程等术语你必须都明白，才能搞清他说的是什么。这本书厚得像砖头一样，又充满思辨、推理和论断，一般人就算下定决心，没有一年半载也读不完，如果你决心不够大，那只怕你永远也看不完。

弗洛姆的那本书还好些，薄薄的一小本，不过十几万字，语言也比较通俗易懂。可惜那本书里直接写释梦术的只有一章，举了十来个例子。对说明什么叫释梦术来说，这些篇幅足够了，但要教会读者释梦，这么一点篇幅是远远不够的。

作为一名心理医生，释梦是我常用的基本技术之一。多年来，我积累了一些经验，在与同行交流时，大家都对此很有兴趣。我在北京大学等十几所高校做过讲座，听众也都十分有兴趣。不少人希望学习释梦，向我请教释梦的方法。

可是我有些犹豫，担心有些心地不够善良的人利用释梦术探查别人的内心，窥探别人的隐私，担心有些人不能接受梦所揭示出来的事实，担心有些人使用释梦术时出现错误。

古代人，比如周公，很可能掌握了释梦的技术，可是他却从不教授徒弟，也不写书。《周公解梦》之类的书内容浅薄，错谬之处很多，肯定不是真懂释梦术的人所写。那么，古代的释梦大师为什么不愿意传授这种技术呢？一方面是为了垄断：我会写字你不会，我就胜过你；我会释梦你不会，我也胜过你。另一方面则是出于一种信念，认为"天机不可预泄"，"多知者不祥"，教人释梦会泄露天机，使别人多知，是不好的。

不要从迷信的角度去理解"天机不可预泄",这种信念的意思是,如果我们知道了有关他人的未来的事,而且我们把这种事说了出来,就会干扰事件的自然发展,而这是不好的。

所以,在我犹豫了一下决定还是写这本书时,我也决定至少要先说上几句话给有心学习释梦的朋友,以减少可能会有的消极作用。

首先,希望大家用释梦术来帮助别人或了解自己,不要用于伤害和算计别人,不要损害自己的"阴德"。"阴德"这种说法并不是迷信,只是一种比喻。如果你用释梦算计别人,你将受到自己潜意识的惩罚。如果善于释梦,你将很容易洞察别人内心,发现一些别人还不十分清楚的东西。你可以因此而战胜别人。但是,另外一个心理过程也在同时进行。释梦是你和自己潜意识的沟通,经常释梦,你潜意识中的各个原型都将被激发。每一个原型仿佛一种性格模式的人,有极大的心理力量。一旦你和某个原型有共鸣,你的性格会越来越接近这个原型。荣格发现,人的原型有"智慧老人""阿尼玛""阿尼姆斯""太阳王子"等许多种,各有其典型性格,例如当"太阳王子"原型被激发时,你的性格会开朗、活泼、洒脱,如同王子。

你如果经常利用释梦去做损人的事,就会唤起另外的原型,即黑巫师或魔法师,从而使你的性格变得阴郁,而你自己的潜意识则会失去平衡,久而久之,潜意识的冲突会引起心理疾病。所以,释梦只能应用于对人对己都有利的目的。

再者,对释梦的结果也不要盲目轻信。假如你通过释梦,断定你丈夫和你妹妹有奸情,不要贸然相信。因为你的"原始人"可能会有出错的时候,再说你对梦的分析也极有可能会出错。要把梦当作一个启发，不要当成证据。

何况，梦中更多显示的是心灵层面的事件。也许通过进一步分析，你会发现，"丈夫"是你自己性格中男性化的一面的象征，而"妹妹"则是你自己性格中幼小的一面的象征。它们之间的关系是你内部心理整合和谐的象征——这本身是一个很好的梦。

梦是十分复杂、多层面的，不要轻易以为自己已完全了解了一个梦。

此外，作为一个释梦者，必须对人对己要宽容。人非圣贤，很多人在梦里都会有一些"不好"的愿望，比如想揍他的亲哥哥，或者想强奸邻居女孩等，对此一定要宽容。

我们的道德只要求人们不干坏事，并没有严格到不许人们在梦里想坏事。如果在梦里人人都被迫遵循道德标准的话（实际上，这是不可能的），这个世界或许能增加几百个好人，可是却会增加几百万个因过分压抑而发作的精神病人或心理变态者。

还有一点是，当你为别人释梦时，务必要考虑一下，能不能把释梦揭示出的事情告诉对方。如果对方很脆弱，那就不要把他承受不了的事情告诉他。再有，假如在大庭广众之下，一个女孩说出一个梦请你分析，而这个梦是关于她的性幻想或性隐私的，你最好假装释不出来。

释梦的最深的危险就是干预了心理发展的自然进程。我们现在都很了解，自然界有它的自然平衡和自然发展，作为一个生态系统环环相扣，有时一些善意的干预会打破自然的平衡。例如，如果你同情美丽的鹿而把恶狼斩尽杀绝，你会发现过不了几年鹿就会大批死亡。或者因为没有了狼，鹿繁殖过快，结果吃光了植被，造成了大饥荒，导致鹿群大量死亡；或者因为没有了狼，病弱的鹿没有被狼吃掉，造成鹿群的素质下降，对疾病抵御力下降，导致瘟疫流行和鹿群大量死亡。所以，我们都知道人类对自然界的干预要有限度。

同样，一个人的心理也是一个环环相扣的大系统，而且是一个演变之中的系统，有它自己的节奏和过程。有时，人必须经历一些苦难或痛苦，心灵才能成长。在这种情况下，你哪怕是出于善意使梦者避开了这种痛苦，你也会破坏他心灵成长的自然进程，有害于他的人格完善。在这种情况下，你的释梦知识就是"不祥的"。当然，一个人如果能通过释梦来促进心理发展，那他的释梦水平已经是相当高了。

这样的人我想是极少的。但我还是想提醒这极少的几位朋友，"大道自然"，我们应以谦卑的心态面对心灵的无穷奥秘，切不可狂妄自大，试图做人力所难以做到的事情。

如果各位读者能接受我的这些劝告，那么，让我们开始释梦术学习，踏上这一寻找和开启宝库的旅程吧。

三、芝麻开门：释梦

现在我们已来到宝库附近，写着谁也不懂的怪字的石碑是我们找到大门的关键。

我曾多次打过这样的比方：释梦是破译用未知的文字所写的文章。考古学家发掘出一块石碑，上面是一种谁也不懂的古文。考古学家想知道石碑的内容，他怎么办呢？他会首先寻找与某种现代文字相似的字，因为很可能这个字和那个现代文字意义相近。假定他看到一个字"①"有点像"日"字，他就先把这个"①"当成"日"字，然后再看石碑上这个字出现了几次，周围是些什么字，从而猜测出周围的字的意思。猜出几个字后，他再由这些字猜测这篇文章是写什么的：是记载一次日食，还是记载一次祭典或一次战争？最后他根据猜测的主题去推断其他的字是什么，尽可能地寻找旁证证明自己的猜测。最后他能自圆其说地把全文释译出来。

释梦也有点像文学评论家解释一首难懂的诗。比如李商隐写了一首诗，题为《锦瑟》："锦瑟无端五十弦，一弦一柱思华年。庄生晓梦迷蝴蝶，望帝春心托杜鹃。沧海月明珠有泪，蓝田日暖玉生烟。此情可待成追忆，只是当时已惘然。"

这首诗是什么意思呢？我们首先要在诗句里寻找可以理解的片段。比如从"思华年"上，我们猜测这首诗或是感叹年老，或是追忆往事。从"此情可待成追忆，只是当时已惘然"，可以猜测这首诗是追忆往事。因为提到了"当时"，可见写的是过去的事。由这样一些片段材料串联起来，我们可以猜测，本诗写的是一个爱情故事。当然另外一些人可猜测为只是对人生的感慨，对没有当上大官的惋惜。从主题出发，我们又可以去推断一些难解的句子："沧海月明珠有泪"，或许是追女友的一次垂泪，甚或是对性爱过程的描写。总之要能自圆其说，旁证充分，也就成了一家之说。

虽然释梦的过程类似译远古文字或解释文学作品，但是还稍有不同。有时它比译远古文字难，难就难在每个人的梦都使用了一些只有他自己用的"词汇"。有时它又比译远古文字容易，容易之处在于我们可以通过和做梦者交谈，从中获得许多信息。而译远古文字时，我们总不能要求墓中的枯骨告诉我们刻这块石碑是为了什么吧。

下面我讲讲如何在梦中"找出能懂的字"来。

1. 真正的"象形字":象征

梦是象征,这是真正的象形字。我们也许看过最早期的象形文字,那些字像一幅简笔画。比如,"水"字就像三道水波纹,"戈"字就像一个人扛着戈,但是那些字不是图画,毕竟简化了。梦则不一样,梦的"词汇"是一幅幅生动的图画,像电影一样清晰的形象,所以梦的象征才是不折不扣的"象形字"。

象征就是用一个形象表示一种意义。对此,在日常生活中我们也常常使用。比如人们说纳粹德国的隆美尔将军是"沙漠之狐",这绝不是说隆美尔长着一条毛茸茸的大尾巴,四爪着地在沙漠里跑,而是说他像狐狸一样狡猾,他仍旧是个穿纳粹德国军装的人。同样,美军袭击伊拉克的"沙漠之狐"行动也不是说在沙漠里养狐狸,而是说这一行动迅速,如同狐狸的行动。我们在年画上看到一个小孩骑着一条硕大无比的鱼,这也并不是记载以前有个小孩抓住过大鱼的故事,而只是表示"年年有余"罢了。画一只倒挂的蝙蝠,也只是表示"福到"而已。

梦主要使用的就是象征。只不过在梦里,我们不说"张三胆小得像只兔子",我们在梦里可能会直接梦到一只兔子,这只兔子有张三一样的小三角眼。有个女人梦见把便壶做成花瓶,白天用它作摆设。这个"便壶-花瓶"就是一个象征。便壶是做什么用的?是排泄小便用的。花瓶是做什么用的?是摆设。什么既像便壶可供人排泄,又像花瓶可供人观赏,而且是夜里做便壶白天做花瓶呢?梦者的答案是女人。不是常常有人把漂亮但没有才能的女人叫作花瓶吗？

由此象征我们可以看出这个做梦的女人对性的态度。她认为性行为是肮脏的，有如男人往女人身体内排小便。她认为男人对女人的需要只有两方面，一是性对象，二是观赏对象。由此可以知道她对男性的态度一定是讨厌的，我们甚至还可以推断这个女人外貌不错，否则梦见的也许就不是花瓶而是瓦罐了。

学习释梦的第一步就是认识各种象征。如果你对许多象征的意义很了解，释梦就会很容易。比如弗洛伊德的《梦的解析》一书中，就提出过瓶子可以作为女性生殖器的象征。如果你知道这一点，就可以知道"便壶-花瓶"和女性生殖器有关，进而和女性有关。

下面我再从一个简单的梦例出发，讲三个象征。

某女人从十几岁起，在十几年内常常做同一个梦：在厕所里刚一脱裤子，就掉进深深的茅坑里，很恐惧。

释梦者遇到这种梦例，首先应该询问梦者是否有过和梦中情景相似的真实经历。如果有，也许此梦只是由于过去的经历把她吓坏了。如果没有，那么这个梦肯定是用象征的语言在说另一件事。

在这个短梦中有三个象征，它们都很常见。

第一个：厕所和其中的茅坑。

第二个：脱裤子。

第三个：掉下去或者跌落。

除此之外，梦中还有一种情绪，那就是恐惧。

厕所和茅坑象征着肮脏。

脱裤子象征着性交。

掉下去象征着堕落。

因此这个梦的意思极为易懂,翻译出来就是这样:性交这件事是一种堕落行为,是肮脏的,是很可怕的。

懂得什么是释梦了吧?

当然实际释梦并非这么简单,因为有许多象征的意义你不知道,释梦专家也不知道,这些象征是梦者独创的。对于这种"梦的词汇",我们只好猜测或从旁侧摸索其意义。有的象征的意义我们还没有总结出来。有的时候,梦者把一个普遍的象征加以修改,表示一个特殊的意义,有少数时候梦也说谎。还有一点要提醒大家的,就是一个象征往往有多重意义,也就是说,它是多义的。所以我们在理解象征时,必须联系整个梦,联系梦境的"上下文",才能较准确地理解这个象征的意义。

2. 象征的多义性

同一个象征,在不同的梦里有不同的意义,有时在同一个梦里也会有多重意义。比如说梦见跌落,它就会有多重意义。安·法拉第总结说,如果你梦见跌落,它可能表明在你的生活中真的有跌落的危险。例如:"我梦见从新建的七层公寓的阳台上跌落下来,醒来后我立即检查了阳台栏杆,发现它们明显地松动了。再有我的邻人梦见他儿子从一架梯子上跌落下来。他检查了他家的梯子,发现有一处松动了。"

安·法拉第说:"如果一场跌落的梦没有这类表面的警告信息,那下一步就要问梦者目前可能遇到哪种比喻性的跌落。"

一个大学生因成绩差而害怕留级,遂梦见自己从学院的楼梯上跌落下来,这个梦表明他担心自己的学业。一位无线电台主任的妻子在丈夫晋升之后,立即做了许多跌落的梦,这意味着她感到自己配不上丈夫了。也就是说,她认为自己在丈夫心中的地位"一落千丈"了。一个出身天主教徒家庭的少女与男友同居后,做了一连串不愉快的跌落的梦,这表明她很内疚,因为她感到自己"堕落"了。

所以同样的跌落,可能表示真的跌落,也可能表示留级,表示地位下降,表示堕落,或表示其他意思。具体在某个梦里它表示什么,则要根据梦的"上下文"来确定。梦中从什么地方跌落,提示着这个跌落是什么意义。例如前面例子中的大学生,梦见从学院的楼梯上跌落,这说明他的"跌落感"与学校有关,于是我们可猜想他所指的是留级。跌落的具体形式不同,其意思也会不同。比如一个女性梦见自己在床上躺着,突然感到人与床飘飘如雪花般向下落,感到有些害怕。我们可以从"床"猜测到此梦必然与家庭或性有关,因为床是休息或性爱的地方。这个女性已结婚,不存在把性视为堕落的心理。由此可推断此梦中床的下落表示家庭根基不稳,表示婚姻生活不尽如人意。当我向梦者说出我的推论后,梦者随即证实说她的确觉得丈夫对她不如以前关心了,她感到"失落",因此,此例中的跌落代表的是"失落"。

释梦时绝不能机械地说"什么象征什么",必须根据具体情况进行具体分析。

现有的一些"解梦"一类的书,之所以还不能被称为科学的,其中有一个很重要的原因就是它们都把象征简单化、绝对化了,所以其结论往往是错误的。

例如,在一本较为严肃认真地诠释《周公解梦》的书中,有"门户败坏有凶事"一条目。一般来说,梦见门户败坏象征着不好的事情还是有一定道理的。门户往往代表家、自己,门户败坏当然在较多时候代表着家道衰落等不好的事。但是如果把这一点绝对化,那就可能会出现错误。有一次,我梦见一座旧房子,门倒墙塌,只剩一面完好的墙,梦里我兴奋地用铁锤把这面墙也砸塌了。按此书的说法,这应该是一个凶事的梦。但是事实上却不然,经过我对自己的梦的分析,那个梦的意义是:"我正在打破旧的自我,正要再造一个新我。"这是一件很好的事情。

在我的梦里,旧屋早已败坏,但我正要盖更新、更好的新屋,这个象征和衰落恰恰相反。

迷信的解梦和科学的释梦,在技术上最大的差别是:前者机械地采用一一对应的方法,如《敦煌本梦书》,就把上至天文、天象,下至飞鸟鱼虫、车船衣袜的梦象都简单地对应为吉、凶、灾、病等。

但在科学的释梦里,每一个梦中的人物、景象、动作,其意义都是依赖整个梦而确定的。比如"18"这个数字,在有的梦里表示年龄。

一个老年人梦见自己去电影院看电影,他想找第18排的座位,可是怎么找也找不到,在梦里很焦急,也很惆怅。在这个梦里,18代表的是年龄。老人对自己日益迟暮很焦急,希望回到"18岁",回到年轻的从前。

但在别人的梦里,甚至是这位老者另外的梦里,"18"这个数字都可能是其他的象征。

一个农村青年想去大城市打工赚钱,有一晚他梦见自己要去这个城市,他坐的列车是"18次"。这里"18"的意义也是不言而喻的,"18"即"要发"。

如果我们真的想了解梦的意义,期望从它那里得到启发和启迪,那么,断章取义地生硬解释,只会导致迷信。这样做,既害人又害己。

3. 寻找线索

有时单单根据梦本身，我们一时搞不清其意义，或者对梦的意义没有把握。我们就需要靠梦以外的旁证材料来启发我们。

例如，问问梦者在做梦前做了哪些事情，想了些什么，遇见了哪些人，就可能会从中发现一些关于该梦的线索。

俗话说：日有所思，夜有所梦。梦和白天所遇到的人与事总有联系，特别是在白天生活中发生了重要的事件时，梦往往会和这件事有关。

另外，我们还需要了解一下梦者是什么样的人，近来正处于什么情绪状态，这样我们就有可能发现更多的线索。

请看下面一个梦例。

一位大学生长期以来经常做一个梦："这个梦没有开头和结尾，只是一个持续时间很长的画面。在一个空旷的广场花园中，有很多东西方向排列的蛇。而我在蛇的中间无法挪动。蛇虽然活着但没有生机，黏腻灰黑，大蛇不动，小蛇有小的移动。我也是灰黑色的，僵直地望着家的方向。"

梦者从这个梦体会到的感受，是恐惧和无奈。他感到这正是他对生活的感受，他感到自己被困住了，而且对此状态感到很无奈。他向往有热情、有活力的生活，但是实际上他活得很无聊和无活力。

"家的方向"，说明这个梦和家有关。梦者从很小的时候就离开了家，感到一直非常缺少家的支持。梦中，看着家的方向，是对家的向往。但是，他对如何回到自己心中的家，是感到无望的。

还有一位大学生做了这样一个梦：他身穿中世纪服装走进一幢

很暗的房子，屋内很乱，突然有几个人冲出来向他进攻。他猛地拿出一支冲锋枪，向敌人扫射。把坏人全打倒后，他转身走出房子，很悠闲地点上一支烟，然后拿出一只手榴弹向后甩去，房子在他身后"轰"地炸了。这时他忽然意识到自己的课本落在屋里了，可房子已成一片瓦砾，找不到了。他一转念，没就没了，也无所谓。

释梦者了解到，当天梦者看了电影《最后的英雄》。电影中的一段场景与梦相似。还有，这个同学很爱玩又不愿受约束，初来学校时见学校条件不是很好，规矩又多，不止一次抱怨过。还了解到这个同学在这学期没有好好学习，当时又面临期末考试。于是他断定：梦中黑暗的房子指学校，梦中杀敌炸房子是发泄被压抑的感情。课本落在屋里被炸，代表"该门课落下了，怕考试通不过"。但是这个同学平时就对什么都无所谓，所以梦中他对课本落下的事也全不在乎。

这个解释虽不完全，但基本上是准确的。而且，做梦的那个同学在期末考试中那门课果真不及格。

美国心理学家弗洛姆所释的两个梦也说明了旁证材料的作用。这两个梦都是一位年轻同性恋者做的。第一个梦是："我看见自己手中握着一把枪。枪管很奇怪，特别长。"第二个梦是："我手中握着一根又长又沉重的手杖。那种感觉就好像是我正在抽打什么人——虽然在梦中没有其他人存在。"

这两个梦不是在同一个晚上做的。枪和手杖都可以看作男性生殖器的象征，但是弗洛姆认为把这两个梦都说成和性有关是没有把握的。于是他便寻找旁证，他问这个年轻人做梦的前一天想到过什么。年轻人回答，在做手枪的梦前当晚，他看见另一个年轻人，而且有强烈的性冲动。在做手杖梦的前一天，他对他的大学教授很愤怒，但是他又不敢提出抗议。他还联想到，小学时的一个老师用手杖打过学生。

这些旁证材料使弗洛姆断定，这两个梦虽然相似，但意义完全不同。第一个梦表示他希望有同性性行为。而第二个梦表示他对老师——大学教授和小学老师——的愤怒，而且他希望以其人之道还治其人之身，用手杖去痛打老师。

我们说梦是"原始人"的来信。但为什么"原始人"在这天给你写这样的一封信，而在第二天又写了一封与前一天很不同的信呢？这是因为"原始人"的信也是有感而发的。

这里的"感"指的就是我们白天所经历的各种各样的事情。

这些事情有时我们能意识到，有时我们意识不到。"原始人"就是根据这些经历发出相应的感慨，并且用这些在他那里还鲜明的形象给我们写信。

小敏是个高级白领，可谓事业有成，但感情生活并不顺利，她有情人，但情人明确表示自己无意婚姻。在小敏的意识里，她对婚姻也很反感，何必两个人互相束缚？有爱情，无需婚姻保障；没有爱，婚姻又在保障什么？所以小敏对目前这种松散却潇洒的关系也还满意。

一天她做了这样的一个梦："我急着去上班，发现一份重要的报告没带。于是在房间里翻箱倒柜地找起来，心里很着急。后来仿佛要找的不是报告，而是一块巧克力。我一边拼命找，一边让自己回忆究竟放哪里了。就这样醒了过来。"

在这个梦里，最特殊的一个东西，也可能是最关键的，就是"巧克力"。我问小敏，最近几天有没有什么事和"巧克力"有关。"没有什么呀！"小敏随口答道。"再回忆回忆。"我说。

"噢，想起来了，"小敏的脸微微有点儿红，"昨天，我在罗马花园那里，看见一对新人在拍结婚照，穿礼服的新娘在照相的间歇吃巧克力。当时，我觉得她的这个举动有点奇怪，就注意了一下。"

原来如此，在小敏的这个梦里，"巧克力"与婚姻有了某种联结。在这封"原始人"的来信里，"原始人"是在告诉小敏："在我看来，婚姻也是很重要的，至少像你的事业一样重要。"

在小敏的意识里，她一直认为自己既新潮又洒脱。但其实在她的潜意识里，传统意义上的婚姻也很重要。从心理学的观点来看，"原始人"的观点不存在对或错的问题，而是有没有的问题。若有某种观念或声音，那就需要我们的意识去关注它、了解它，这样才能进一步地借助我们潜意识的力量和智慧，或者至少转化掉潜意识中的陷阱和阻碍。

有个女孩的初吻是在汽车上，她心中的"原始人"就把汽车当成了被禁止的浪漫爱情和性冲动的象征。在16年之后，她早已结婚生子，却陷入一次婚外恋。于是她梦见自己站在汽车里，既害怕又高兴，而且还在猜测汽车要开到哪里。

外人是不大可能从"汽车"上猜出她的心思的，因为对大多数人来说，汽车并不意味着被禁止的浪漫爱情和性冲动。

这种特殊的象征往往需要另一种方式分析。那就是联想，让梦者从汽车开始进行联想，问她从汽车能想到什么。因为在她心中，汽车和她的初吻之间有联系，所以她很可能就会从汽车想到初吻。当她联想到了初吻，我们也就明白了她现在梦中的汽车代表的是什么。

科学释梦技术的创始人弗洛伊德最擅长使用联想法。

在应用联想法的时候，要注意：一是梦者在联想时必须放松。

第三章　打开梦王国的宝库

只有放松，头脑里的联想才是自由随意的，才能顺着潜意识中的联系联结到我们要找的东西。如果不放松，他的联想往往会是机械的、呆板的，和他自己的情绪没有关系。比如从汽车联想到火车、轮船、飞机，却想不到自己在汽车上的初吻。不放松时，有的人干脆什么也联想不起来。二是梦者有时做了一个联想，但是马上说："这是瞎想，没有意义，和梦无关。"在这种时候要知道，这个联想肯定和梦有关，梦者的话只是一种不自觉的掩饰而已。三是如果从梦者的联想中，你发现不了和梦有关的东西，不妨让他继续联想。如果在一个意象片段的联想中找不到什么线索，可以再从梦的另一个片段开始联想。

联想是释梦中几乎可以说必须用到的一个步骤。联想的意义在于把每个"原始人"自己使用的"词汇"和"原始人"公用的"词汇"联系起来。有时，联想还可以把某个"原始人"的"词汇"一步步地转变成非象征性的"词汇"。

联想也可以说是顺藤摸瓜。多年的释梦和心理治疗的经验，使我不禁产生这样的假设："原始人"写信给我们，是要我们懂得他的意思。当梦者向一位心理学家询问梦的意义时，"原始人"也会"帮助"梦者和心理学家弄懂这个梦的意义。

比如，一个刚刚认识的人来找我，她说想和我聊聊。

"聊什么呢？"她说，"其实也没什么事。"停了一会儿，她接着说："我给你讲几个有趣的梦吧。我做的。"

想掩藏自己的人一般是不会找心理学家聊天的。所以，我想她其实是想表达什么，或想解开心中的谜团。谈梦难道不是最好的交流兼掩饰的工具吗？

"我梦见和男朋友一起去爬山，他想在一个茅草房里歇歇。可我觉得山上更好些，于是他就跟在我后面一起往上爬。后来，出现一伙强盗，他们要抓我。男朋友和他们打了起来。结果，他满身是血倒在地上死了。我很伤心地哭。"

虽然我对她了解甚少，但初听她的梦，我已从中看出了眉目。为了避免主观，甚至是我的投射，我还是决定追问细节。

"对于'爬山'你能想到什么？"我问。

"想不到什么，就是往上爬呗。"她说。

"对于'茅草屋'你能想到什么？"我接着问。

"就是小说里常提起的那种。像什么人的家。"

"你梦里的'茅草屋'破吗？你形容一下它。"我说。

"不破，要形容的话，是简陋，整洁，还有点温馨。"她说。

"'歇歇'是什么意思？"

"就是待着呗。"她说。

"那些强盗长得怎样？你描绘一下。"

"仔细看，也不是什么强盗，看得最清楚的一个人的相貌倒像我大学时的一个年轻老师。"

"这个老师是怎样的人？你用简单的几个词形容一下他。"

"他后来出国读了个博士学位，现在在耶鲁大学任教。"

"你怎样形容他？"我问。"他有知识，成功。"她说。其实形容一个人，角度是多种多样的，我只说"形容他"，也就是说，既可以形容他的相貌，也可以形容他的性格、为人。但这里梦者只告诉了我这两点，即"有知识，成功"，我更愿意把它理解为她的"原始人"对我的暗示。

"'强盗抓你'你能联想到什么？"我问。

"像小说里写的，没什么两样。"她说。"你一问，我想起前两

第三章 打开梦王国的宝库

天和人说起普希金的小说《杜布罗夫斯基》。"她接着说。

"这部小说是怎样的？三言两语说一下。"我说。这部小说我看过。但每个人复述小说、谈小说，都会有自己的投射。而这种投射也是"原始人"不倦的提醒。

"这是一个悲剧。一个年轻有为的贵族杜布罗夫斯基，爱上了一个贵族小姐，可当小姐打算跟他走时，他却来迟了，小姐嫁给了别人。"她说。如果读者有兴趣读读这篇小说，会发现这种概括很耐人寻味。其实这种概括也是梦者的"原始人"在反复提醒我这个释梦者："不就是这样吗？不就是这样吗？"

"'满身是血'你能想到什么？"我问。

"临睡觉前，我看了一个电视剧，剧中的两个女人爱同一个男人，最后一个女的被打死，满身是血。这种故事往往只能这么收场，要不怎么也委决不下。"讲述之后，她这样加了一句评论。其实，这句评论又是她的"原始人"在"告诉"我，这封信究竟是什么意思。到这里，我想我可以很有把握地解这个梦了，否则她的"原始人"会认为我太笨，朽木不可雕。

"这个梦是关于你和你男友关系的。你希望你和男友一起在事业上不断攀登（即梦里'往上爬'），但你的男友更愿意过在你看来是简陋、整洁且有点儿温馨的家庭生活。只是你坚持往上努力，因为你觉得上层的生活会使你更愉快（即梦里'山上更好些'）。你的男友受你的影响也在继续努力，但你对他的能力或状况不满意（即梦里'跟在我后面'）。这时，你的潜意识希望出现一个更理想的人爱你，并希望你目前的这个男友以某种不是你责任的原因消失。而且，你希望的这个人可能出现过，但错过了。（大学时代的老师代表曾经出现过的人，但回忆小说《杜布罗夫斯基》的情节又表示此

· 67 ·

人已错过。）在梦中最后伤心地哭，是表示你对自己的这种想法有内疚感，同时也是同情自己找不到理想的伴侣。对你目前的这个男友，你对他的依恋是他能给你温暖，还有他对你的爱，但你对他的事业发展状况及前景不满意。"我说。

她听了我的分析，低着头沉默不语，既不赞同也不表示异议。

"我想起来了，从这个梦中醒来后，我再入睡，又做了一个梦，现在能记住的情节是：我和我的初恋男友（上大学时谈的）手拉手走在一条街上，是夜晚，当时梦里感觉很幸福。街两边挂着一排排红红的大灯笼。"她说。

说了一段梦又想起来一些细节或紧临前后的梦的段落，或者记起以前曾做过的类似的梦，这些都是"原始人"在给梦者及释梦者提供更多的信息，是在帮助梦者及释梦者更好地了解自己。

"'红红的大灯笼'让你想到什么？"我问。

"想到电影《大红灯笼高高挂》。"她说。

"这部电影……"

"我知道了，"她打断我的话，"那个男朋友在和我恋爱时又和另一个女孩发生关系。虽然我很爱他，知道他在事业上会有很大的成就，可我无法忍受和别的人分享他的爱情，所以和他分手了。后来他去了美国，发展得不错。"

"你希望理想的恋人，既如初恋男友一样成功、有事业心，又像现在的男友一样爱你、可靠。"我说。

"这一直是我不快乐的原因。"她说。

最后，我劝告她："作为女性，不必把事业上的追求与理想，甚至功利的目标投射到自己的另一半身上。这样的投射只会给自己带来不满，给对方带来压力。他给你一个家，你自己给自己一个事业不好吗?"

通过对上面这个梦的分析,你大概也会赞同我的说法,"原始人"在一遍遍地向我传递能读懂他、了解他的信息。

当然,"原始人"的提醒也是分对象的。"原始人"的眼睛很敏锐。如果你不是真心想了解他、能帮助他与梦者沟通的人,或者你是他觉得说得再多也无法理解他的人,那么他就不会或没有足够的耐心提供信息。所以,要想释梦,真诚帮助别人的心最重要,你越真诚,"原始人"就对你越有耐心,也就会不断给你理解的素材,直到你理解他。

四、宝库的门开了:释梦方法

寻找象征、寻找梦外线索和联想都是释梦的一些基本操作,这些操作学会了,我们就可以释一些简单的梦了。当然,专业的释梦过程要复杂得多。

例如一位女大学生的梦:"我和男朋友坐在长椅上,周围有很多鲜花树木,突然很多像柳条的树枝把长椅缠绕起来,男朋友一下子就消失了。"

这个梦可以一语道破:"虽然你们关系很好,但你还是很不放心,周围花花草草太多了。如果有个缠人的,那男朋友就有可能在自己的生命中消失。"

又如,某人小时候梦见一个人长了个鹅卵石脑袋,而且用鹅卵石砸她(梦者)的头,把她的头砸出一个个坑,后来她的脑袋也变成了鹅卵石。

这是一个较简单的梦,鹅卵石脑袋象征着顽固、生硬和冷漠无情的性格,砸头表示伤害。梦的意思是,在她小时候,有个人性格顽固又冷漠,这个人经常伤害她。常常受到这种伤害使她自己的性格也变得顽固又冷漠。

再如,女大学生梦见和妈妈一起在一个摊位前,摊位上卖的是化妆品和面膜等。这时来了一个商人,他砍价的本领非常厉害,可以一下子说出东西的底价。

化妆品和面膜等都是用来修饰面容的,或者说用来让一个人比实际显得更美的。这和卖东西时要给出一个虚的更高的价格是一回事。而别人能一下子说出底价,说明在她心目中,相信别人是能够看出自己的真实"价值"的。由此可见她有点自卑,她会有所掩饰,但是她相信别人会看穿自己。

一名女学生梦见:"我爸妈被送到精神病院,是我姐送他们去的。爸爸把自行车锁弄开,和妈妈,还有我,一起逃走了。"

"送到精神病院"意味着把他们当成疯子。打开自行车锁意味着解脱禁锢。"逃走"意味着偷偷地摆脱。但是,一般来说,她的姐姐不大可能把她爸妈当精神病人禁锢起来,而她的爸妈要逃脱她姐姐的摆布也不必偷偷逃走。根据我的经验,梦者常常用父母代表自己和自己的异性朋友。于是我猜测,这个女孩现在有了男友,她很喜欢他,甚至在她的姐姐这类人看来,是"疯狂"地喜欢他。估计她的姐姐是个保守、严肃并且权威感强的人,梦者有些怕她。梦者偷偷打开了对自己的禁锢,和那个男孩一起逃开了限制。或许,她私下里和男友有性接触。

但是我不能肯定是否如此,因为她姐姐也可能是另一个人的象征，当时我也不知道自行车代表什么。于是我说出了自己的解释。那个女孩很惊讶，因为她从不曾和人说过她的男友，我也不可能知道她有男友。惊讶之后，她对那些我不知道的细节做了解释。

近年来，在教授释梦中，我发现对于学习者来说，有基本程序对于释梦有好处。因此，我确定了一种程序。按照这个程序去释梦，可以让经验并不多的初学释梦者基本顺利地完成释梦，而老练的释梦者使用这个程序可以更全面地释梦。

这个释梦程序要求从整体到局部去体会和理解梦。

第一步，感受梦的整体氛围。

释梦者从头到尾听一遍梦，感受其总体的氛围，不需要对其意义进行理解性的分析。这样可以避免释梦者太理智，能让释梦者保持感性的状态。同时，也避免片面性，而能对整个梦有整体感受。

例如以下这个梦："在一个废弃的工厂里，我和几个同伴被一群戴黑面罩穿黑衣的人追杀。在逃跑过程中，同伴一个个被杀死，最后只剩下我和一男一女，我们逃进一幢白色的高楼。但是有一个杀手追了进来，女同伴被杀死。我和男同伴逃到高层阳台上，男同伴被砍死，而我被从阳台上推了下去。"

我们可以感受到，这个梦的基本氛围是紧张和恐惧。

第二步，初步确定这个梦的主题。

初步确定主题，是为了对梦的整体有一个初步的理解。在进一步释梦时，也许我们会发现这个主题需要调整。

比如上面这个梦的主题就是"被追杀"。

第三步，寻找这个梦中重复出现的内容。

重复出现的类似的内容，往往反映出一种基本的模式。

上面这个梦中,重复的内容就是周围的人被杀死,以至于自己越来越恐惧。这是一个简单的重复,实际上在其他梦中,很多重复不是这样简单,而是有一定变形的。

第四步,注意梦中特别的情节。

这种特别的或者奇异的情节,往往是梦中比较关键的地方。更吸引释梦者注意力的、让释梦者感到特别的情节,和释梦者的心理更为契合,也许更容易解密。

第五步,通过联想得到更多信息。

比如上面这个梦,我们可以让梦者通过联想,对"废弃的工厂"能联想到什么,而"白色的高楼"又能联想到什么。实际上,梦者的联想是,前者有些像小时候妈妈工作的地方,而后者像现在大学的教学楼。

第六步,找出意义比较明显的意象。

比如这个梦中,黑衣人的意象,其意义多指一种可怕的威胁。

在这些都做完后,再进行释梦的工作。给出一个尝试性的解释,并把这个解释说给梦者,根据其反馈,来调整对梦的解释。

当运用纯熟后,实际释梦不需要头脑里想着用什么方式。你可以根据当时情况随时改变释梦步骤。

梦,这封"原始人"来信,常常有着言外之意,需要释梦者点破。

就拿前面的例子来说吧。

有个女人梦见把便壶做成花瓶,释梦结果是把女人当成花瓶。释梦者还应该告诉梦者:梦者对男性有潜在的敌意,她认为女人只是男人的工具,而不是男人平等的伙伴,她和男友或丈夫的关系必定不太好。也许是这个男人只把她当作泄欲工具,也许是她以往的偏见影响了她和他的关系,也许这两种原因都有。她应该对这一观念进行深入思考：为什么自己会有这种观念，是什么经历铸成了这种观念。其实，男女之间交往可以有其他形式，它们同样可以建立良好的关系，最终克服这种观念的消极影响。

另一个女人梦到在厕所一脱裤子就掉进便坑里，释梦结果是她认为性是肮脏的、堕落的。释梦者也应进一步指出：这种观念必然会对她产生消极影响，她或者会不结婚，或者结婚了也很容易离异（实际上这个梦者结婚后很快就离异了）。她也应该寻找一下这种观念的根源，并且想办法消除这种观念。

五、释梦同心圆

任何释梦都是以一种心理学理论为前提的，或推而广之，是以一种对人心理、生理、心身关系，乃至人与宇宙关系的理解为前提的。就像任何理论都是在一点点接近真理一样，释梦背后的理论也是从不完善逐渐趋向完善的。所以，在这个意义上，释梦的价值不在于这个梦到底是什么，而在于它对梦者的启示，对梦者人生的完善有什么价值。也正是在这个前提下，我们才说，用不同的理论来释梦可能都是对的，但对不对并不重要，重要的是从这些解释中，我们能得到什么启迪，对梦者心灵的成长有怎样的意义。

一个梦就像投入湖心的一颗石子，一圈一圈的涟漪就是它的回声。我们从不同的理论出发，有的听懂、看清楚了它的一道涟漪，有的则听懂、看清楚了另一道。所以对同一个梦，用弗洛伊德层面解是对的，用荣格层面来解也是对的。只是根据笔者多年的释梦经验、心理治疗的经验，我更倾向于荣格层面对梦的解释，因为后者比前者更具建设性。荣格说梦是启迪，是人潜意识在努力使整个心灵更趋于和谐、合理。而弗洛伊德说，梦是像野马一样的无法自制的冲动，它的欲望就是表达自己。弗洛伊德的释梦是告诉你：你是这样的，而你的意识并不知道。荣格的释梦是告诉你：你怎样做会更好。

也许荣格听懂、看清楚的涟漪也不是最后的一道。我们只有在不断地探索心灵的过程中，才能更全面、准确地把握梦。

一位30岁的女性梦见她儿时的邻居伯伯死了妻子，而这位伯伯忽然向她求亲，请她嫁给自己。

在弗洛伊德层面解释，这是个典型的愿望满足的梦。梦者希望自己取代那位伯母，成为那个伯伯的妻子。这样完全解得通，梦者承认她从小就幻想这个伯伯是她的父亲，因为他儒雅、温和。

但是在荣格的层面上，这个梦是个人格整合的梦，梦中的伯伯是梦者的阿尼姆斯原型。这个"求亲"意味着梦者的阿尼姆斯与梦者现有人格的整合。而梦中伯母的死亡意味着梦者一种旧的人格面具将被新的取代。通过分析知道，梦者认为这位伯母的性格是传统而保守的。所以这个梦的意思是："原始人"提醒梦者要改变传统、保守的性格，把自己向往的儒雅、温和的性格整合进来。这样解释也是合理的，因为这位女性的性格既有保守的一面，又会因为焦虑而常常发脾气。

从我的倾向性来看，我更愿意从荣格层面解释，因为这会为她的人格完善打开一扇门。

在解梦十余年之后，我终于体会到，解梦的最高境界是不解之解。

第三章 打开梦王国的宝库

一次,两个朋友到我这里闲谈,一个朋友是哲学家,极为聪明,另一个是白领女性。哲学家说了他的一个梦,一个诡异的梦。梦中人鬼杂居,发生了许多在鬼故事中才会发生的事。他请我解梦。我当时完全沉浸在那个梦里,我感到那个梦正是这位哲学家的心灵生活的一部分。那个梦正是他心灵的存在形态之一。我想他作为哲学家应该可以了解,所谓实在不仅是指物质,心灵也是一种实在,其表现方式就是这些意象——这不是说"鬼"是实在的物体,而是说梦本身就是一种心理的现实。不必用以前的方法去解释这个梦,任何翻译都是有歪曲的,因此我不必把梦翻译为日常语言。于是我对他说:"我的解释是这样的……"接着,我重述了一遍他的梦。重复的方式仿佛是我自己做了这个梦。

那个白领女性在旁边惊讶地问:"你为什么不释一下梦呢?"我说:"这就是我的解释。"我又把那个梦讲了一遍。那个哲学家,梦的主人,说:"我懂得这个梦了。"

白领女性问我:"你能说说这种'不解之解'吗?"

解梦的最高境界本来是不必说的,一个人解梦多了,自会领悟,而不曾领悟时,我说什么都是没有用的。但是,我不妨勉强解说一下,为什么解梦的最高境界是不解之解。

任何对梦的解释都是不完满的。

在浅层次说,正如我们翻译外国语言的作品一样,不论你的译文多么好,它和原文总会有一些不同。cat 译为中文是猫,但是 cat 不等于猫,因为在西方文化中,cat 这种动物神秘而诡异,有如一个巫女,而中国人对猫的主要印象是乖顺、柔和。因此,翻译总会或多或少地改变原文的神韵。翻译文学作品如此,释梦也是如此。任何对梦的解释都损失了梦本身的一些神韵、气氛。释梦把生动、有活力的梦固定化了，梦像鲜活的鱼，而释出的梦像鱼的照片，哪个更生动、更有意味？梦有时有无穷尽的含义。释梦一般只是揭示出了它的一种或两三种含义。即使释得极为准确，也会产生一个不好的后果——听到解释的人误以为"这个梦就是这个意思"。梦的一个被揭示出的意义无形中掩盖了梦的许多其他意义。所以任何对梦的解释都是不完满的，正如任何译文都是不完满的——让另一个人深入了解外国文学精髓的方法是：教他学习外语。同样，对梦的最好解释是不解，是帮助梦者直接进入梦的世界，学会用象征的语言、用梦的方式去理解世界，让他直接体会梦，不经过别人或自己的任何翻译过程。

更深一步说，本书前面说梦的语言是象征性语言，这种说法也应该打破。所谓象征，是以此物代表彼物，在象征者与被象征者之间是有差别的；而达到解梦之化境，你就会明白，实际上没有什么象征。或者说，梦中的象征就是被象征者本身。梦到自己是鸟在天上飞，这不是自由的象征，而是你自由的灵魂，以鸟的形态在飞，不是你像鸟，你就是那只鸟。这不是一只动物学分类中的鸟，那种从卵里孵化吃草籽小虫的鸟，而是梦中的真正的鸟，虽然它没有肉体，但是这只鸟的现实性或称真实程度在梦的世界中是无可置疑的。

因此，对梦进行解释，把这只鸟说成"自由的象征"，这实际上是不准确的，是对日常逻辑的一种让步。

不解之解不是解释，也不是不解释。别人讲了一个梦，你把它重复一遍，这种解梦方法不是太简单了吗？别人梦见鬼，你告诉他："这说明你的魂遇见了鬼。"这种解梦只是愚蠢的迷信。这些方式不是不解之解，只能称为"不解"，是对梦的不了解。"不解之解"不是"不解",而是"解",是用"不解释"的方式"解"。

不解之解是指解梦者已经用自己的"原始人",完全把握领悟了对方的梦,这种领悟虽然不能用语言表达,但是十分明确、清晰,正如老子所说:"忽兮恍兮,其中有象……其精甚真。"(《老子·二十一章》)只有在这种领悟之下,你的"不解之解"才对对方有冲击力,才有可能启发对方,使对方懂得自己的梦。你虽然只是重述了一遍对方的梦,但是重述时,你的声调和语气都不自觉地传达出了你对梦的领悟。

有个老禅师已经开悟,人们问他:"什么是佛?"他总是竖起一指,他的一个小徒弟看得多了,当有人问起时,也竖起一个手指。

老禅师竖起一指是对佛的"不解之解",而小徒弟竖起一指则只是"不解"。

虽然理解梦境不可以和理解佛相比较,但是不解之解的境界也不是很容易达到的。

下面我们再来看看释梦者的直觉。

作为科学的信奉者,我们一般不大喜欢讨论直觉,因为谈到直觉,容易让人感到不客观、不可靠。直觉不同于思维,它只告诉我们结论,而不告诉我们得到这个结论的过程,因此我们难以相信它。

但是在长期的释梦实践之后,我发现我不能否认直觉的作用。有时,听完一个梦,直觉马上给出了一个解释,而且在内心里我感到,这个解释是真切正确的。我试着问一些问题,核实一下情况,发现直觉的确是对的。但是,我不知道直觉是如何得出结论的。

我可以不提直觉的作用,用我的理论和方法解释为什么我这样解释这个梦,是的,用我的方法是可以得出同样的结论的。但是不提直觉是不公正的，仿佛一个人把别人的功劳算到自己头上。

实际上，科学不像一些人想象的那样，完全是严谨的思维而完全没有直觉的地位，在科学中直觉起着极为重要的作用。爱因斯坦有一次听到一种理论后，直觉的反应就是"这是错的"，他没有任何运算就得出了这个结论。当别人问他理由时，他只是说："我觉得这个理论不美。"直觉往往先告诉我们结论，而我们在以后再为这个结论找出证据。

心理学家更是不能忽视直觉。一位美国心理学家说："物理学家有仪器，心理学家也用仪器，而心理学家最重要的'仪器'是我们自己的心。直觉就是这个仪器的测量。我们不应该忽视这个仪器。"

固然我们不能轻信直觉，但是也不能不用直觉。

在我的经验中，对梦的意义的直觉了解能力是可以变化的。你释的梦越多，你的直觉就越准确。在我多年前刚开始释梦时，我几乎得不到直觉的任何帮助，而现在我的直觉则相当准确。

而且我发现，有时有许多人让我释梦，一开始我释得很准，但是连续释了5~6个梦之后，我的直觉就变得不太灵敏了，仿佛直觉也会受我心理上的疲劳的影响。

直觉可以释梦实际上并不神秘。所谓直觉，就是潜意识的活动，就是我自己内心的"原始人"的活动。释梦的直觉大致代表两种能力，一是我的潜意识"原始人"理解别人的潜意识心理活动的能力，二是我理解自己潜意识的能力。换句话说，我的直觉了解别人的梦需要两个条件，一是我的"原始人"能理解别人的"原始人"的梦，二是我能理解我自己的"原始人"。这样，在别人讲梦时，我的潜意识理解了，这是一种"下对下"，即潜意识对潜意识

第三章 打开梦王国的宝库

的交流。然后,我理解了我的潜意识,从而理解了梦。

在前面的释梦中,仿佛是我的意识层这个"现代人"了解了"原始人"的语言,他通过翻译梦者的原始语言而懂了梦。而在直觉式释梦中,我的"原始人"先听了梦,我是从我的"原始人"那里知道了梦的意义。

所以,要用好直觉,就要求我们的潜意识"原始人"理解别人的潜意识心理活动,这种能力就是心理学家所说的"共情"能力,一种从心底里设身处地理解别人的能力。还有就是自己了解自己的"原始人",这种能力源于大量的自我分析和对自己梦的大量解释,以达到对自己的梦和潜意识十分了解的程度。而要得到这两种能力,你必须让自己尽量关心别人,同时不自欺。

如果你能用直觉释梦,就可以说是达到释梦的较高境界了。

一个出色的释梦者必须有对梦的敏感与直觉。有了直觉,在未分析时,就对梦者在讲什么有一种大致的感觉,感觉到一种情调、一种氛围。在释完之后,也能有一种感觉,感觉"没错,就是这样",或感觉"好像有点不对"。好的释梦者应该有一种洞察力、一种穿透力、一种神奇的领悟能力。这有些像有艺术鉴赏力的人对诗歌的那种感觉,它能使人一下子把握诗歌,体会到诗歌的意味。而那些缺少艺术鉴赏力的人,尽管看了艺术评论,学习了"如何理解诗歌"的知识,也知道如何分析诗歌,但是仍旧难于真正理解诗歌。

释 梦

第四章
梦象征参考词典

一、动物
二、交通工具
三、房屋
四、穿戴之物
五、身体各部位
六、物品
七、人物
八、水
九、路
十、其他事物

第四章 梦象征参考词典

由于每个人的经历不同，所见所闻也就不同，因此，某一事物，比如鱼，在不同人的不同梦里，表示的意思是不同的。我们必须根据整个梦，根据对这个人的了解，才能知道在这个人的这个梦中，鱼代表什么。所以，从这个角度来说，编一部"梦象征词典"将象征物的意义固定下来，供使用者对号入座，是无意义的，很容易误导人。但是从另一角度来说，这种词典也不是完全不能编写。虽然同一个东西有许多种意思，但是在大多数情况下，它所表示的不过是少数几种意思。例如跌落，虽然在某个梦里，某个人用它来表示旅游，他也许觉得旅游有危险，会从山上跌落下去。但是在大多数情况下，跌落无非代表真的跌落、堕落、失落、失去地位等几种意思。人们在梦里的创造力也仍旧是有限的。在想不出太多的新鲜象征时，人们就会用那些常见的象征。我们可以编一部词典，把那些常用的象征罗列一下，这样人们在释梦时至少有个参考，知道可以从哪几种意思上去猜梦。象征有多重意义，这不是编不成"梦象征词典"的理由，因为就是在一般汉语词典中，一个汉字也往往有几个意思，比如"重"字，既可以表示一个东西"沉"，又可以表示"反复"等意思。在不同的语言环境里，"重"字意义也不同："这东西太重了""报纸买重了""重新来"。因此，我们只有看了句子才知道这个字当时的确切含义。

本章是一部小词典。这部词典只收录了少数很常见的象征，对每个"词"的解释也不全，但是对学习了解自己的梦来说，已经够用了。记住，要活用，不要生搬硬套。

一、动物

1. 鱼

古释梦书说,梦见鱼表示发财。它说对了。从谐音上,鱼和"富裕"的"裕"字同音,所以有些人梦见鱼与"富裕"有关。另外"余"也与"鱼"同音。年画中画的鱼所表示的正是"有余"。但是,鱼表示财富绝不仅仅由于它的发音。

从远古起,鱼就在人们心目中代表财富。也许对原始人来说,打到鱼就是财富吧。

某男子梦见在海边游玩,发现海里有许许多多的鱼,有几个人下海去捕捞。他也想去捞,但是害怕有鲨鱼,于是没有下去。后来,他下了决心要下海,不再担心鲨鱼了,却发现海里的鱼已所剩无几了。

这种梦写出了许多当代人的经历。一开始想下海经商,知道会发大财,但是又怕危险。顺便说一句,鲨鱼也是鱼,但是在这个梦里它不代表财富,而代表危险。这个例外也不难理解,当人们提到鲨鱼时,你首先联想到的不会是它的肉,而一定是它的牙。再说刚才那个人,等到他壮起胆子,打算下海时,却发现钱已经让人家赚走了,或者说,赚钱已不是那么容易了,因为鱼少了。

一个类似的梦是某人梦见池塘里有许多鱼,他想抓几条吃,却发现那些鱼长得极为难看,让人恶心。

鱼在这里代表财富，难看的鱼代表不义之财，即赃钱。在你释梦时，在判断出鱼是不是代表财富后，下一步就是根据鱼的样子、种类及鱼处在什么地方等判断鱼代表什么样的财富。有时候鱼代表的不一定是有形的金钱物质，而是无形的精神财富。

某人梦见自己在池子里养了许许多多的金鱼，但是池子里的水已不多了。他急着到处找水。好不容易找到一个水龙头，但是水龙头流不出水，池子里的水却仍在减少，许多鱼死掉了，剩下的鱼也半死不活。

经分析，这个人感到自己找不到滋养自己心灵的养料，他感到自己的内心正变得贫乏。

鱼还代表性。在西安半坡遗址，曾展出过一种鱼鸟纹的陶瓶，瓶身上画的是一条鱼张大嘴，吞一只鸟的头。想想，谁见过或听说过鱼吃鸟这种怪事，就算有这种事也一定极为罕见。为什么原始人会画这种画呢？如果仔细看看那种鱼鸟纹，你就会清楚了。那个鸟头形状很像阴茎，而那鱼嘴的形状很像阴道的横截面，非常像，让人惊奇原始人的解剖知识。所以这表示性交。

在语言中，所谓"鱼水之欢"，就是指男欢女爱。《三国演义》中刘备招亲一段写他与孙尚香成亲，就用了欢如鱼水的说法。在其他古典小说中用"鱼水之欢"表示性爱已经多得成了俗套。

在情人之中，用鱼作为生殖器的昵称也是常见的，有时鱼代表男性生殖器，有时也可以代表女性生殖器。

有个女孩梦见骑鱼在水上玩，那鱼摆尾拍了她一下，她感到很愉快。后来她随鱼沉入水底，发现水干了。鱼身上有青苔。她扯开青苔，发现里边是黏滑的鱼身。

这个梦很可能是性，骑鱼表示性爱，水干了表示男人结束。鱼身上的青苔表示阴毛。(此梦是否释对，我没有核实，只是根据推测是这个意思。也许这个梦也可以做其他解释。有时一个梦可以做两种不同解释，却都是对的。梦就好像一个大双关语。)荣格在一次演讲中提到：鱼，特别是生活在海洋深处的鱼，表示人心理上的低级中心，表示人的交感神经系统。这种说法也是很有道理的。在我的经验中，鱼常常象征着潜意识或人的直觉。在一些艺术家的梦里，它代表神秘而难以捕捉的灵感。

鱼还可以表示"机遇"，因为"鱼"与"遇"谐音。一个女孩梦见一条大红鲤鱼从天而降，她很想要这条鱼，又怕被吞，就想把椅子塞到鱼嘴里以防鱼吞她。一迟疑，鱼没了。

这个梦里，鱼就表示转瞬即逝的"机遇"，但是在这个梦里，鱼不仅指机遇，还代表性。既想要又怕被吞正是这个女孩对某个异性的态度。

梦见鲸鱼和梦见一般的鱼不同。

首先，它可以象征你的母亲或女性。如果鲸要吞掉你，则它象征一个专制的母亲，或与母亲联系过密而使你无法作为一个独立的个体而发展。

其次，被鲸吞食象征进入潜意识(这可能很可怕)。而结果是你发现了你的真实自我(在梦里往往用珍贵的石头或珠宝代表)。

2. 蛇

蛇是人类最常用的意象之一。蛇表示的内容很丰富。首先，蛇表示性，特别是男性生殖器。从形状上看这二者也的确相像。

一位女士曾讲过这样一个梦："我梦见走进一座房子，这座房子的顶和壁都是玻璃的，仿佛是个花房。房子中间有一条大蛇，它被扣在盆子里,好像上面有一个玻璃罩子。蛇在用力动,我很害怕它会冲出来。"

这个梦反映了一些女性经常会有的担心,即担心因避孕套破裂而意外怀孕。蛇是男性象征,而玻璃罩和玻璃房代表避孕套,房子同时又是女性的性象征。

某男子梦见在一个小池塘里有一条蛇,这条蛇昂起头来,越变越大,变成了龙,然后吐水。

蛇和龙常常可以互相转换,十二生肖里的蛇,人们也常叫成"小龙"。你看这个梦,正是一个性交过程。阴茎勃起,变大,最后从里边喷出"水"来。

此梦作者是某个年轻战士,夫妻分居。做这种性梦也是理所当然的。

一个女孩梦见一条蛇咬了她的腿,腿上出了血。这表示一个男人侵犯了她,使她失去了贞操。如果这个女孩早已不是处女,那就表示她受到了其他伤害。

毒蛇往往象征着有害的性,例如被强奸。但是,毒蛇或蛇也可以表示与性相关的毒害、伤害,表示憎恨、仇怨等。

例如,有人梦见自己和一个名人在一起,发现从地下冒出了许多毒蛇,要咬他们。那个名人跳起来避开了,而他却跳不起来。经分析,蛇表示别人对他的嫉妒。他认为如果自己是个名人,就可以不被嫉妒或者说让嫉妒者"咬不着",但是作为无名小辈则无法避免嫉妒者的伤害。

某人梦见自己被一条小白蛇咬了一口。经分析,这表示他被一个穿白衬衫的同学伤害了。蛇既表示他对那个同学的仇视,又表示那个同学对他的憎恨。

蛇还代表邪恶、狡诈与欺骗以及诱惑。这与许多神话和民间传说中蛇的形象相同。在《圣经》中，就是蛇诱惑夏娃吃禁果的。蛇往往被看成地狱中的动物、魔鬼使者。它把人拖向黑暗、堕落和邪恶。而它采用的手段主要是诱惑。民间传说，蛇吃青蛙不是主动捕捉，一旦蛇发现青蛙，就用眼睛盯着它。而这时的青蛙就像被催眠了一样，会一步步自己跳进蛇的嘴里。在人们心目中，蛇正代表了这样一种催眠性的诱惑力量。因此当人们发现某个人有诱惑力且很邪恶时，就会称之为毒蛇。如果这个诱惑者是个女人，就称之为美女蛇或者说这女人是毒蛇。

因此，梦中的蛇也许会是一个邪恶、狡诈，惯于欺骗，有催眠似的诱惑力或魅力的人。

有时，蛇又表示智慧，一种深入人内心深处的智慧或深刻的智慧。荣格指出："医神埃斯库拉皮奥是和蛇联系在一起的……在埃斯库拉皮奥的神殿里，有一个被称为阿斯克勒皮亚的古代诊所。这个诊所就是一个洞，洞口被一块石头挡住，洞里住着一条圣蛇。石头上有一个孔，求医者把钱从孔丢进洞，钱就是他们所付的医药费。……蛇还具有智慧及预言的本领。"在中国民间，对蛇的迷信也是有心理依据的，即蛇在人们心目中象征智慧。古代中国，人们把灵蛇称为圣物，伏羲和女娲的形象就是人首蛇身。龙的形象也和蛇有关，但是龙一般不再有邪恶的一面，而且比蛇更有力量。神话中常常说到龙或蛇守着洞中宝藏，这个宝藏就是指智慧，那种对人性的洞察。

一般在梦中，蛇很少用来象征智慧，只有当这个梦者面临重大的内心冲突时，或者他在深入思考时，才能梦到象征智慧的蛇。

在生理上，蛇代表脊柱，脊柱的病变会以受伤的蛇来表示。从阴阳的角度来说，蛇表示阴。

蛇还有其他一些特性，比如冷血，所以蛇可以象征一个人情感冷漠。再如蟒蛇会缠人，或者吞食人，因此蛇也可以象征一种人的情感：对你纠缠不休，缠得你喘不过气来；或者对你关怀得无微不至，这种无微不至使你没有了独立性。一个过度溺爱孩子的母亲在她孩子的梦里就可能会变成一条大蛇，要把孩子吞下去。

3. 公牛

公牛代表你的男子气。如果你是个女人呢？公牛也可能还是代表你的男子气，代表你身上阳刚的一面。心理学发现，任何男人心理上都或多或少有一点女性的成分，反之，任何女人心理上也都或多或少有一些男性的成分。一个风风火火、敢作敢为的女性，其男子气成分可能更多一些。

在梦里，这种成分就可以表现为公牛。

当然，一个女人梦见公牛，也可以代表她生活中遇到的某一位男性，代表她对他的潜在的情感。

公牛代表力量，一位男性梦见自己是一头公牛，意味着他对自己的力量很自信。如果你梦见斗牛，则可能象征着你在克服或抑制自己的生物本能。

它也可以是种性象征。男性可能会有自己的类似动物的性经验。相对他们的高尚的追求而言，这种动物性是可怕的。

同样地，女性在意识或潜意识里视男性的性行为为粗暴、凶残的，并且男性特征的其他方面也适用于这种看法，如竞争性等。

如果女性梦见自己被公牛追赶，这可能意味着害怕与男人的性关系。公牛也可代表梦者的父亲，这种情况下就需要解决她的恋父情结。在任何情况下，这类女性梦者都需要坚持她的女性特点，而不是压抑它。她应该自信，女性特点完全有力量驯服男性的色欲并把它转变成温柔的性渴慕。

一头驯服的公牛表示动物性，尤其是性的和谐整合，或是你被掩盖的全部潜意识的整合。

作祭祀用的牛表示精神战胜动物性（或是已完成或仅是一种愿望）。而仅仅一头被杀死的公牛代表情绪或本能的压抑，或是男性气质的压抑。

它还可以代表生殖。如果你允许自己的潜意识进入意识，那么它完全有力量给你带来新生。

一个年轻人梦见一头公牛正在村子里的大路上横冲直撞，跳进了水池，一下子变成了一只平静而优雅地在水面游动着的天鹅。

这个梦的意义据我估计，是指粗鲁莽撞的他，在遇到一个女孩后，变成了优雅稳重的他。

上面所说的公牛是那种野性的牛。如果你梦见一头老老实实的普通牛，那么它代表的只是勤劳。有时，梦见牛代表你现在工作得太疲劳了。

4. 鸟

鸟常常代表自由，或自然、直接、简明和不虚饰。在这种情况下，你的梦可能是告诉你，在你的生活中你真正需要什么，或你该有的基本生活态度。

鸟代表一个进入精神力量（由天空来表征）的入口。如果梦中的鸟展开翅膀，那么问问你自己，你或你的某个部分是否需要展翅，如你是否感到受环境限制。

如果鸟是从天空向你飞来,那么你可以考虑鸟的哪一种象征?在神话里,鸟是天神的使者。在心理学意义上,你的梦让你知道你的潜意识告诉你了一些伟大的真理、一些问题的答案,或通往新生活的方法及道路。

有时,这种鸟与太阳有关。太阳一般作为真理(之光)和新生活的象征。

黑色的鸟,除一般象征你潜意识中的某部分外,还可象征女性的消极部分。

食腐肉鸟——兀鹰、乌鸦、渡鸟等是与死亡相关联的。真正预言性的梦是罕见的。所以,梦中的死多是表达你对死亡的焦虑。这样的梦,另一个意思是,你的潜意识告诉你,你的一些习惯、消极的态度等该死亡了,你该有所发展。

鸟也可以是性象征。前面说过在半坡遗址中的彩陶上,有种鱼鸟纹,画的是鱼把鸟的头吞到嘴里。鱼吞鸟头这一事件是不可能发生的,世界上还没有吃鸟的鱼。真正发生的是鱼所象征的女人和鸟所象征的男人之间的性关系。

进一步讲,鱼和鸟也是精神层面的女性和男性的象征。

鱼生活在水中,水实实在在,代表较现实的精神,鸟生活在空中的风里,风是自由而不现实的。女人往往比男人现实。水是一种滋养,风是一种灵气,这也是女人和男人的区别。鱼吞鸟,还可以表示女人对男人的包容。

鸟的飞翔,可以象征男人的性能力强;鸟的坠落,可以表示男人性无能。

鸟还可以有其他的象征意义。某男人梦见他乘着凤凰在天上飞,这是一种性象征。他把自己的女友比作凤凰。

某学生梦见把一只小鸟踩在脚下，骂道："看你还跑不跑，再跑我就扒了你的皮。"说明这个男生的女友有心和他疏远，男生对小鸟依人般的女友突然如此大为愤怒，于是做了这个梦。

5. 狗

狗的特点是对主人忠心，对敌人凶狠。它常常被用来象征道德、自我约束、自我要求和纪律，或者精神分析心理学所说的超我。警察是社会的行为规范即法律的保卫者，梦中的狗则是你内心行为规范即道德的保卫者。好的警察能迅速找到贼的踪迹，紧追不放，直到抓住贼为止，毫不留情，冷酷地对待贼。梦中的狗也一样。狗是防贼的，所谓贼，就是内心中那些不合乎自我道德的欲望和心念。狗是平日人们所说的良心。

某女士梦见被狗追赶。她四处躲藏但仍藏不住，拼命逃跑但是跑不掉，用棒打狗却打不死它。综合她的另一个梦，我分析出她有婚外恋的念头，但是她的道德观、她的良心不允许。于是她内心中的狗就去追赶她，使她恐惧万分。

弗洛姆曾谈到过这样一个梦例：一位男士梦见自己路过一个果园，从树上摘了一只苹果。一条大狗跑来向他吠叫。他害怕极了，叫着救命才醒了过来。

想偷吃禁果，却害怕良心和舆论的谴责，此梦就是这个意思。

6. 马

卡尔文·霍尔收集了几千个美国人的梦，统计发现梦中出现最多的动物是马，其次是狗和猫。在中国，没有人做过统计，但以我的经验，梦见马的没有这么多。卡尔文·霍尔认为马是野性动物本能的象征。马力大无比、精力旺盛而且鲁莽冲动，因此常常表示男性性欲。古希腊的阿德米多斯认为马代表女性性欲。弗洛伊德分析某儿童的恋母情结时，发现这个儿童把马看成他父亲的象征，当然也是他父亲的性——针对他母亲的象征。

我认为马主要象征人，特别是象征有力的男人，而当梦到这个人时，主要是被他的性能力吸引。美国女性梦见马的次数是男性的两倍，正说明马主要象征男人。

当然男人的梦中出现马也同样可能象征女人。

某中年女士梦见一匹白马悬在半空中。白马象征男人，这匹马不落地是因为它下面有一个看不见的支撑物。那就是一个女人。

野马还可以象征自由、无拘无束。上了套的马表示被控制入了轨道。

7. 猫

猫常常被用来象征人的某种特性，或者说象征某种人，常常是女人。她们慵懒、漂亮而又可爱。她们有点自私，有点小脾气，有点贪嘴、贪睡，有点狡黠，但是她们仍旧被男人喜爱，因为她们的那种乖巧、那种柔顺让人怜爱。

但是这只是猫白天的样子，夜里的猫却完全不同了。

夜里的猫双眼发亮，一扫白天那种懒洋洋的样子。猫对待老鼠十分残忍，抓住了不马上吃，还要逗它玩，要看老鼠那种无望的挣扎。夜里猫要闹春，情欲旺盛。像猫的女人，表面上像白天的猫，实际上都有夜里的猫的一面。猫的爪可伸可缩，缩进去后，它的小爪软软的，很可爱，可一旦伸出来，抓人时十分凶狠。

古人称猫为狸奴。猫有奴性，但是猫的奴性不同于狗的奴性。

狗是人的爪牙、人手下的打手；猫是人的弄臣、帮闲。狗忠诚于主人，而猫对主人不忠。

鲁迅在杂文中提到过他仇恨猫，因为他讨厌那些像猫一样的帮闲文人。

某男学生梦见两只猫，一只黑猫，一只红猫。他奇怪地问我猫为什么有红色的。我笑着问他："你是不是身边有两个女孩，一个爱穿黑衣服，一个爱穿红衣服，她们也挺狡黠、挺厉害的？你对她们俩都有点喜欢，又有点怕她们'抓你'。"他不好意思地点了点头。

猫也有象征别的事物的时候，但是指这样的人的时候居多。

8. 蝙蝠

对西方人来说，蝙蝠是一种可怕的动物，作为一种夜间动物，它可以象征与早期的创伤性经历有关的潜意识内容。

另外，蝙蝠也可以象征直觉的智慧。因为蝙蝠不用眼睛，可以在黑暗中飞行，这可以象征直觉。

在中国，"蝠"和"福"同音，因此有时梦见蝙蝠象征着得到幸福。

但是，在西方广泛流传着蝙蝠是吸血鬼的传说，这种传说通过文艺作品也传到了中国，所以有时蝙蝠代表吸血的东西。

梦见蝙蝠究竟是福是祸，还是要看整个梦才能知道。

9. 狼

狼象征你自己心中害怕的各种东西，尤其是你认为有"兽性的"、攻击性的、破坏性的东西。可能你的害怕是非理性的或是童年创伤经验（如恋父、恋母情结）本能压抑的结果。

狼在女性的梦中象征对男性性的恐惧，也就是所谓的"色狼"。即在潜意识里，将其视为具有威胁性的。

不过狼也常常象征"母性"，在中文中，狼和娘的字形是很类似的。虽然狼本身是一种阴性的动物，但是它很重视归属感，因此也常常和家庭归属等主题有关。

10. 熊

熊在人们心目中代表笨拙，但是有力量。多数时候，熊是温和的、憨厚的、可以亲近的，而且让人很依赖——因此它有时可以象征男性心理的女性成分，象征母亲。熊适合被"抱抱"。

不过，当被激惹后，熊也会非常危险。

11. 其他动物

梦中动物的含义大多和童话或日常比喻中差不多，因此，像理解诗歌和童话一样去理解动物表示的意义往往不会错。

例如，在梦中，蚂蚁代表极其微不足道的小人物，狮子、猛虎象征威严勇敢的人，老鼠表示胆小怕事的人，蜘蛛代表束缚，因为蜘蛛是会结网的。但蜘蛛有时也代表性，因为它毛毛的爪子使人想到阴毛。蜘蛛有时候还代表母亲，代表那种把孩子管得紧紧的、抓得牢牢的母亲。这种母亲在白天可能也很溺爱孩子，孩子也和她感情不错，但是在梦里梦者却会很恐惧：蜘蛛要把他吃掉。

有一个大学生梦见一只大王八咬了他一口，表示一个同学挖苦了他。在梦中，他就把这个同学变成王八，梦中他也会骂人。

对中国人来说，动物还可以有另一种意义，就是用十二生肖的动物代表相应属相的人。例如用牛表示梦者生活中属牛的亲友。

梦中的动物也可能并不象征这些特性。例如，狮子一般象征勇敢、威严等，但是某个人梦中常常梦见黄狮子，心理学家发现，那是由于他小时候有一个狮子玩具。因此在此梦中的狮子，也许象征着"过去的宠物"。

二、交通工具

1. 汽车

汽车可能代表你自己的身体或自己的情感，它所去的方向意味着你的生活道路指向。查尔斯·莱格夫特是位对梦颇有研究的心理学家，他认为"正如柏拉图时代人们用骑手和马之间的关系"表现人自己和自己欲望的关系一样，现代人用汽车来代替被自己驾驭的欲望。

因此，梦见掌握不好的方向盘表示无法自控，梦见车灯或雨刷出毛病表示看不清方向，梦见油用完了表示缺乏精力，梦到车胎爆表示"泄了气"。

例如，某年轻男子梦见自己是个大官，开车去视察，发现土地很荒凉，地都干裂了，上面的庄稼也枯萎了，当地的农民都穷得衣衫褴褛，于是他忍不住痛哭起来。

这个梦里，大官是他对自己的评价。他一直很自负，认为自己应该成为一个大人物，开车去视察表示他驾驭着自己的意识去观察自己的领域,土地荒凉是对自己身体、心灵和事业的总评价。

这个人是因身体不好,以及手淫等问题去某校心理咨询部就诊的。

心理学家亚历山大·格林斯坦举过一例:一个年轻男人梦见一个和他年纪相仿的男人。还有一个年纪大一些的男人指给他们看一辆汽车。这是一辆有帆布棚的绿色小货车。梦者在梦中很有礼貌地问后座能否拿出来。

亚历山大·格林斯坦分析:这个男子有同性恋倾向,汽车代表人的身体。梦中的这辆车有些像梦者叔叔的一辆车,绿色在英语中的发音又和"格林"相似,即指心理学家亚历山大·格林斯坦自己。这个男人对他叔叔和对心理学家的汽车(即身体)都有兴趣。后座能否拿出来所指的是相反的意思,即放进去,把什么东西放到后座里即肛交。

如果你只是个乘客,意味着你还没掌握你的生活或其他某些部分。那么谁在开车——是什么样的潜意识控制着你的生命?或者,是谁对你进行着控制?

公共汽车也可以代表你自己,乘客代表你人格或心理的部分或元素。

汽车也可以象征一个小环境,例如一个家庭、一个班组等。

某女士梦见和她丈夫在公共汽车上,没有座位,站着。车上要装空调,需要密闭,用泥去糊缝,但是缝又裂开了。梦者想,这样有缝很费电。

此梦可这样理解:梦者夫妻不是自己过,而是与某方父母共同生活在一起。公共汽车代表他们共同的家。没有座位表示她在家里没有地位。梦者证实了这一解释,并说前一段时间家里想装空调,让他们夫妻出钱,她有点怕费钱——这正对应着梦中的费电。而那种想密闭又封闭不上的处境反映了她对拥有自己的私密空间的渴求。

2. 自行车

自行车也可象征自己的身体或心灵。某人梦见女友和同学同骑一辆自行车,感到非常嫉妒。这是一个性象征,两人同骑一辆车表示性爱。

前面曾谈到一个女学生的梦:爸爸妈妈被送到精神病院,是姐姐把他们送去的。爸爸把自行车锁弄开,和妈妈还有她一起逃跑了。

在梦中,她用爸爸妈妈代表男友和自己,希望摆脱姐姐的约束。梦中爸爸把自行车锁弄开,象征着让男友打破别人对他身体的禁锢,即勇敢地"打开"她的身体。

另一个女孩梦见和女性朋友各骑一辆自行车,她自己的自行车是用橡胶之类软的物体制造的,骑一会儿就软,要下车摆弄修理一下。但她在心里对这个朋友并不羡慕。

经分析,这个女孩和她同宿舍舍友,即梦中的女性朋友,曾谈过关于对男友爱看别的女人的看法。舍友说这是不可避免的,她能控制自己的嫉妒。而梦者说她不能不嫉妒,忍也忍不了一会儿。因此梦中的自行车代表自己的情绪。梦者认为自己的情绪不稳定,但是对舍友的那种严格控制自己情绪的行为又深感不以为然。

3. 船

船和水有关,和水一样,它可以象征女性,比如你内心中的女性化部分,或者母亲、母性。

船也可以是女性的性象征,乘船的摇晃感也可以做性的解释。

离开本国的海滨而驶往国外的船象征着进入陌生的领域。

船横渡一个窄的水道，则象征死亡或者从生命的一个阶段到另一个阶段，或和过去决裂并开始一段全新的生活。

在希腊神话中，死的使者用船把灵魂渡过冥河。在中国也有同样的信念。比如《西游记》里，唐僧历尽磨难到了灵山脚下，有一条大河挡住了去路。这时"忽见那下溜中有一人撑一只船来，叫道：'上渡，上渡！'长老大喜……那船儿来得至近，原来是一只无底的船儿"。唐僧正不敢上，悟空一把将他推上船。"那师父踏不住脚，辁辘地跌在水里，早被撑船人一把扯起，站在船上。师父还抖衣服，垛鞋脚，报怨行者。……只见上溜头汍下一个死尸。长老见了大惊，行者笑道：'师父莫怕，那个原来是你。'"这一段里，渡河象征由俗人的世界渡到佛的世界，由迷转到悟，也代表旧我的死和新我的生。

如果你在梦中丢了船，则意味着你失去了一个改变你的生活的机会。

4. 火车

火车是定时的，因此除了汽车所有的意义之外，还可以象征时间、时代或时机。

当然，有时火车的含义较为直接。"有人梦见他在一列火车上，火车又变成船，他和母亲在一起，和美国行为主义心理学家斯金纳在一起讨论问题……"这个梦很长，有许多可以分析的内容，但是其中的火车和船的意义却不十分复杂。梦者是一个四川人，他离开母亲到北京的路上需要坐船，也需要坐火车——因此火车和船表示"离开母亲"。

三、房屋

1. 房子

房屋也可用来象征身体。它不仅可用来表示自己的身体，也可以用来表示别人的身体。同时，房屋也可以象征人的心灵或头脑。房子的确像人体，房子有前后门，像人有嘴和其他有开口的地方。人们说眼睛是心灵之窗，古人说身体是灵魂的宅舍。

有一个女人听说同事家中被盗，当晚做了一个梦：她回到家里，发现家里好像来过人。她走进一个房间，发现里边被翻动过。她又想去另一个房间看看，却担心小偷还在那个房间里没走。虽然担心、害怕，但她还是很好奇，很想看看那个人。

表面上看这个梦很简单，只不过是听说窃案，担心自己家也被窃而已。但实际上，此梦中的房子代表她自己的内心。她发现，有人偷偷潜入她的内心，把她的心搞乱了。她不知道这个人是不是还留在她心里，她有点害怕，但是，出于女人对浪漫故事的需要，她又很好奇。

心理学家荣格做过一个梦，梦见他站在一幢陌生的房子里，尽管陌生，却还是他自己的家。他在二楼找到了一扇大铁门。打开后，他发现一条通向地下室的楼梯。他走了下去，发现这是一个富丽堂皇的地窖，陈设古老精致。他又看见一条楼梯通到下层地窖，下面白骨成堆，有一些破碎的陶器和两个头盖骨。

荣格分析，房子代表他的内心，地窖是他的潜意识，下一层地窖是更深的潜意识。

某人和一个有夫之妇交往，做梦梦见翻墙进入紫禁城，有些害怕。如果对方不是已婚者，他就会梦见买票进城而不是翻墙了。

和汽车类似，房子也可以代表家庭、集体。例如学生梦见身穿中世纪服装走进一幢很暗的房子等，经分析他梦中的房子指他所在的大学，他认为这个学校很灰暗。

当然，也有很多时候，房屋不象征任何其他东西，只是表示房屋而已。

要了解具体梦中房屋代表什么，可根据房屋的具体情况分析。先看是什么样的房子，再参考前后情节决定它的意义。

2. 地下室

梦中的地下室往往代表潜意识。地下室中会出现奇怪的东西，比如蛇、死人、鬼，象征潜藏在心灵深处、不为人知的冲动、欲念和情绪。

3. 亭子

亭子也是一种房屋，既开放又遮蔽，可以象征心灵。

笔者经常会梦见风景区之中的亭子。这说明，在笔者的潜意识中，人生仿佛一次旅行，每个亭子可以代表人生的一个阶段。

4. 门厅或前厅

梦见门厅或前厅通常意味着你开始暴露你自己。

5. 庙宇

正在进行心理治疗的人的梦中，经常出现庙宇的形象。庙宇是我们对生活的意义、对人生、对人性进行思考的象征。有时，庙宇也可以用来代表安宁平静、与世无争的生活方式。

有位大学生的梦就证明了这一点。他在读书期间曾认真学习心理学，努力完善自己。在即将毕业的时候他做了一个梦："我沿着一条山路走，前面有个三岔路口，我走了右边的一条，路边出现了一座庙。我在庙里住了 10 年，这时我想到庙外看看。一出庙我就骑上了自行车，好像在进行比赛，奖品是三个美女……"

在这个梦里，庙宇一方面代表大学，代表大学里的与世无争的生活，另一方面也代表对人性的思考。在梦的后边，他认为外面世间的生活就是一场比赛，他必须靠自己的力量（骑自行车）来赢得美女。

处于心理治疗中的人所梦见的庙宇，往往暗指心理诊所和心理医生。实际上，过去的寺庙所起的作用和心理医生的作用有些类似之处：都是为了解除人的心灵的烦恼。因此，用庙宇来象征心理医生也是恰当的。

四、穿戴之物

1. 衣服

衣服往往表示人的外表。还有，当人们不是在梦里直接梦到某

第四章 梦象征参考词典

个人时，也往往用衣服代表人，正如古诗文中常常用"裙钗"代表女人一样。衣服还可以象征虚伪，因为衣服是一种掩盖。衣服还是身份的象征，因为从衣服可以看出一个人的地位。衣服还可能代表人的特性，如同商品包装上画着商品的样子。

例如，有人梦见一个不很熟悉的初中同学。在和她说话的过程中，她脱了军大衣，然后又脱了一层军大衣，接着又是一层，连续脱了好几层。

这个梦最后分析出来的意思是，现实中对方交浅言深，和自己说了很多内心深处的话，让他感到很惊讶。"军大衣"代表的是对方的心防。

一位女士梦见早上赶着上班，匆忙中穿着睡衣出了门。到了单位，她借了一套外衣和裙子，却不肯穿别人借给她的内衣，说："只要让顾客看到外表就行了。"

显然她认为为了应付社会，她需要"借"一个不适合自己的别人的样子出现，但是，她不愿在更深一层的内心中，或私生活中，也借用别人的样子。

还有一个有趣的梦例：某人有一个女友甲，比他大三岁。他又对另外两个女孩乙、丙有好感，想和甲分手。

于是他梦见乙在公园里卖东西，穿着一件红色运动服。甲也在公园里，穿着一件旧军大衣，上面贴着小孩的贴画。

在此梦中，不同的衣服指人的不同特性。甲年纪大（用旧军大衣表示）但幼稚（用贴画表示），而乙热情开朗，充满生机（用红色运动服表示）。这个男子的梦告诉我们，他的心已变，大概不久之后他就会与甲分手。

2. 鞋

鞋最常见的是用来象征异性，或象征婚姻。俗语说，婚姻就像鞋子，合不合脚只有自己知道。

一个已婚女人梦见她的一个朋友，这位男士是某公司经理，独身，梦里他像平日一样穿着笔挺的西装，却穿着一双大而旧的解放鞋。

经分析，我断定她对这个朋友有意，希望离婚嫁给这个人，但是她却担心对方不会接纳她，因为她年纪比对方大，不是很漂亮，又结过婚。

鞋大，表示人年纪大。旧，表示结过婚。解放鞋的"解放"两字，表示离婚。

另一位已离异的女士做了两个梦，它们都和鞋有关。

一个梦，梦见一个女性朋友送给她一双鞋，鞋是黄色底的，黄色是她不喜欢的颜色，八成新，她穿上却挺合脚。

经分析，该梦的意思是她的女性朋友给她介绍了一个男朋友，这个人或者年龄大或者结过婚，但是她感觉挺合适的。

另一个梦，梦见某位男士送给她一双鞋，鞋的颜色是她所喜欢的黑色，她感觉鞋子稍大，但是也很舒服。

对后者我也做了类似的解释。梦者证实的确是有这两件事。

3. 帽子

梦中的帽子有时只表示帽子，但是它也常被当作性象征，还可代表男性。

一个人梦见他和妻子以及他的朋友夫妇去戏院看戏，散场后去衣帽间取帽子的时候，发现他的帽子式样变得古怪可笑：大了很多，柔软有褶皱。他笑了。

这个梦的意思是：他对朋友的妻子有好感。他用帽子代表自己或自己的能力，特别是自己的性能力。

五、身体各部位

1. 肚子

有时，它象征新的生活，或者一种新的发展的潜在可能性。

有时，它也象征对死亡的渴望或从生活的困苦中解脱的愿望。

梦见肚子时，可能你在重新体会你在母亲肚子里时的感觉，体会那种平静、安宁的感觉。这是你的潜意识想让你关注自己的一些非理性态度或行为的根源，或者它意味着你正在寻找，或被潜意识邀请去寻找你原初的和真正的自身。

2. 胸和乳房

有时代表性和爱的愿望，有时代表母亲。但是如果一个成年人不止一次梦见母亲的乳房，说明他在感情上和心理上还没有"断奶"，也就是说，他太依赖母亲，太缺少独立性。

有时，乳房象征大地母亲。梦是在提醒你去寻找新的生命源泉。

3. 阴道

男性梦见阴道可能是性梦。如果梦中的阴道似乎要紧紧抓住你，则象征着有一个女人很强悍，总想要控制你。不过阴道也可以象征"生命的源头",代表和生命的本源有关的事物,或者代表自己的人生中最根本的事物。

4. 胡须

胡须可以表示男子气或男性的性。因此,在男性的梦中,一个多毛的男人象征梦者自己的性能量或原始的心理能量。

梦中如果有长胡子的老人对你讲话一定要认真倾听:他可能代表预见性的且可行的智慧,这种智慧深植在你的内心。

5. 血

血象征生或死(如果是流血)。手上的血有时是罪恶的象征。

血还象征情感,尤其是爱或愤怒。

血也可能是经血的替代。这里的替代是说,你在梦中看见的血不论是在人行道上还是身体上,都可能暗指经血。如果你是女性,这个梦可能表达了与性有关的焦虑;如果是男性,它可能表达了你的恐惧——对性或女人的恐惧。

喝血意味着获得新生或能量(按照西方人的观念,有宗教意义,象征性地喝牺牲者的血或动物的血,表示吸取了上帝的生命的力量)。我曾经释过这样一个梦,梦者是一位男士,他连续几天梦见吐血、流鼻血。我半开玩笑地解释说这是经血的象征,当时在场的其他人本以为他会嘲笑或反驳,而出乎意料的是他竟一言不发。当大家都离开以后,他找到我悄悄地说:"我梦到的当然不是经血,我是男人嘛!不过,如果是的话,那么这些梦意味着什么呢?"

我回答说:"如果梦者是个女人,那么这些梦也只是表明她害怕出事,盼望例假能尽快来而已,至于其他,我还不能从梦中发现明确的象征。"

"那她的例假会来吗?"他问。读者看到这里应该明白是怎么回事了。

梦见血还有另外一种意义,就是俗语所说的"出点血"或"吐点血",表示(忍痛)掏出钱来给别人。

6. 身体

总的来说,对身体的解释有以下几个原则:

(1)如果是你自己的身体且穿着衣服,则它代表你的自我。

(2)如果没穿衣服,那么其意义由梦境来决定,即你在用你的身体做什么,或你感觉到什么。

(3)若是别人的身体,则它可能代表你自己的某一部分。若是异性的身体,则它代表你的灵魂、你的异性部分。

(4)尸体代表你自己的被压抑的部分,或你对某人的敌意,或你对死亡的焦虑。

(5)具体的身体部位有自己的象征。一般来说,躯体的下部代表性、本能或潜意识;胸部象征情绪,女性的胸部也象征性或母亲;头象征智力、理智。如果上述某个部位单独出现,表示你对这个部位或其所具有的功能过于忽视或过于重视了。

六、物品

1. 电话

电话铃响意味着你的潜意识有重要的事要告诉你。你是否怕回答它？如果是，这意味着你害怕你的潜意识，或害怕别人。你应该听从你的潜意识，以便了解害怕的原因。

你怕用电话吗？也许这意味你害怕受罚。

2. 瓶子

瓶子可以象征女性性器官。

如果瓶子里装着东西，则瓶里的东西表示其象征意义。

如果瓶子是空的，则它有可能代表你自己的空虚。你是否感到精疲力竭，对生活失去乐趣呢？若是这样，你该向自己的潜意识要求能量，然后在下周前后仔细关注自己的梦。

3. 瓶颈

瓶颈一般象征阻碍你的心理或身体能量自由流淌的某种障碍。

4. 盒子

（1）女性象征。

（2）你自己或你的内心。打开的盒子表示你对自己有了了解。如果盒子里装着某种贵重的东西，则它可能代表你的真实、基本或深度的自我，以及丰富的能量、力量、智慧和爱。

（3）如果这个盒子令你恐惧，像潘多拉的盒子，里面充满瘟疫般的东西，那么其象征至少有三种可能：一是象征你的潜意识中被压抑的力量、本能冲动，以及被掩藏的情绪。二是如果你是男性，盒子可能代表女性的消极成分，她引诱你去破坏，或者代表专制的、阻碍你独立的母亲。在这种情况下，你应该与你的女性成分接触，或（以及）重新审视你对母亲的情感。三是代表灾难的源泉。

在你的内心、家庭或工作环境中有什么令你担忧的吗?

5. 灯

灯往往代表智慧的指引,因为灯是光明,能照亮人的方向。

某女在梦中沿着一条道路走,虽然途中遇到过许多危险,但是都平安度过了。在某处,有人告诉她,前边路上会有灯,这盏灯非常亮,并且很像一个人的脸。有人会讨厌这盏灯,而走另一条路,这些人会死掉。

分析后发现灯象征着她当时的心理治疗师。治疗师提出了关于她的内心的一些解释,她不大愿意接受。但是她也知道,讨厌这些知识对自己的心理是不利的。

灯还常常象征生命力。

弗洛伊德举过一个梦例:一个老年男子梦见他和妻子在床上睡觉,突然有人敲门,他想打开电灯,灯却怎么也不亮。

灯不亮,象征他的生命力已近于枯竭。我们说一个人生命力枯竭时,不也是说"油尽灯枯"吗?

顺便再提醒大家一下,灯也许只代表灯,不象征别的东西。前面提到的鞋也许只是代表鞋,当你发现用象征解释牵强附会时,就不要非用象征解释。一个小孩白天看中了一双运动鞋,爸爸妈妈却不肯给他买。晚上他梦见自己穿上这双鞋在打球——这不表示他对婚姻有什么想法,而只表示他通过做梦,满足一下拥有这双鞋的愿望而已。

6. 钱

有时钱代表钱本身。例如经济比较窘困的人梦到捡了大量的钱，无比高兴。只可惜一觉醒来，梦中的钱没了踪影。他叹息道："假如我当时把钱存到梦中银行里就好了，那样我至少可以在下一次做梦时去花——醒着时虽是穷人，但睡着了还能当富翁。"再如某人梦见丢了钱包，第二天早晨去看，发现钱包还好好地放在手提包里，但是手提包开线了。于是她赶快修好了手提包。此梦就是那个"我们心中的原始人"发现了手提包开线，用梦提醒她要防止丢钱。

钱还能表示价值。有个女孩梦见地上有一枚闪闪发亮的硬币，仔细一看是一口痰。这表示她一开始认为某人或某物有些价值，后来发现这个人或这个事物不仅没有价值，而且让人厌恶。

安·法拉第提供的一个梦例很能说明问题，梦者是一个刚离开丈夫的少妇，她感到孤独和忧虑，因此许多天不断梦见从船上掉到水里（丈夫就是她的船）。后来有一天，她又梦到在船上，但不是一个人，而是与一大群人在一起，他们从船头落入水中，她也落水，但没有被吓醒，而是梦见稳稳地站在岸上，还意外地捡到了银币。醒来之后，她不再忧虑了。

这个梦的意思是，她后来投身于危险（用水表示）之中但是没有被淹没，还发现了新的有价值的东西。银币象征她的所得，即她所获得的独立性。

梦中捡到钱后，梦者都会很高兴。但是人们对待这种横财的方式却不尽相同，有的人收下，有的人把它交给警察。哪种人好呢？收下的。那些把它交给警察的人，不要表扬你自己，不要说你在梦中都那么高尚，因为在梦里拾金不昧往往反映了一种不自信，一种认为好事轮不到我头上的态度。所以，下次梦见捡钱，一定要努力让自己收下。当你能梦见捡钱并收下时，说明你的自信心已提高。

或者，在醒后的白天多努力提高自信，当你做梦又梦到捡了钱，而你收下时，就证明你已获得了自信。需要说明，梦中的"拾金而昧"与生活中的"拾金不昧"是意义完全不同的两回事，因为梦中的钱，往往代表某种有价值的东西，不一定是物质，很可能是精神上的。

7. 弹

炸弹可以代表潜意识的情绪力量，如性或攻击。压抑愿望及动机只会给自己和他人造成大的伤害。应该给予它们关注及恰当的位置。在所有的噩梦里，一直做到梦真的结束是有益的，而不是在危险结果发生前醒来（爆炸、从高处摔到地面或其他）。你在梦的结局出现前醒来，意味着你对你的人格或你外在的生活逃避责任。

若是原子弹，则梦代表你对世上的事感到焦虑。另外，担心原子弹是自己焦虑的一个象征。

8. 书

书有积极意义——明智或有价值的知识。
书也有消极意义——仅仅是观点、理论、表面知识。
你在梦中的感情将决定其恰当的意义。

9. 气球

空中的热气球可以象征摆脱（或渴望摆脱）与日常生存或客观的行为观念有关的问题，从而获得自由。

许多彩色气球可以象征快乐、幸福，即要庆祝的东西。

10. 刷子

（1）象征阴毛。

（2）洗东西用的刷子可能代表你对清洁的态度。你是否强迫性地爱清洁呢？如果是这样，那么你想隐瞒什么罪恶感呢？

（3）你梦见过刷牙吗？若是这样，梦的意思可能是，你该注意你与人交谈的方式，或者是你怕变老。

11. 篮子

梦中的篮子也可以作为女性的性象征。装满水果或其他食物的篮子可以象征健康、丰饶。一个空篮子可以代表空虚。

12. 包裹

包裹意味着隐藏，可以象征你压抑着你的某些情绪，或者隐藏着你对自己或对某个人的真正感情，或者是你感到害羞、内疚或欠缺，或者是渴望爱的温暖。

13. 武器

有时象征性。女人梦见男人手持武器攻击她往往代表男人对她有性企图。在梦里，女人看到男人手持刀枪冲过来，常会吓得急忙逃跑，但是实际上这些梦者心里是需要男人以一种更主动的态度来对待她。梦者真正恐惧的是她自己心中的欲望：希望被男人征服，希望男人在性上占有她。

男人梦见武器有时也代表性，特别是梦中的"敌手"是女性的时候。但另一些时候，它代表攻击、敌意、愤怒。

不过大多数的时候，攻击的牺牲者和攻击者都是你自己，是你心灵中的不同部分。有时，武器被用于自卫，来对抗可怕的敌人，这往往说明你的生活过于紧张焦虑。

14. 轮子

轮子可能代表某种情绪，要求你向自己的内心看，并且把你生活的重心放在你的真实自我上。

一个转动的轮子代表你的生命从生到死的历程，即生命的变迁或你的命运的展示。

若是方向轮的话，如汽车方向盘或船的舵轮，你的潜意识在告诉你，你能控制自己或你该控制你的生活。

15. 粪便

民间传说粪便表示财。梦见粪便会发财。在过去，有时的确是这样的，但是现在已经基本不是了。为什么呢？因为过去农民种地，没有什么化肥，要想庄稼长得好，就得施粪肥。因此，粪便便意味着肥料。农民做梦时，用庄稼代表自己，有了粪庄稼就长得好，收成好了，人就活得好。钱对人来说相当于粪对庄稼。因此，粪便代表财。

而现在不同了，不要说城市人不用粪肥，就是农村人也不需要粪作肥料，有化肥就行了。所以，如果一个农民要用什么表示财，他或许会梦见化肥，而不大可能梦见粪。只有年纪较大、以前可能拾过粪的人，梦见粪才可能代表财。

现在，粪在梦中主要表示肮脏、可厌。

某人常梦见自己去厕所，发现厕所地上到处都是粪便，几乎没有下脚的地方。虽然勉强找了个干净的地方方便,但是心里仍然感到很恶心。

经分析,我发现他对女友不是处女一事耿耿于怀。于是我帮助他对这个问题进行重新思考,让他放弃一些不合理的观念,他再也不做粪便的梦了。

粪便还可以象征肛门。

七、人物

梦中人物象征什么?这是一个最难固定化回答的问题。

一个人经常代表另一个人,或一种性格,我们往往要具体分析才能知道他代表着谁。我们在后面将专门讨论梦中人物。

梦中有些特殊的人物是集体潜意识的原型形象,这些人物的性格是确定的——在各国神话传说中,在各国人的梦中,他们永远是一样的,仿佛他们是活在人们心中的精灵。

这里先列出少数几个原型人物形象。

1. 智叟和智姬

智叟(又称智慧老人)往往出现在男人的梦里,智姬往往出现在女人的梦里。他们的共同特点是充满智慧,饱经沧桑。这些老人或和蔼慈祥,或庄重威严。智叟会以各种不同的样子出现:长胡子的老者、国王、魔法师、老和尚、老道士、教师等。智姬也会以各种不同的形象出现:老太太、大地母亲、修女、教师等。不论是什么具体形象，他们实际上都是同一个原型的化身。

这个人在梦中所说的话就是你的原始智慧给你的指导，你应该认真记住他的话，分析出他的话的象征意义，它将给你的人格或生活带来好的转变，会引导你变得更完善，更勇于面对你的真实自我。

荣格称这种形象为"魔力人格"，认为他是神秘的，是与上帝、自然现象、特异功能、天才、神圣、先验知识等相关的力量。这些人物是令人敬畏的。如果你觉得他们太可怕，可以去向一个荣格主义的心理治疗师咨询。人们会让自己被智者控制，并且变得专横、自大、固执己见。或者出现另一种情况，你不承认他是你内心的智慧与力量，而是可能将其投射在一些权威或其他人身上，如教师或你的熟人。不管怎样，这样一个魔力人物（在梦中）对你说的话很重要。这些话肯定可以为你打开人生的一个新境界。

2. 女巫

女巫这个形象有两个意义，一是女祭司，二是充满恶意的人。后者尤其被儿童文学家们传播。前一种女巫代表内在的智慧、成长、康复。后一种女巫代表破坏性的潜意识力量。

男性的梦中出现的女巫象征他的阿尼玛的消极面，即男性人格中不好的女性成分。

善良女巫在梦中出现时，往往愿意以她的巫术帮助你实现愿望。你在梦中提出了请求而且被她接受，是一种很好的象征。

后一种女巫就是童话中常见的恶巫婆，她象征着你潜意识中的危险。在女性的梦中，有时象征着一种虐待和被虐的性欲望。梦见这种女巫的人可能会有一些灵异的表现，比如有某种特异功能或能力,或者至少被人视为性格神秘、直觉敏锐。

在童话中,遇到这种邪恶巫婆,应该迅速逃离。同样,如果梦到这种巫婆,应提醒自己,不要再沉迷于灵异之中,应该过正常的平常人的生活。

3. 外国人

如果梦者时常和许多外国人在一起,那么,梦中出现外国人就没有什么稀奇的。他不过是约翰,是乔治,或是玛丽。

如果梦者不常和外国人接触,那么,外国人就是一个象征:"外人"的象征。

某女孩梦见:"和一个外国人在屋里看书……看那个人的相貌也和中国人一样,不过我知道他是外国人……我担心我男友看见我和外国人在一起会怎么想……"

为什么外国人和中国人相貌一样呢?有人猜是日本人、朝鲜人。而答案是,这不过是一个外人——相对于男友来说。而男友不是外人。所以这里的和外国人在一起,就是和外人在一起。

4. 警察

警察自然主要代表一种秩序,因为他是法律与道德的维护者。他也常常是"超我"的象征或良心的象征。

梦中被警察追捕,表明你有一些想法和冲动是你的超我所反对的。你应该想一想,为什么警察抓你。看看你是不是有些坏想法,如果是,就不要想了。或者,说服你自己的超我,让"他"不要过于严苛。人非圣贤,不能以圣贤的标准要求自己,否则你会不胜负荷的。

5. 女人

有时男性梦见女人只是简单表达了自己的性欲望，重复出现的色情梦说明梦者的趣味包括他的道德情感仍处于发展的初级阶段。

有时梦见的女人代表你的母亲。值得注意的是在梦中你对她的反应，或者她说了些什么。如果这个女人表现出消极情绪，那么你应当放松与你母亲间紧密的情感联系。这是你独立自我建立的前提。

对男性来说，梦中的女性代表他的阿尼玛。这时，这个女性可能是友好的，也可能是充满危险的。友好意味着，你的阿尼玛想让你了解你自己仍被忽略的成分；而危险意味着她欲使你偏离正道。这个具有威胁性的阿尼玛由一个诱惑的海妖所代表。

如果梦见的女性是你生活中的一个熟人，并且梦中很色情，那么这个女性可能象征你压抑的性欲望，或是你自己的阿尼玛的投射。如果是后一种情况，则预示着在现实生活中你应该和你自己的阿尼玛而不是和一般女性建立关系。

6. 婴儿

婴儿如果出现在孕妇的梦中则无象征意义。如果出现在非孕妇的梦中可能表达潜意识中想要个孩子的愿望。

婴儿还可能代表梦者（无论是男性还是女性）自己的脆弱，或渴望爱。你心中这个受伤害的、自怜的部分应至少得到你的意识自我的爱，只有这样，你心中这个儿童部分才能成长、成熟。

婴儿也可以象征你的纯洁、无辜、真实的自我，即你真正的样子，有别于你被各种外在环境、条件塑成的样子。

此外，婴儿也象征你人格或你个人生活中一些新的发展。

7. 新娘/新郎

男性梦中的新娘代表其阿尼玛，新郎常常是女性梦中的阿尼姆斯的象征。处于被忽视地位的阿尼玛、阿尼姆斯与我们的投射紧密相连。基于内心各种被压抑的恐惧而建立的投射世界使我们越来越孤立于真实世界。

8. 老板

这与你同现实中的老板的真正关系有关。

尤其当老板为男性时，是超我的象征。

如果在梦中你自己是老板，有两种可能：一是提醒你该以更合作、温和的态度与他人相处，而不是处处像个老板；二是指导你把握好自己。

9. 兄弟/姐妹

如果你的兄弟或姐妹出现在梦中，你先要判断这个梦是不是关于你真正的兄弟或姐妹的，以及你与他们的关系。若是前者，这个梦一定起因于最近你与他们的交往或得到的有关他们的消息。不过，一般来说，即使有白天的真实经验的基础，梦中的兄弟或姐妹往往也代表你自己人格中的某种成分。

在生命早期，手足往往是人嫉妒、仇恨的对象。在小孩的眼里，母亲似乎总是偏爱别的兄弟姐妹。对兄弟姐妹的嫉妒会被我们带到成年（在潜意识水平），并继续影响我们的行为及态度，所以我们很有必要面对这种嫉妒，承认它，从而使我们不再受它的消极影响。

男性梦中的兄长、女性梦中的姐姐,代表你的另一部分的自我。这个自我被严重忽视,未能发展。荣格称其为"阴影"。成人的自我意象是自己的愿望与社会、父母的要求折中后的结果。如果这种自我意象与人的实际能力相符,那么在一段时间里一切看来都会很好;但会有我们需要关注那些被忽视的自我的时候。这些被忽视的部分即"阴影",它们将在梦中展示自己,扮成哥哥或姐姐就是它们展示自己的形式之一。

人们常常把自己的阴影投射在同性别的手足身上。如果不被投射的话,它所表达的东西会令自己尴尬、窘迫不已。

需要记住的是:你的潜意识是你的同盟、密友。它们之所以看起来令人恐惧,是因为它们被忽视、尘封得太久。给它们适当的关注及尊重,它们会与你的意识很好地合作。

有一个方法可以帮你检查一下,你是否有被忽视的阴影自我。你可以问自己,是否对别人尤其是你配偶的某些性格特点极为不满,如专横或自由散漫。如果有(当然这需要你有足够的诚实来承认),那么这些品质很可能属于你的阴影自我。我们倾向于把自己潜意识中"不好"的东西投射在他人身上。

男性梦中的姐妹、女性梦中的兄弟代表荣格所说的阿尼玛或阿尼姆斯。生理差异似乎决定了男女根本的不同。有一些特质被约定为女性特有,如温柔、照料、合作、直觉。同样,另有一些被称为男性特质,如攻击性、竞争性、理性、分析性等。然而今天的心理治疗师已达成共识,即男性内心中有女性特质,反之亦然,尽管这些异性成分处于潜伏的、被忽视或被压抑的状态。如果你是位男性,你是否敬佩一位具有男子气的女性呢?如果你回答是,那么也许你需要调整你的内心：你的女性成分可能已吞没了你的男子气，现在你需要加强后者。在这种情况下，阿尼玛是相当男性化的。

每一个男性或女性都可能做过与阿尼玛或阿尼姆斯相关的英雄梦。男性会梦见拯救陷于贫穷的女性；女性会梦见死去的王子在自己的轻吻中醒来。这种梦应被理解为与你的阿尼玛、阿尼姆斯成分合作的邀请。这是人格完满的必由之路，说明你与你自己的异性成分协调了。

男性梦中的姐妹或女性梦中的兄弟可能会使梦者坠入深渊、进入海底或进入黑暗的丛林。这代表梦者被其异性成分带入了潜意识中，去发现身心疾病的情绪原因、被压抑的愤怒，或发掘能量与智慧。

有时异性成分形象会以某种敌对的、威胁的样子出现。例如，在一个男子的梦中，其阿尼玛扮演了妖女的形象，引诱男人进入湖中或海中。水的深度可视为意识的深度。这个梦的意思是梦者需要揭示他的其他的、潜意识里的自我，尽管它有危险性。水也是女性的象征。因此，这个梦的意思可能是指梦者太依恋自己的母亲，需要依靠自己的男子气和独立来解放自己；在极端情况下，梦者有可能被他的女性成分控制。然而这类梦不是警告，而是邀请：潜意识鼓励梦者与自己内心的女性成分平等相处。

就女性而言，这类梦往往有个男性诱惑者。当然，梦者也须先弄清这类梦是警告还是邀请，是警告梦者不要被她的男子气驱使，还是邀请梦者去发现并利用自己被忽视的男性成分。无论怎样，都应记住要平等地对待异性成分。

梦中的兄弟/姐妹也可能是潜意识对意识的补偿，包括意识缺乏的品质及能力。

梦中出现的异性成分往往是与自己相反的形象。如一个富于理性的女人，会梦见多愁善感类型的阿尼姆斯；一个多愁善感的女性（意识层面主要为情感，包括道德情感的驱使），她的阿尼姆斯会以一个长胡子的教授或其他知识分子形象出现；一个富有直觉的女性（如艺术家），她的阿尼姆斯可能是个肌肉型的男子形象。

若兄弟和姐妹在梦中一起出现，则可能象征两部分间的斗争或联合。这里的两部分指意识内容与潜意识内容。它们的联合意味着真实的自我（它始终在人的内心）已被意识到。这是吉利的征兆，它意味着尽管这两部分是相对的，但在你心中已有了一个潜在的、可获得的秩序与和谐。当然，你的意识自我必须给你潜意识的另一半足够的关注（像王子吻醒睡美人），潜在的秩序才能充分实现。

梦中的自己一般象征意识自我。而其他部分即潜意识部分往往用其他东西来象征，如他人、动物、物体等。

10. 年轻人

梦里比自己年轻又与自己是同一性别的人一般象征自己的单纯、天真的成分，这个成分尚未被虚伪、野心、不恰当的追求污染。如果是这样的话，你应该去爱自己的这个成分，并以此为荣，保护、关怀这个纯洁的部分。

梦见年轻人还可能是潜意识建议你恢复活力（不论你是人到中年还是有些抑郁），或者是让你的人格或生活有个创造性的转变或改变。

11. 妻子

在男人的梦里，妻子没有象征意义，只是他的妻子。

在梦中或在现实里你与你妻子的关系包含着你与你母亲或你的阿尼玛的关系成分。

看见死去的妻子是个常见的梦，试着感受她，用心去爱她，而不只是把她当作一个外在的存在。

12. 工人

如果梦中有一个建筑工或管道工来修理你的房子，这个工人的意义是向你指出你自己或你生活中的一个问题，并且可能告诉你该如何去解决它（房子＝你自己）。同理，工人在下水道工作也有同样的寓意。例如，如果一个工人在疏通下水道，它可能意味着你有一个情感的"下水道"需要疏通。

13. 坟

坟象征死亡、埋葬。但是死亡或埋葬未必是可怕的，如果被埋葬的是你的伤痛、你的错误、你的缺点，那么这也许还是一件好事呢！所以梦见坟时，看看梦中坟里埋的是谁，再分析一下这个人代表什么。如果这个人很笨，也就是说也许你埋藏了你的愚笨，从此聪明了。

坟还象征安宁。某人梦见坟开着口，他走进去，发现里边是一张舒适的床，于是他就躺下睡了，一点也不害怕。这个人在生活中是一个紧张忧虑的人，胆子很小，怕这怕那。为什么在梦里却这么胆大呢？是因为梦是反的吗？不是，只是因为他把坟当作安宁的象征，他渴望安宁。

一个女孩在一个关于她该不该结婚的梦里梦到了坟墓，这似乎是那句俗语的图示：婚姻是爱情的坟墓。

14. 鬼

曾有人问我梦见鬼表示什么。后来仔细一问，他梦见的是死人。鬼和死人不是一回事。梦见死人有两种情况：一是梦中不知道他已经死了。二是梦中很清楚他已经死了。这些都不是鬼，除非在梦中，你发现这个已死的人是鬼或成了鬼，那才算梦见鬼了。

所谓梦见鬼，指在梦里你把他当作鬼。

某女孩梦见很多鬼围在她身边，她向鬼吐口水，用手按鬼的头，鬼就变小了，但是过一会儿鬼又会变大。

这里的鬼象征什么呢？我问她，这些鬼是什么样子。她说像一些同事。可见这个女孩在人际交往中遇到了问题。她发现许多同事很坏，因此把他们比作鬼。吐口水表示轻蔑，按鬼头表示压倒对方，她用轻蔑和骄傲保卫自己，让自己不被别人的"鬼蜮伎俩"伤害。但是，她还是害怕的，而且这样也消除不了"鬼"。

鬼在这个梦里象征邪恶。鬼还可以象征危险。

有个小孩小时候和妈妈睡在同一屋，大些后自己睡一个屋，心里很害怕。于是他每天梦见鬼。

这就和人走夜路害怕时会想到鬼是一个道理。因为鬼是可怕的，恐惧在梦中会引来鬼。

15. 沼泽

沼泽的象征很明显，你应该问自己你正陷进什么中。

如果你在沼泽中陷到腰部，表明你应该表达一些你潜意识的内容。

16. 丧服、黑纱

象征那些损害你的人格或你的生活，使你无法获得真正幸福或自我实现的习惯性的态度或行为。

也许你的某些部分已经"疯了"，失去控制。

17. 砍头

砍头表示惩罚。它可能是告诉你，你生活中的某种消极模式应得到改善。

它还表示一种从过强的理性下获得自由的需要。所以应给直觉多一点空间。对那些书呆子型的人和太理性而缺少感性的人来说，梦中被砍头是一件值得祝贺的事情。砍了头，你才会注意到你不仅仅拥有一个头，除了拥有思想，你还有心，有感情，有肉体，有本能，有直觉，你会成为一个更全面的人、更完整的人。

在梦里，这种人被砍头时，往往会感到放松、愉快。例如有个女士梦见人们排着队去砍头，她的头也被砍了，但是并没有死，而且心情很好。我们可以推断这大概就是一个过于理性的女人。

砍头还有一种含义，就是阉割的象征。假如一个男人梦见头被砍，特别是秃了的头被砍，往往有这种意义。这种梦令人十分焦虑。

S女士梦见许多女人排着队走。"在一条长长的人龙中，我随着队伍缓缓移动脚步，慢慢前进。由于前进速度极为缓慢，我有充足的时间可以东张西望，我这才发现队伍中都是年轻的女性，其中还有我认识的人。队伍不断向前移行着，但我不知道这个众人静默往前走的行列到底要干什么。于是我引颈而望，看到前面有一座断头台。每个女人走到断头台前，即被斩下首级。然而，没了头颅的女人却若无其事地离开。这情景我觉得也没什么好害怕的，于是，我继续留在队伍中，随着行列缓缓移行。心想，等一下轮到我的时候，我也甘愿这样被铡下头来……"

对于这个梦，一位心理学家是这样分析的：心甘情愿上断头台，这只是存在于梦中的黑色幽默，对作为女强人的 S 女士来说，其实是相当陌生的。

S 女士早年以拔尖的成绩，毕业于国内一流大学，之后又修得国际知名大学的博士学位，回国后即被某大公司延揽为专业主管。她已婚，尚未有子女，虽然她一直希望能有一两个小孩，但目前仍在避孕中。

她和丈夫的关系大抵不错，但说不上亲密。与同事相处，称得上关系良好，可是很难热络。事实上，她由于学识高，加上身为单位主管，未免自视过高。她动辄训斥别人，不仅同事对她避之不及，就连她的丈夫也都在心里对她敬而远之。

尽管拥有令人欣羡的生活，她却不时感到空虚。她有心求变，尽管她进行了缜密的思考，但就是理不出一份能让她满意的蓝图。

而就在她沉睡的时分，意识松懈，潜意识为她亮出一座断头台。

"头"是人的思考总源、理性中枢。因而，"头断"便意味着要放弃理性思考。S 女士在梦中看到诸多女士断头而不觉害怕，甚至还做好"心理准备"，心甘情愿地要依次走上断头台，这也许是 S 女士的潜在意识已察觉到，"理性思考"固然使得她表现优异而成为出众的女强人，但"理性思考"同时也是她能拥有亲密人际关系的最大障碍，而她的空虚与不满就来自她与众人的疏离。

"现实的断头即是死亡。梦中的 S 女士不怕断头，或许是她意识到一种生命形态的结束将是另一种生命形态的创生,而她必须经过一次'死亡'的淬炼才有可能获得重生。"果然,S女士接受了她内在自我的忠告。经过相当长一段时间的努力,她不仅变得亲和,还成为两个孩子的母亲。

这位心理学家分析的"现实的断头即是死亡……"这一段,分析得不大好。因为"断头即是死亡"是醒着的人的日常逻辑,而不是梦中的逻辑。在梦的逻辑中,断头不意味着死亡,"没了头颅的女人却若无其事地离开"。所以,"死亡"和这个梦并没有什么关系。不过,断头代表要消除"理性思考"这一点的分析却是十分恰当的。

18. 阴间

阴间可能象征绝望,在这种情况下应该找心理医生咨询,缓解一下心理压力。

有时,梦见阴间也有好的一面,它象征着为了使你的人格更完善,旧的你"必须死掉"。要确切地了解这个梦的意义,要看你在阴间的遭遇。如果你在那里见到了光亮,那么这是较好的象征,象征你的意识能发现你的潜意识。

老年人梦见阴间,有时是出于对死亡的担心。在醒来后,老人还可能会为这个梦担心,因为他们往往有迷信的想法,觉得自己真的去了一次阴间。如果一位老人讲到这类梦,一般应加以安慰,向他们说明这类梦没有什么不好的意思。

阴间还代表埋在记忆深处的东西,如果梦见在阴间见到一个已死的亲友,这代表你回忆起了他,或者代表你的一种旧的情感或习惯的复活。

八、水

梦中的水的意义，要看是什么样的水：是杯中的水、河水、湖水还是海水？是清水、浑水，还是加了糖的水？如果你梦见了一条河，那么或许得按河来释，而不能按水来释。如果你梦见了海，那么或许得按海释，也不能按水释。如果你梦见茶水，那或许得按茶释，同样不能按水释。这里的问题比较复杂。什么样的水可以按水释呢？不好说，只能凭感觉。

梦中的水是什么状态很重要，即注意水是自由流动的还是有阻碍或是结冰，是干净还是混浊。

水是繁殖、成长、创造性的潜能的常见象征（尤其是处于静止状态，如在水库或静止的湖里），也是新生活或康复的象征。

1. 水可以象征生命力

例如某人梦见土地干枯，草木枯萎，他用车拉水来浇地，但是水根本不够用。这表示他自觉生命力不足，于是买补药吃，但是发现效果很微小。梦中拉水的车是一辆出租车，生活中他的侄子曾乘这样的一辆出租车来看望他，并且送给他一些名贵补药。

水还是女性的象征，代表你的女性倾向（无论你是男性还是女性），或是你的母亲。所以在梦中你对水的反应就显得很重要。在现实生活中你怕水吗？这可能意味着你怕女人（如果你是男性的话）、你的母亲或你自己的潜意识。

《红楼梦》里贾宝玉说：女儿是水做的。这句话也正是人类内心中"原始人"所说的。

有人梦见一湖碧水，没有一片树叶杂草在上面，清澈无比。他高兴地下湖游泳，却发现有另一个人也要下湖。他心里极其不愉快。

表面看这个梦很奇怪，湖里多一个人游泳有什么关系呢？

但是如果你知道，这个湖是女性的象征，象征着他的女朋友，那么你也就知道，另一个人下湖意味着什么了。你当然也就知道，他为什么如此不愉快了。

特别是梦中的水较深的时候，或者水是在一个地下溶洞里的时候，还常常象征潜意识，也就是内心深处我们自己意识不到的内容。什么东西被水淹没，表示我们把它遗忘了。但是这些被遗忘的东西并未消失，只是深藏在心底了。相反，梦中我们从水底捞出了什么东西，则表示我们在内心中打捞出了相应的思想或直觉。梦中捞到珍宝是最好的，表明你从内心中获得了心理财富。某人梦中从水下打捞出宝剑，表示他从内心深处获得了勇气和力量，使他不畏惧任何敌人。

中医认为，肾主水，肾出问题的人会梦见涉冷水、淋雨等。再如，关节炎患者会梦见涉水。

梦者口渴了，梦见喝水，这水也许什么都不象征，只表示水，也可以同时象征其他事物。例如梦中喝水的杯子是同班女生的，表示渴望得到她的爱。

梦中的水还可以作为出生的象征。

2. 井和泉水

梦中的井象征情绪（如愤怒、害怕）的深层源泉或幸福、智慧的深层源泉。

梦见泉水的意义与此相似。

井和泉中的水越清澈，说明你的深层情绪状态越好；水越脏，说明你的心理和情绪越不好。

梦中是什么东西污染了你的井和泉？它象征着什么？通过分析这些，你可以知道你在哪一方面需要改变。

3. 河

河流是由水构成的，所以有时它可以表示滋养、女人或其他水所代表的事物。河流又可以通航，这一点像道路，所以河流也可以表示生命历程。

有这样一个梦例：敌人侵犯，梦者逃到河边。河里有一条木排，木排上搭着草棚，似乎是个水上人家的临时居所。梦者潜伏在木排下，探身看草棚，棚中无人，似乎可以进去住，但是他没有进去。

这个梦中主要象征有四个：敌人、河流、木排、草棚。河上的木排相当于地上的汽车，在这里表示一个小的环境。草棚有如房子，代表家庭。结合"上下文"，木排在这里也取家庭的意义。河流在这里代表颠沛流离的生活或不稳定的生活。敌人象征危险。

梦者当时正在考虑是否与某女孩恋爱，但是他认为自己前途还比较不确定，同时对这个女孩不太满意（是草棚不是房子），所以决定还是顺水漂流。河流隔开土地，因此它又是阻碍、分界的象征。

弗洛姆举过一个例子。梦者是一个很受宠的男孩。小时候父母把他当成未来的天才，他饭来张口，衣来伸手。父母怕他有危险，事事保护他。因此他长大后依赖性很强。一天，他梦见："我想过河，想找一座桥但是没找到。我还小，才五六岁，我不会游泳。一个高个男人要抱我过河。开始我高兴地让他抱。但当他抱着我开始行走时，我突然感到害怕。我知道若不逃脱必死无疑。这时我们已在河中央，我鼓起勇气从那男人怀里跳下水。起先我以为我会被淹死，但是我却游过了河。"

弗洛姆指出，这个梦中的此岸是幼年，彼岸是成年。梦者意识到，要想从幼年变成成年，不能依赖别人让其抱着成长，而应该自己独立。

河流，在这里就是幼年到成年的分界。由于河流有淹死人的危险，因此它所指的往往是一种需要突破的分界。

河流是水的通道，因此河流还有通路的意思。河流的畅通和阻塞可以象征其他事物的畅通与否。例如老年人梦见河流淤塞，可能象征着动脉硬化、冠心病、脑血栓等血管阻塞引起的病变。应该及时去检查，不要忽视潜意识给予的信号。

我曾做过一个河流的梦：我到一个地方玩，发现有一条大河，河流已淤塞，还有一些细流。于是我和另外两人一同治河，使河流畅通，巨流滚滚。

经分析，这个梦代表我的愿望，我希望能打通心理学各个流派之间的分隔，把它们融会贯通为一个整体，并认为只要与他人一起齐心协力，就可以壮大我国的心理学事业。

4. 旋涡

旋涡代表你心中有可能"拖你下水"甚至毁灭你的东西。

旋涡还有可能意味你有死的愿望或者你被邀请进入潜意识去更多地发现你自己。

5. 溪流

溪流可以按前面所讲的河流去解释，也可以按泉水去解释。

溪流还有一层意义，就是象征女性。

6. 海

海常常是最深层潜意识的象征。它是博大的、危险的、深不可测的，隐藏着珍宝和鲨鱼，也隐藏着美人鱼的传说和龙王的宫殿。

7. 桥

桥代表男性生殖器，象征"联结两性的距离"。还代表出生，即另一个世界与这个世界的联结，或从母腹到独立存在的联结。

桥代表导致死亡的东西，或从此岸到彼岸。代表梦者生活中任何形式的变化，如生活方式的变化或年龄的变化。

桥跨越河流，甚至跨越两个国家。所以在梦中，桥象征梦者生活中的一个关键，它是一个至关重要的决定，可以形容为"进入一个新国度"。

如果你在梦中走过的桥有倒塌的危险，这表明你对你生活的变化充满焦虑。

九、路

1. 小路/岔路/十字路口

路表示生活道路。当一个人面临选择时，他就会梦见路有分岔，不同的道路有不同的景象，表示他的不同选择。而在梦中，你走了某一条路,则表示你内心深处,或说你潜意识里,或说你的"原始人",选择了那一条路。路旁的建筑物或树木风景表示在生活历程中所经历的事物。

一个年轻人梦见和几个朋友在花园里散步,但身穿古装,类似和尚的打扮,这时有一伙歹徒袭击他们。于是他们拿出兵器一阵厮杀,把歹徒全部杀死。他们一连杀了几批歹徒。最后来了一伙女盗,他们仍毫不犹豫地杀了过去,手中的刀已抵在对方腹部,这时他突然发现对方是他的小学同学,于是没忍心下手。那伙人便走了。他想去问问那个小学同学,于是追了上去。那伙人出了花园,走在一条长长的小路上,路两边是破旧的楼房。他一直追上去,越追越近,但这时他突然想起要买墨水,于是他进了一家文具店。当他出来时,那伙人已不知去向。于是他顺着这条路一直追,这条路高低不平,非常长,终于到了一个十字路口。他感到应该拐过去坐车追,于是他到了汽车站,那里人很多,虽然来了几辆车,但都不对,忽然他又意识到应到对面坐车。他到了对面站台,那里一个人也没有,他抬头看看站牌,上面却是日文,他不禁茫然了……

原来,这个年轻人从初中就喜欢班里的一个女生,两人一直保持联系,但他怕影响学业始终未向那个女生表白。上大学后,他本想说出来,但是又想全身心投入学习,清除杂念。他在梦中与歹徒搏斗表示战胜杂念,没有杀死女盗指不能战胜这个"杂念",身穿古装是表示逃避现实,像和尚表示远离爱情。而他梦中的小学同学与这个女生有很多相似之处,因此是代表这个女生。他追上去,表示想得到她。

下面是关于路的解释:追女盗走的是长长的小路,可以解释为他感情起伏的过程。长表示他们过去认识的时间长,小路表示过去的感情并不是很好。同时长长的小路也表示他心中认为这条路很长很难走。当他快追上时,他又想到学习,于是进了文具店,但出来时人已不见了。这可以解释为他因学习忙便和那个女生疏远了。另外,路边破旧的楼房表示那个女人"陈旧了"。十字路口表示选择,这很可能是另一个人闯入了他的感情世界。因为在高中时有另一个女生对梦者很好,而这个女生正自学日语。所以后一个站牌上的日语代表这个女生。他想坐车追指他想迅速地走完追求的道路,但是他发现在第一个站牌处(代表第一个女生)人很多,车也不对,这或许指追求这个女生的人很多,他也不能找到合适且迅速的追求方法。于是他想到另一个女生,但站牌是日文,表示他不能与第二个女孩沟通。

2. 两条道路

梦中强调两条道路大多和选择有关。如果做梦前的白天你正面临选择,你更可以确信你梦中的两条道路正代表着这两种选择。

有个梦者在求职的时候,正在两个公司之间选择,犹豫不决。晚上他梦见:"我和另一个人一起走进一条小巷,前面有两条路,一条向左,一条向右。我们先进了左边的路。在这条路左边,有一间小屋,样子有些像个洞窟,小屋的门是由绿色玉石做的,上面好像还雕了一些图案(让我联想到印章上的雕刻)。我拉开门,里面的光线很暗。我感觉这个地方好像来过一次。它像个洞。洞里左壁上有两个力士的雕像,好像佛教石窟中的雕像。雕像的后面有扇窗,透进一些光亮。我想,比上次来时亮了些。"

"回到这个屋子(洞外边),沿着路往前走,前面的路又分成两条,右边的路通向一间小屋。我知道这小屋里有一个人,他长得像少年时的我。左边的路不知道通向哪里。这时我和那个人回过头来，转向了后面，也就是第一个路口右边的路，有一个老者从那里走出来迎接我们。我有一点遗憾，不知道那条我没有走的路通向哪里。梦中和我在一起的人，先是像 A 公司中的一个朋友，后是像 B 公司的另一个朋友。A、B 两公司正是我选择不定的那两个公司。我现在正在 A 公司工作，而较大的 B 公司有一个机会让我进入。"

经分析，在这个梦中，一开始就提出了他有"两条道路"可走，然后让他看一看在 A 公司的现状和前景。小屋如同一个洞窟，绿色玉门的样子像一个印章，代表在 A 公司梦者有一定权力。两个力士像代表梦者和那个朋友都必须十分努力工作，而后会有一些光明。

再向前的两条路是在 A 公司发展的两个可能的方向。

转回来走向的地方是 B 公司，身边的人变成 B 公司的朋友。接待他俩的老人的特征很像 B 公司老板。

由此可见，梦者虽对离开 A 公司感到遗憾，但仍旧是"转向"了 B 公司。

十、其他事物

1. 野地

走进野地、灌木丛，表示你抛开你现在的心态或生活，进入了这样一种状态，在这种状态下，什么事都是可能的。

你必须做出选择。如果是这样，你的潜意识在召唤你进入一个新的发展阶段。

野地如果很荒凉，象征着你的情感生活很孤寂。

2. 自己瞎了

这意味着你对自己有一部分不了解。你应该问自己你不去看的是什么。是外在的吗？问问自己，你是否对自己内部的某些方面有困惑。这些虽是由你目前的状况引起的，但其实它们都植根于你的内心。试着去面对它们，并追溯至生命早期。

瞎，可能意味着你不知道自己下一步该怎样做，或有无助感。如果是这样的话，你应该向自己挑战，不要找借口回避你对生活的责任。要掌握自己的命运，这样你就不"瞎"了，能清楚地看见你的心里都在进行着什么。

3. 阻碍、阻塞

梦见阻塞，如交通阻塞或喉咙被塞住不能说话，一般是象征你的心理能量不能自己流淌。明确在你梦中被堵的是什么，并由此了解被堵的心理能量（愿望、本能冲动等），给它在现实生活中一个适当的表达。

4. 疯狂

任何疯狂的东西都象征失控的、有潜在威胁的情绪。这些情绪在你的潜意识里，因而你不知道它。试着认识它们，接纳、调节它们。

5. 风

风象征着骚动的情绪、意识或潜意识。

如果风吹动尘土，则它可能象征你的生活方式或自我理想有改变的可能性或需要。

在宗教象征中，风代表圣灵，用心理学概念，可视其为内在能量，这个内在能量能把你从抑郁带入欢乐或从世俗的、物质的兴趣带入更高（或更深）的意识水平。

6. 旋风

与旋风有关的梦往往是个噩梦。你最近有没有很强烈的职业晋升感？你对此害怕吗？为什么？或许它想把你从你习惯了的生活方式中提出来，让你的生活习惯或思想意识提高一步。

下次它出现时，你可以待在这个噩梦的梦境里，仔细看看它象征的心理力量。

7. 莲花

莲花既可以象征意识的自我，也可以象征创造力或新生活的源泉（与印度神话的佛有关，从莲花中出生，而莲花变成宇宙），还可以是性象征，代表阴道。

8. 火山

爆发的或沉睡的火山是一个警告，它提醒你，你内心中被压抑的部分（如性）可能要给你制造麻烦，除非你允许它在现实生活中有所满足。有时火山也可以代表将爆发的激情。

9. 墙

墙象征妨碍你满足愿望的某种东西。它往往是根植于自我之中的。有的时候，墙也可以代表自我的边界。

10. 缺乏

当梦见缺乏很多东西时，你需要鉴别一下，看哪些是人们共有的基本需要，哪些是与你自我实现相关的，而哪些实际上分散了你对自己真正需要的注意力。

11. 零

由于零用圆圈表示，因此零可用来象征完成、永恒或是你的真实自我。

它还指示你没时间了，现在你就该为你自己做某事，如马上把你从生活或梦中学到的东西应用于生活实践。有时这也象征死亡。

零还可以象征空虚与无价值，如成功、追求的无价值或自我无价值。

12. 天象宫

若是你自己的星座出现在梦中，则它象征你的还未被了解或未被充分承认的部分，或仅是你性格中的一个被压抑的成分。

即使出现的不是你自己的星座，它也仍可代表你人格、意识或潜意识中的某个成分。

13. 背面

任何东西的背面，如建筑物或其他物体的背面，均可象征你人格中未被看到的东西。它们被埋藏在潜意识中，因为它们被视为低下的，可能会对意识自我构成威胁。它们真的是低下的、令人羞耻的吗？为什么你会有这样的感觉？你必须学会与你深层的情绪需要相接触，这意味着你需要与你自己被压抑的部分交流。

人的后背，如果不是弯的，则代表道德的正直，以及体力、道德的力量。而弯的背可能表示你负担过重。是什么阻止你抬头、对生活开放？是罪恶感吗？是父母、老板或别的什么人将他们的选择或价值观强加给你吗？

14. 后退

步行时向后退，或坐火车、汽车后退，可能意味着你离你的真正目标越来越远。或许你太在意过去，而过去是与失败、拒绝、罪恶感以及怨恨相关联的。只要你现在对生活的态度还受过去创伤经历的影响，你就不可能获得内心的平静。

15. 洗澡

重复出现的洗澡主题，可能表明一种神经症的罪恶感。
洗澡也可以象征摆脱旧的、消极的态度、习惯或情绪。
洗澡还可以象征寻求自我的纯洁等。

16. 天气

一般来说，梦的作用在于警告或表达内心冲突或消极情绪，如恐惧。所以天气作为梦中行为的背景，往往也是坏天气，如多云、下雨、暴风雨、深秋或寒冬。但是梦中也有春天、晴天、偶尔还有彩虹。

17. 翅膀

它是超越的象征。一个长着翅膀的动物或人代表你心理的一部分，它已使你进入一种更超然的状态，或是从一种压迫情形中解放出来。

18. 冬天

冬天可以象征衰落或死亡，可能是现实中的衰落或死亡，也可能是象征性的衰落或死亡。

19. 西方

（1）象征死亡或减少，表示你生活中一段特殊日子的结束。

（2）象征意识自我（太阳）沉入潜意识中，可被视为与潜意识相识的邀请。

（3）代表直觉。它是潜意识获得知识的方式。

（4）如果在梦中西方表示的不是西方世界或西方文化，那么它象征的是理性，或对自然异化。

释 梦

第五章
梦的常见主题

一、被追赶
二、迟到、误车
三、飞翔
四、考试
五、掉牙
六、裸体
七、战斗
八、死亡
九、性爱
十、上下楼梯
十一、入监狱

第五章 梦的常见主题

虽然梦千变万化,但有些主题是很常见的。那么,它们意味着什么呢?

一、被追赶

被追赶的梦大概是最常做的梦了,几乎每一个人都做过这种梦。例如,被一只狗或一群狗追赶,被一伙土匪或强盗追赶,被一伙敌人追赶,等等。

按照弗洛伊德的理论,这类梦的象征意义是指人的自我与本能间的冲突。如性本能、攻击本能等因被文明、社会压抑,所以一般用野兽或野蛮、充满兽性的人来象征。也就是说,在这类梦中,狗或其他的凶猛野兽、土匪、强盗等都是本能的象征。而被追赶者,一般是梦者本人,有时也会是别的什么人,但仍是梦者自我的象征。

从情绪上看,这种梦是一种恐惧情绪的表现。它表现的是梦者在当时的生活中正面临着某种危险,他对此危险很恐惧,极力希望逃避、摆脱这种危险。

逃跑可能是我们的动物祖先遇到危险时的第一反应。猴子见了凶猛的野兽时,不像蛇可以躲到洞穴里,也不像刺猬可以缩成一团,更不像乌龟可以缩进壳里。猴子的最佳选择就是逃跑。

所以,因恐惧而逃避是人本性中最深处的本能。当恐惧时,就自然会梦见逃跑,而那个危险的敌人则会在身后紧追不舍。

因此，如果释梦者想知道，是什么让梦者这么恐惧，就应该问梦者梦中追他的是什么样的人，如果不是人，那么是什么。这个追他的人或兽或怪物，就象征着他现在生活中所恐惧的人或事。虽然在理智上梦者不一定承认害怕对方，但是在潜意识中，他已经害怕了。让梦者知道自己内心的恐惧不是坏事，下一步就可以帮助梦者面对这一可怕的现实，帮他解决这一困难，从而消除恐惧，获得内心的安全感。

曾经有一个十七八岁的女孩，说她常常梦见被追赶。我问她被谁追赶。她回答说：是一个乞丐。

于是我再问她，在她的生活中，有谁像乞丐一样，向她乞讨实物或情感。

"有，"她回答，"那就是我的父母。小时候我是爷爷奶奶带大的，和父母没有多少感情。现在我和他们在一起，他们总是像乞丐一样，乞讨我的感情。他们还常责备我对他们没有感情。所以我挺怕见到他们的。"

"他们就是你梦中的乞丐，你想逃离他们但是逃不开，所以挺害怕。他们的行为是可以理解的，父母都希望孩子爱自己。"

"所以我也觉得自己不好，为什么就不能爱他们呢？"

"你也不是不孝顺，感情有它自己的规律，不可强求。你从小没有和他们在一起，怎么可能一下子对他们有感情？对此你不必自责。对他们也不用害怕，因为你并没有错，就像对待乞丐，你愿意给钱就给，不愿意就不给，不用逃跑。这样，他们也会慢慢明白感情不可强求的道理了。也许过一段时间，你与父母之间反而会有真正的感情了。"

如果梦中你不知道谁在追你，努力放开胆子去看一看，这样你

第五章 梦的常见主题

就知道你内心那种莫名的恐惧来自何方了。这种看一看，就是所谓敢于面对危险。

还可以分析你是怎么逃跑的：是健步如飞，还是想跑却怎么也跑不快？多数人梦中是想跑却怎么也跑不快。跑不快的感觉使他们在梦里十分害怕。这反映了一种自我认识，你认为自己没有能力逃避生活中面临的危险。梦中的你是如何逃跑的也能说明许多问题。例如我曾梦见被人追赶，我想逃跑却总跑不快，我向上一跃，想顺势飞到天上去，却被后面的人一把抓住脚腕，于是我很恐惧。这个梦反映了我企图用幻想（飞到天上去）的方式逃避现实，却被现实抓住了脚腕。

你有没有做过这种梦：在被追赶的时候，你想藏起来，但是不论藏到何处都会被发现，不论你把门关得多紧都没有用。你跑到哪里，追赶者都在你身后几步处。或者用棒子使劲打狗，却打不死那狗。

在这种时候，追赶你的人或动物就是你自己的一部分，是你的良心或你的价值观，或是你自己的回忆、忧虑和痛苦。这个追赶者实际上就在你自己的头脑中，你当然不可能藏得让他找不到你，因为你不可能欺骗你自己。

顺便说一句，是不是我们必须服从内在的良心呢？也不尽然，对一般人来说，所谓良心只是幼年所受的教育和家庭的影响而已，未必一定正确。例如，一个旧时代的人可能会认为寡妇再嫁是十分丢脸、不道德、违背良心的，而这种良心无非旧道德而已。通过梦，我们可以知道内心中是什么在"追赶"我们，然后再具体分析我们该如何做：是服从于追赶者，还是战胜它或是说服它？

因为本能是不考虑社会规范、伦理道德的一股冲动，常表现为性冲动和攻击冲动，所以它不可避免地与人的自我相冲突。而被追赶的梦的结局，往往象征着做梦者解决此冲突的策略。

一般来说，被追赶的梦有这样几种结局：（1）被追赶者（往往是梦者本人）被咬或被杀；（2）被追赶者装死或藏起来，躲过野兽或坏人的视线；（3）被追赶者与野兽或坏人正面搏斗。

结局（1）象征梦者平时对自己的本能过于压抑，压抑到了一定强度后，开始遭到本能强烈的反抗或报复。梦中的追赶者越凶残，说明梦者的本能压抑强度越大。

结局（2）象征梦者在日常生活中往往采用自欺欺人、视而不见的方式来释放一些本能冲动。即给本能冲动加上一些合理的伪装，从而使自我不感到焦虑。这样的梦者性格一般比较软弱。

结局（3）象征梦者在日常生活中还在继续压抑自己的本能，或者梦者对自己本能的压抑已年深日久，梦者自己已沦为理性机器。

以上三种结局所表征的策略都不是对待本能的正确态度。对待本能的正确态度应该像大禹治水一样。任其泛滥自然不可取，一味地压抑本能也必酿成后患，"疏导"相对而言是比较可取的。与梦中的野兽或坏人握手言和，即是一种疏导。本能若被疏导即是源源不断的生命力、活力，若被压、被堵而最终泛滥则会成为破坏力。若过度压抑，则生命力、活力会衰竭。另外，像结局（2）那样自欺欺人地释放一些也是有害的，因为如果这样，人对环境的认知就会被扭曲，其实是在半闭着眼睛生活。

二、迟到、误车

"没有赶上车"多数时候都表示：没有赶上机会。

第五章 梦的常见主题

1978—2000年期间,这种梦出现得比较多。原因是1978年以来,改革开放给我们每个人提供了很多机会,但抓住机会的人毕竟是少数。看到别人抓住了机会而自己没抓住的人,必定时时担心自己会不会错过另一个机会,因此他们会梦见没有赶上车。

这个主题有时会以变式出现,如梦见自己终于赶上了车,或梦见自己到了车站,但还没看到车是否已开走时,梦便结束了,让你醒来还对自己是否赶得上车担心。这自然就是表示自己能赶上机会,或自己不知道能否赶得上机会等意义。

有一个女学生说:"过去我常做赶火车赶不上的梦,醒来之后还十分沮丧。"

我问她:"那时你是否正面临某个机会,而你担心自己抓不住机会——或者你发现你已错过了机会?"

"对啊,那时候我想去深圳发展,但总担心已错过了最佳时机。现在我才知道梦是这个意思,你知道吗?那时做完这个梦我总是很烦,连梦里我穿的那件衣服我都不爱穿……"

"等一等,"我问她,"你梦里那件衣服是怎么回事?要知道梦不说一句废话。如果你能注意到梦中你穿的是什么衣服,那么这件衣服必有意义。"

"那就对了,"她恍然大悟,"这件衣服是一个朋友送给我的。就是这个朋友,她最先去了深圳,并且和我谈起过深圳。我也是因为她才想要去深圳的。"

"所以梦中你用她送你的衣服来指示火车的去向——深圳。梦中赶火车时,你可能会遇到许多阻碍,或者你会莫名其妙地卷入许多不相干的事,从而耽误了你的时间。这有时反映着你对现实处境的认识,即你会受到阻碍,使你难以抓住机会。有时则反映你对自己的认识,即你正在做的许多事是不重要的,它们反而耽误了你做重要的事的机会。还有的时候,这种阻碍反映的是内心中的反对态度,说明你内心中有另一个声音在告诉你,不要去赶这次火车。好像有另一个你不愿意让你抓住这个机会,他在消极反抗,有意拖延,让你赶不上火车。而这对你来说,也许是坏事,也许反而是好事——假如这辆车会翻车。"

心理学家荣格也讲了一个和赶火车有关的梦,正好可用来说明这一点。这就是在本书一开始荣格为那个校长释的第二个梦,让我把这个梦再详细复述一遍吧:"他知道要去参加一个重要的会议,他正拿着公文包。但是,他注意到时间正在一分一秒过去,列车即将开出。所以他手忙脚乱,担心他会迟到,他尽快收拾衣物,但帽子不知在何处,礼服也不知放在哪里。他东奔西跑,找来找去,并在屋里大声喊道:'我的东西在哪里?'最后他包好了所有的东西,刚冲出屋子就发现又忘了带上公文包。他又奔回屋里去取公文包,一看手表发现时候真是不早了,于是他奔向车站。他感到所走的路十分柔软,好像正行走在沼泽地上,双脚抬都抬不动。最后终于气喘吁吁地到了车站,但看到列车已经徐徐开动……"

荣格指出,这类受到百般阻挠最终迟到的梦和现实中人们对某事感到焦虑的情况很相似。人为什么焦虑呢?因为好像有个无形的魔鬼在背后捣乱,不让他赶上车。这个"魔鬼"正存在于他心中,是他心中的另一部分反对他"赶火车"的意志,千方百计阻挠他。而这种阻挠对这个校长是有益的,因为如果让他像赶火车一样着急工作,总有一天他的身体和精神都会垮掉。

这个主题的另一变式是:赶上了车但车开出后才发现坐反了方向。这往往反映着生活中的同类情况:或许是你选错了专业,或许是你发现你选择的工作并不适合你等。

当然，迟到或赶不上车的梦也可能只是表示对生活中迟到或赶不上车的担心。例如，第二天一早要坐头班车走的人常常会梦见赶车，这不过是一种怕误车的情绪表现而已。

我的一个好朋友曾梦见她的男友去应聘时迟到了，然后还特别担心地告诉我。我想这可能是表面现象，于是问她，约会时男友是否常迟到，她说是，而且奇怪我怎么会知道。

在这个梦里，梦者把自己比喻为招聘的考官，把男友比喻为应聘者。这个应聘者竟然会迟到，他有不被录用的危险。此梦中"应聘迟到"表示"约会迟到"。

三、飞翔

飞翔的主题所显示的是关于"高高在上"时的情况，或"青云直上"时的情况，或"不断提高"的情况。但由于飞离了地面，飞翔有时也是不"脚踏实地"，或是"好高骛远"的表现。甚至，有时飞翔只是逃避现实、逃入幻想的表现。

发现自己"青云直上""不断提高"当然是件好事，所以飞翔的梦多是兴高采烈的、快乐的、骄傲的。青少年在青春期和十八九岁时较常做飞翔的梦，这往往是由于他们发现自己的能力在迅速地提高。因此，常做飞翔的梦的人往往是充满自信的。

青少年易做飞翔梦的另一个原因，是处于发育期的身体正在迅速成长。

如果一个人在一段时间内常做飞翔梦,而且梦中的基调很快乐,那说明他最近一定在生活中收获很多。

有一个电视节目主持人,在出色地完成节目主持后,常梦见自己在飞机上或在空中表演杂技。这表明他在口才的技巧上自认"有所提高"。

我有一段时间比较顺利,也常常梦到自己飞在高楼顶上。那一段时间很多次做飞翔梦,以至于我总结出了在梦里飞翔的技术。

当然在梦里也不是想飞多高就能飞多高,有时梦中你只能飞起一定高度,再往上飞就很难了。这表明你的"原始人"告诉你,你可以有所成就,但你的成就是有限度的。或者说,你的水平高度是有限的。

有时飞翔不是出于能力和成就,而是出于一种逃避现实的愿望,这种飞翔梦往往带有紧张焦虑的情绪而不是快乐的情绪。

我曾梦见自己在天上飞,像一只鸟,猎人用枪在瞄准我,我想飞得更高但却飞不上去了,于是我往远处飞,直飞到灯火城市之外的地方。梦里我告诉自己,这是"世界尽头"。于是我只好往回飞,在猎人的追击下,飞到一间屋子里躲起来。

在梦中我一方面有一点自信,认为自己有些"高明之处",但是我发现了一个人只要有高出别人之处就会遭到打击,别人会用枪打你,我想让自己地位更高,让那些人无力再打击我,但是我又做不到。于是另一方面,我逃避,飞到人少的地方,飞到世界尽头,即回避与人交往,但是我发现这样做也不行,于是我只好躲进屋子里。

在这个梦中,飞翔既是一种自信的表现,同时又是一种回避伤害的手段。这不是一种健康的倾向。如果一个人长期用飞翔来逃避危险，那么他将倾向于走入幻想，脱离现实。梦见这类飞翔逃避梦时，不要忽略梦的警示。

我还曾梦见绕着街道和房屋飞，看到别人屋里的女人。有人出来驱赶我，我飞上天空。看到地上的人们拼命地争夺绿宝石，我也想去抢，可是又不敢。于是我飞到高高的冰山上，这山叫作凤凰石山。我在山上拾了几块冰，有白的，有红的，也有绿的。后来我惊喜地发现，冰是宝石，白的是钻石，红的是红宝石，绿的是绿宝石，别人所抢的宝石只不过是糖块。

此梦中的飞翔同样有自信和逃避两种意思，我和别人一样，想有一个家，但是我只能梦见在房屋外飞，只能看着别人的女人。我想争夺绿宝石这种生命所需的财富——金钱。也许当时我也很想下海去挣上一大笔钱，但是我害怕激烈的竞争，于是只好逃避到高空。和上一个梦相比，我更自信了，我认为我可以飞得更高，到高高的山顶。焦虑也减少了，因为此梦中没有猎人，只有一个人驱赶过我。高处象征着精神世界，我当时让自己潜心于研究，冰象征清寒的生活。但是在研究中我颇有所得，即意外地发现了宝石。与之相比，人们所抢的金钱，虽然仍旧有价值，但是价值就小得多了，好比糖块。

这个梦里固然有些自欺，有些吃不着葡萄说葡萄酸的味道，因为人们所争的金钱也不一定只是糖块。但是此梦中更多的是一种喜悦，是发现自己得到了有价值的思想时的喜悦。

梦中的飞翔还可以表示自由。梦见自由飞翔时，也许你会觉得自己是一只鸟，也许仍是一个人——不需要像鸟一样扑打翅膀，只要保持一种姿势，头稍向后抬，胸部挺起，两臂向后，你就会越飞越快，越飞越自由自在。

梦中飞翔者还会感到孤独。当然了,曲高和寡嘛。梦中的飞翔有时表示快乐,快乐到有些心理学家愿意研究如何让自己做快乐的飞翔梦。盖尔·戴兰妮就是其中之一,他指出这种快乐的飞翔梦甚至有助于使舞蹈和滑冰技术更好。请想象一下自己轻盈地滑行在冰面上的感觉,那和飞翔不是很相似吗?

梦中的飞翔还可表示性的快乐。某人梦见他像鹰一样从空中降下,一把抱起一个女子,然后飞上天空,越飞越高,越飞越快乐。同样也有过女人梦见一个男人抱起她飞上天空,同样很快乐。但是我没有遇到过那种像歌里唱的"今天今天我要与你一起双双飞"的情景。我不太清楚为什么人们似乎不常梦见"比翼双飞"。是这种梦的含义太清楚,以至于人们不需要让我去释,所以我才没遇到,还是在性爱中,男性主动的意识太明确了,以至于人们只能梦见男人带着女人飞?

古印度人认为性能量沿通道到达头顶就会梦见飞,中国古人认为"上盛则梦飞"。中医认为上焦即头到胃口这一部位,包括胸、头、心肺处有病,病属于实症,则容易梦见飞。此病还伴有头眩耳鸣、头痛、呃逆、喘息等,多见于高血压、急性支气管炎。因此,如果有人平时感到不舒服,又常做飞翔的梦,应该考虑去医院检查一下身体。

四、考试

当一个人面临考试时,自然会梦见考试。担心考不好,就会梦见考试时忘了带笔、题目全都忘了等情境。或者相反,梦见自己考得很好,这属于"做梦娶媳妇"类的梦,为了安慰一下自己,让自己高兴一下。

当一个人并没有面临真的考试时,梦见考试表明他在生活中"面临考验"。在现实生活中,我们常常要面临"考试"。教师讲课,是考试,是学生在考查你有没有能力做教师;一个战士参加阅兵演习,也是考试,考查平日训练的好坏;一个人谈恋爱,是考试,考查你是否能被对方喜爱并接受;一个商人进行一次交易,也是考试,考砸了就有可能赔本。总体上说,焦虑的时候,就容易梦见考试。

弗洛伊德指出,考试的梦往往发生于梦者隔天就要从事某种可能有风险而且必须承担后果的大事时。同时他认为,梦者不会梦到他以前考试不及格的经历,而会常梦到过去那些当时担心通不过,花费了很大心血,而后却发现并不是这么难通过的考试。他说:"我曾经未能通过法医学的考试,但我却从未梦见此事。相反,对植物学、动物学、化学,我虽曾大伤脑筋,但却由于老师的宽厚从未发生问题。在梦中,我却常重温这些科目的风险。"因此他认为,梦的用意是安慰梦者:"不要为明天担心!想想当年你参加考试前的紧张吧!你还不是白白紧张一番,最后顺利地拿到了学位。"后来的一些心理学家都发现考试梦不仅仅是用来安慰人的,有时它也用来提醒人或用来指示处境。

前者的例子可见于安·法拉第,她在做一次关于梦的演讲前夜,梦见自己参加生物学考试。梦中她突然醒悟到她已好几年没做这方面的研究了,她很紧张,对生物老师说:"让我先看看题,答不出我就走。"

结果第二天演讲时,一位女生物学家问了她一些有关梦的生物学方面的问题。看来，梦是提醒她，该预备一下生物学方面的知识，也许明天会有人问你。

再如，一位女子梦见她参加考试，考生只有她一个人，考官是一个中年妇女。她突然发现有一个英俊的男子也出现在考场中，既像监考官又像考生。她暗地里希望这个男子能帮她通过考试。但是这个男子又消失了，她极为失望，在梦里说："再也没有了。"

梦中的中年妇女经仔细辨认，有些像她的一位同事。而这位同事正在为她介绍男朋友。至此，梦的意思已很清楚了。她把约会当成一次考试，不知道自己能否通过，对此很担心。她希望那个英俊男子，即她心中最理想的白马王子能在场，或者说她希望将见到的人是她理想中的白马王子。那样她就会表现得很好、很热情，从而给对方也留下好印象，即顺利地通过这场考试。但是她知道她理想中的白马王子在现实中是不存在的。因此她失落地说："再也没有了。"

或许，她把过去爱过的某个男子、某个曾遇到过又消失的人当成了白马王子。那个人不在了，所以她说："再也没有了。"

另一位女子也梦见自己参加考试，考生也只有她一个人。不幸的是，监考者说她作弊。她否认，并让她的丈夫作证，但是丈夫却不肯为她作证。

我们可以很容易猜想到这是什么考试。这是在考验她在现实生活中能否经得起其他异性的诱惑。"监考者"认为她作弊，就是说她还是可能有不够检点的行为。她想让丈夫相信，她没有这类行为。但是显然丈夫也对她有所怀疑。

有人指出，考试梦常象征着性经验和性成熟。这也有道理，因为没有性经验的人对自己的性能力心中无数，经验过程也就是考验过程。

五、掉牙

当你梦见牙齿松动或掉落时,应首先看看你的牙是否真的有什么毛病,也许牙有些轻微松动,白天你没有注意,所以你的"原始人"就在梦中提醒你了。

如果并不是牙有毛病,却梦见掉牙是怎么回事呢?

过去民间的说法是掉牙要死老人,这是一种迷信。但是有些时候掉牙和老人去世的确会先后出现,为什么呢?

当人隐隐感到老人可能要去世时,"原始人"的确会用掉牙这一方式来告诉你,因为牙是露在外面的骨骼组织,掉牙意味着"骨肉分离"。

我曾梦见我的一颗牙要掉(醒来后发现在梦中那个位置的牙是我的假牙),牙和牙床间只有一根纤细的神经连着,牙也已经残缺了。我想把牙拔掉算了,后来想那样太疼了,还是先把牙对正方向,放入牙槽,再去找医生固定好了。

做梦的前一天,我在电话心理咨询热线值班,有一个少女来访。她说被强奸,而且是被亲人强奸,不想活了。经我们劝慰,她总算打消了这一念头,但是她不能回家面对侵犯者,无处食宿。对这种具体困难我们也没有办法,于是介绍她与妇联联系。此梦中牙要掉,表示她有自杀危险,有一根神经相连,表示她还有一线生机,也表示我对她的关切。但是那颗牙实际上是假牙,表示实际上她不是我的亲人,没有骨肉相连。对正方向表示我应做的安慰,找医生则表示让妇联解决她的生存问题。

既然做梦掉牙和老人或其他亲人去世的确有联系，为什么我还说"掉牙死老人"是迷信呢？那是因为掉牙不仅仅有这一个意义，它还有许多其他意义。

掉牙还表示"丢了脸"或"破坏了自我形象"，因为牙掉了，面容要受影响。掉牙也表示说话不谨慎，因为掉了的牙也是要从嘴里吐出来的东西，和语词相似。此外，掉牙还可以表示忍耐，即俗语所说的"打落了牙齿往肚子里吞"；表示失去行动决定权，因为牙也可以象征决断力。

掉牙也可以表示两种相反的感受：一是衰老的悲哀，因为人老了就会掉牙；二是成长的喜悦，因为孩子长大时要脱落乳牙换新牙。不论梦者年纪多大，他只要自感衰老，或自感老气横秋，他都可能做前一种掉牙的梦。同样，只要他自己感觉在成长，在弃旧求新，他都可能会做后一种掉牙的梦。

弗洛伊德认为，掉牙是一种被阉割的象征，男孩梦见掉牙表示他害怕被阉割，而这种害怕被阉割和他对父亲的潜在敌意有关。此说仅作思考。具体掉牙象征什么要根据"上下文"的含义，才能确定。

六、裸体

梦见自己浑身赤裸可能只是一个警告："你旅行所需的衣服准备好了吗？你该洗的衣服洗了吗？小心，你会没有衣服可穿。"

第五章 梦的常见主题

当然，就算你忘了带换洗衣服，你也不至于像梦里那样，赤身裸体上街，可梦中的"原始人"就喜欢用这种形象的方式来和你说话，用这种夸张的方式和你说话。我想，他也许是为了让你印象深刻些吧。

裸体还表示真诚、坦率和不欺骗。《围城》中一个风骚女子鲍小姐被称为"局部真理"，因"真理是裸体的"，所以半裸的鲍小姐就是局部真理了。有个笑话说一次罗斯福闯进了丘吉尔的浴室，赤身裸体的丘吉尔为掩饰窘况，灵机一动摊开双手："大英帝国的首相对你是毫无掩饰的啊。"

我就常梦见自己裸体，而且并不为之羞惭，因为裸体表示的是我对人的坦率真诚。

裸体还表示被人看穿自己。据说有位大学讲师常梦见自己在校园散步或在阅览室里看书时突然觉得人人都在看他，他低头一看，发现自己全身赤裸，只穿着袜子和鞋。通过释梦了解到，梦者对自己评价不高，认为自己的论文都是有欺世盗名之嫌的。因此，他常常处于怕被人看穿的恐惧中。

弗洛伊德在分析裸体的梦时，指出裸体的梦是对童年时的快乐之一，即对不穿衣服的快乐的怀恋。而且，这种梦也是梦者在与其关系密切的人面前想裸露的表现。弗洛伊德的这种想法也与他对梦的基本看法有关，即"裸露"是性愿望的一种含蓄的满足。

此外，脱衣服或裸体的梦往往是与性有关的。梦中脱衣服时自己的感受或发现自己裸体时自己的感受，正表明你自己对性的态度：是坦然接受，还是为之窘迫？梦见自己裸体时的情绪感受是愉快的，表明梦者对性的态度较坦然，没有什么性压抑；反之，则表明梦者多少对自己的性愿望是不愿或不敢面对的。

一个国外的例子：某人梦见老师赤裸，而且阴茎很细，这个梦表明他虽然很敬佩这个老师，但心里暗暗觉得老师不够有男子气。

梦中别人对待你裸体的感受，反映着别人对你的看法，特别是对你的真诚或对你的性欲的看法。

梦中有时会有裸体的异性出现，并且唤起梦者强烈的性冲动，这种梦不须再解释，只是一种满足欲望的梦而已。在青少年中，这种梦是很多的。

七、战斗

做梦打仗，或与歹徒搏斗，这是极为常见的梦。只要人们白天喜欢看战争暴力的电影，夜里他们就还会做战争打仗的梦。

为什么人们会这么好斗，以至于在梦里还要战斗呢？

说到底，是人们不得不战斗，和自己所恨的人斗，和阻挠自己的人斗，和自己的弱点斗，和面临的困难斗。这些斗争在现实中可能是以种种不同形式出现的，可能是竞争，可能是反抗，可能是钩心斗角，可能是克服困难，而在梦中，"原始人"看到了这些不同行为的核心——战斗。

战斗梦多数时候是和紧张焦虑的情绪相伴的。前面讲路的象征时，曾举例有一梦，说到和歹徒搏斗，那表示和自己内心中的杂念搏斗。我相信许多人做过这种梦，你和敌人战斗，开枪向敌人射击，一枪枪都打中敌人，而敌人——像相声中讽刺的那些低劣影视剧中的英雄一样——怎么也打不死。你知道为什么吗？因为敌人往往是你自己，是你自己的一种你不愿承认的想法，是你人格中的另一个方面，总之是你头脑中的东西。所以你想，你怎么可能轻易把他们打死呢？而事实上，只有整合你梦中的敌人，"化敌为友"，才是解决内心矛盾的最好办法。

八、死亡

常常有人问我，梦见死人是怎么回事。我说这是最难用一两句话说清楚的：要看你梦到的那个人是谁，你在梦中知道不知道他已死。"死人"并没有一个固定的意义或几个固定的意义。如果你梦见你已故的祖父，那么你应该问的是："我梦见祖父是怎么回事？"

在这里我能讲的与死亡有关的梦，只限于：梦见不知名的死人，在梦中他们也是作为尸体出现的而不是像活人一样活动的；梦见现实生活中活着的人死去；梦见自己死去。

梦中不知名的死人或者干脆说尸体往往代表已"死亡"的事物。这里所说的死亡是象征意义的死亡，而不是真的死亡。

例如，一个人梦见他爬上一座山，路两边都是死人。心理学家分析后，发现在这个梦中，死人代表他自己丧失了生机和活力。

梦见自己认识的人死去也有这一层意义，即表示这个人（或这个人所象征的另一个人）正在失去活力，变得僵死。

梦见自己死亡表示担心自己变得僵死。这种关于死亡的梦有时会梦见人变成了石像。

一位25岁的姑娘梦见自己做好了晚餐。她叫人来吃饭但是没人答应，只有自己的声音传回来，就像是一个深邃的洞穴的回声。她毛骨悚然，感到整个屋子空无一人。她冲上楼，在第一间卧室里，看见两个妹妹分别僵坐在两张床上，毫不理会她焦急的呼唤。她走过去想摇醒她们，但突然发现她们是两尊石像。她害怕地逃进母亲的卧室，可母亲也变成了石头……绝望中，她只好逃向父亲的房间……可是，父亲也是石头。

此外，当一个人感到"虽生犹死"，感到自己如"行尸走肉"，感到自己的心已经死了，感到自己已不再成长时，他就会梦到自己死亡。

顺便说一句，死和睡的象征意义极其相似。人死时我们说"安息吧"，说他"长眠于地下"，都是指出死与睡类似。死与睡的唯一区别是：死了就不会再醒，而睡了会再醒。实际上，在心灵世界，死了也不是一定不能复苏。在各种神话中常见的"复活"主题就是表示心灵可以死后复苏，可以在丧失生机后又恢复。

"我梦见妻子死了，躺在棺材里，满身裹满白布。我悲伤地拉着她的手哭，突然她的手变暖了，她渐渐地活了。"

这个梦意思很简单，梦者发现他妻子失去了生机，他很悲伤。而他的这种情感唤醒了妻子内心沉睡的——或说死亡的爱，使她又恢复了活力。

死还象征着遗忘、消除、克服等。

一个失恋的女子时时梦见她以前的男友，后来有一天，她梦见那个男友死了。当时并没有任何事件会让她担心那个人出事。她已经有几年没有听到他的消息了。

这里的死就是遗忘的意思，女孩认为自己已经把他遗忘了。在

第五章　梦的常见主题

做梦前一天，她认识了一位很好的男子，也许梦在昭示，新的感情使旧的感情让位了。

有个人在接受了一段时间的心理咨询后，梦见自己杀了一个人。他俯身去看死人，却发现那也是自己，不过长得很丑陋。

我应该为他庆祝，因为通过心理咨询，他杀死了"过去的我"，杀死了那个心灵丑陋的病态的"我"。

"我梦见被人杀死了，一把匕首正刺入我的胸口。我气愤至极，但那个凶手说，这不过是一个手术。我倒在地上，凶手解剖我。这时，我站在一边看着我的尸体，突然明白死去的并不是我。"

这个人也在接受心理治疗。从此梦可以看出，她把心理医生看成凶手，因为他杀死了她，他使她痛苦。但是后来她发现，被杀死的只是过去的她，而她经过一番心灵的脱胎换骨后，活得更好了。

因此，梦见死亡不一定是坏事。如果死去的是美好的人物或事物，那是坏事。如果死去的是丑陋的、陈旧的，那也许是好事。

在梦中相貌丑陋的人代表坏的事物、邪恶、仇恨、愚蠢和种种恶习。相貌美的人代表好的事物。

弗洛伊德指出，梦见亲友死亡而且梦中很悲痛，往往是幼年时希望亲友死亡的愿望再现。他指出人在幼年时会希望自己不喜欢的人死亡，儿童在憎恨与他分享父母之爱的兄弟姐妹时，也会盼望对方死亡。在儿童的心中，或在成年人的潜意识中，让别人死亡并非什么大罪，只是"让他永远不能回来"而已。当怨恨别人时，梦者会梦见他死亡。如果这个别人是亲人，梦者会在梦中刻意过度地表示悲痛。

当然，也不可否认，有时梦见亲友死亡也许就是表示一种猜想而已。例如某人梦见爷爷死了。在睡前他收到信说他爷爷病了。他自然会想到年纪大的人病了是很有可能会死的。此时，梦只是表示一种担心与猜测而已。

九、性爱

非常遗憾的是，对性作为主题的梦，我收集得较少，因而研究得也就不够。如果我自己不是人类的一员，只是个研究人类梦的外星人科学家，我甚至可能会误以为人类很少做直接表现性内容的梦。因为很多人找我释梦，但是很少有人讲有关性内容的梦。

好在我自己也做梦，以己度人，我相信性内容的梦一定不少见。人们之所以不愿意把这种梦讲给我听，只是因为难以启齿。另外，也许人们觉得，这种梦用不着讲出来让我去释，内容含义不过是性欲的满足而已。

性梦的确往往不过是性欲的满足，但是，它也可以表示其他的内容。它可以表示兴奋、激动、快乐、被侵犯，表示你与另一个人相互沟通，保持密切联系，或表示你的意见被歪曲等，一切看具体梦境而论。

如果一个人——未必是女人，梦见被强奸，也许梦所表示的含义，只是对对方"强奸民意"的愤怒而已。有个女孩梦见她母亲强奸她。心理医生问她在前一天发生了什么事。

她说，当她白天正和孩子们玩得高兴时，母亲突然命令她不要玩，去扫地。她心里很愤怒，认为母亲强迫她服从母亲的观点和意志。

一位女心理学家梦见她和一位著名老人发生关系。这位老人代表传统，因此此梦表明她的思想与传统思想的代表取得了交流。

心理学家杰里米·泰勒指出，性梦有时与宗教、哲学和精神方面的问题有关。在潜意识中，人会把人与神的交往比作情人间的交往。对此，我没有收集到国内的例证。但是，用性表示思想的交流，我自己在梦中也曾有过。

当一个人成功地做好一件事，心情激动兴奋时，梦中可能会出现性爱。在这种梦里，性爱表示兴奋与快乐。古龙的小说中就有这种情节，主人公在高度兴奋的应战状态下，感觉到了生理上的反应。

十、上下楼梯

楼梯是一级级升高的，当然如果你从上往下走，那就是一级级降低的。越往上爬，你的地位或水平就越高；越往下走，你的地位或水平就越低。

说到这里，你知道为什么楼梯常常在梦里出现了吧？那是因为许多人一生都是在辛辛苦苦地往上爬，也有许多人不幸地往下走。上下楼梯，这实实在在是现实生活中人人常做的事。

当然，也有一些人，爬的不是社会地位这架楼梯，而是自我提高、自我完善的楼梯。

梦中上下山路、上坡下坡、爬软梯、坐滑梯等，都是这上下楼

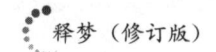

梯主题的变式。

有个官员，梦见在爬楼梯，楼梯很难爬，而且爬着爬着，楼梯变成了滑梯。他小心翼翼地往上爬，担心一不小心失足滑下去。突然，爬在他上面的一个人一不小心，从上面滑了下来，他大吃一惊：一旦被撞上他就完了。在强烈的恐惧中，他吓醒了。

这是个典型的官场故事。这个人一步步往上爬，小心翼翼怕犯错误，怕"一出溜到底"。梦中那个在他上面的人，正是他的上司，最近因犯错误被免职了。而他便是由那个上司一手提拔起来的。于是他十分恐惧，担心受到牵连。

一个女大学生梦见从楼梯上往下走，好像是想去跳舞。表面看来这个梦是白天情景的再现，因为她的宿舍在4楼，梦中她正是从宿舍楼的楼梯往下走，和睡前去跳舞时的情景一模一样。

但是实际上梦却另有所指。我问她，她是不是认为自己本来很出色，但是由于贪玩，现在学习上或其他方面在走下坡路。

她回答说，正是这样。她在中学一直是全校的尖子生。到了大学，发现在人才济济的大学里，自己已经没有了原来在中学的优势，本来想努力学习，但是又克制不住想玩一玩，放松一下，时常去跳舞。然而，每次去玩，心里都自责，认为这样下去，自己会越来越不如别人。

弗洛伊德认为，楼梯的梦是一种性的象征，因为上楼梯的节律运动和做爱相似。我们必须承认的确有一些上楼梯的梦是性梦，但是似乎更多的上下楼梯的梦是和地位相关的。

我们具体释梦时，可以根据梦中的其他因素来判断在特定的梦中上下楼梯的意义。例如，如果和你同上楼梯者是一个有魅力的异性，或许你这个梦就是性梦而与地位无关了。

十一、入监狱

梦见被监禁的人如果是个小偷之类的人,那很好理解,是他害怕被抓起来。

而许多守法公民也会梦见被监禁,那怎么理解呢?也很好理解,是他害怕失去自由,害怕心灵进入牢狱。

一个人在结婚前做了一个梦,梦见警察把他抓了起来,让他在证件上签字,证件上写着"无期徒刑"。他被送入牢房,牢房中有一张大双人床。

这表明,他把结婚当成自由的丧失,对结婚有些不情愿。

另一个女子在准备结婚时,也曾做梦被逮捕。她妈妈让她快跑。她还犹犹豫豫,问:"抓住又能怎么样呢?"她妈妈说:"最少25年徒刑。"

这个梦里一开始,这个女子并没有急于逃跑,可见她对结婚的态度是矛盾的。但是,她妈妈,在这里代表更成熟的她,认为和这个人结婚意味着25年徒刑。后来她果真没有结婚。

被监禁的另一个含义是被困住,被某种情绪、某种环境困住。例如,有个年轻人一心想离开现在的单位,但屡次调动都受到阻碍。有一天他做梦,梦见自己被关在一个黑屋子里,想出去,但门上有锁,窗上有栅栏。在梦中他很焦虑、烦躁。

被监禁的样式也是多种多样的,典型的如监狱。其他的如黑屋子、枯井、地道、笼子等也都是监禁的意思。

释 梦

第六章
关于生死、性爱的梦

一、关于出生的梦
二、关于死亡的梦
三、性梦

第六章 关于生死、性爱的梦

弗洛伊德说:"梦所要象征的事物并不多,只包括人体、父母、孩子、兄弟姐妹、出生、死亡、裸体,以及一些难以启齿的东西。"所谓难以启齿的东西主要指性。"梦中的象征绝大部分是性的象征,而且令人奇怪的是,我所提到的这些主题虽然寥寥无几,但用来表示它们的象征符号却多得不计其数。"在后来的心理学家看来,梦所象征的事物当然不只是上述那些东西。但是,弗洛伊德的话大致是对的,那就是梦中最常见的就是那些,而且,那寥寥无几的人、事物或主题,每一个都有许许多多象征符号。

道理很简单,因为上述人、事物和主题是人生中最重要的东西,是人们最关心的东西,是人们最常思考的东西。对人们越重要的,人们与它打交道越多,为它所用的"词"即象征符号也就越多。就像对古人来说,马是很重要的,因此马的名字就很多,不同颜色的马、不同特点的马都有一个特有的名字。现代人就只叫马,不再细分。但是对汽车现代人却有更细的划分,每种不同的车都有自己的名字。因为对现代人来说,马不那么重要而汽车却重要得多。

下面我们将列举那些可用来表示出生、死亡、性等常见主题的象征。对一个人来说,生和死是最大的事情,让我们从"出生"开始吧。

一、关于出生的梦

出生有两个层面的意义。一是生物上的出生,你一生只出生一次。你不可能在几岁后又回到母腹中,重新出生一次。二是精神、心理层面的"出生",这种出生一生中要经历多次。当你大难不死复苏时,你感到如同出生;当你加入了一个团体,旧的生活完全被新生活取代时,你感到像出生;当一个囚犯改过自新时,我们说他"获得了新生"。同样,一个陷于痛苦中的人有了脱胎换骨的转变,从此有了新的生活方式,这也是新生。出生,这是一个重大的事件,而这一事件并不是只在你生命的第一年出现,也许在20岁、30岁,你还会有出生的经历。

可以说梦中的出生是一个象征,象征自我的巨大变化,新的个体成长的可能性、新的经验等,出生还象征开始、潜在的可能性变为现实,象征自我的苏醒。如果你梦见自己出生,同时有光存在,这肯定是自我的苏醒。生育也是一样,它象征给你的生命赋予新内容的过程(有时这是个痛苦的过程)、建立新的生活方式的过程、达到更成熟的过程或解除压抑的过程,等等。

梦见什么可以象征生物的或心理的出生呢?

首先,是直接梦见出生。

女性梦见出生,有可能直接表示一次真正的出生,如她希望生一个孩子,或者她将要生一个孩子。如果她梦见的出生是和坏情绪相伴的,那表示她不想怀孕,但担心会怀孕。

直接梦见出生也可以代表各种心理上、精神上的出生,如巨大的变化、自我的苏醒等。梦中生出来的孩子是什么样子,反映的是你的心理发生的变化是什么样子的。

其次,出生也可以以一些象征性的方式展示在梦里。象征出生的第一种方式是从水里出来或进入水里。严格地说,入水应该是死之象征。用入水象征出生是经过了一次转化过程的。

第六章　关于生死、性爱的梦

出水才是最纯粹的出生象征。

弗洛伊德认为，水和出生有这种联系，是因为每个人潜意识中都还记得出生前在子宫内羊水中的生活。而在我看来，至少不仅仅如此，水下是无意识世界、未知世界或者幽冥世界的象征。水底有许多事物，但是我们看不到，正如地下的事物我们看不到一样，因此那代表"另一个世界"，从另一个世界来到这个世界，这就是出生。

一个年轻的孕妇梦见一条地下通道，直接由她房间地板通到水源，她拉开地板的机关门，很快地冒出一只全身长毛、很像海豹的动物，这只动物突然变成了她的弟弟。她平时总是好像她弟弟的母亲似的。

这就是一个出生象征，表示她即将生孩子了。出生还可以用头向下的形象表示。

请诸位试着释一下这个梦。

"我梦见在一个洞窟中，洞中有佛教壁画，金莲花中有佛（也许是菩萨）像。还有一个人站在旁边，我感觉壁画是活的。我说：'我想出去，我怕我会有亵渎的想法，不适宜这么神圣的环境。'旁边的人说：'你不妨多待一会儿，感受一下这气氛。'我想，好吧，于是我就感受。我感到身体慢慢转了个，脚向上头向下，感觉如同在水里一样。"

证明这个梦是出生象征很容易，梦中头下脚上，是第一个证据。"感觉如同在水里一样"，指在子宫羊水中的感觉。佛或菩萨像是母亲的象征，因为菩萨特别是观音常常被比作母亲。除此之外，金莲花是女性性器官的象征。洞穴也是女性性器官阴道和子宫的象征。

"亵渎的想法"指性的想法。当时梦者正对佛教感兴趣。他的一个朋友劝他信佛。这个朋友即梦中站在他旁边的人。梦者认为自己对世俗享乐如性还贪恋，不适合学佛。但是在朋友影响下，认为也不妨信佛。

为什么这件事要用出生象征呢？因为他希望这件事能让他"获得新生"。

到一个没去过的地方，有时是性象征，有时也是出生象征。到一个去过的地方，有时是死亡象征，有时也是出生象征。

关于前一种情况，有这样一个例子：

某少年时常梦见走到现实中存在的胡同中的某一个小院里，见到那个小院里住着一位白发老太太（这是现实中没有的）。走进她的屋子，在屋子后墙有一个洞，穿过洞去，是实际生活中没见过的新地方。

这里住着白发老太太的院子是母亲身体的象征，屋子后墙的洞是阴道的象征，穿过洞到一个新地方是出生到一个新世界的象征。

房屋洞穴象征女性性器是极常见的。五台山上有一个洞，洞口很窄。佛教徒就把它作为子宫象征。风景也是一样。如果一个人初次做爱后梦见去一个没去过的地方，那大多是性象征。如果像这个少年做的梦，梦见去一个没去过的地方，也许代表新世界，是出生象征。

那个少年也许是厌倦了现在的生活，因而他在梦中想重新出生。

梦见去过的地方，也可以表示回到子宫。这表示死亡。如果又走出来，则表示再生。弗洛伊德解释这类梦时往往说成是俄狄浦斯情结作用下的乱伦幻想，但我认为往往不是。

孕妇梦中的出生象征经常是看到有什么事物从远处到自己这里来，或者看到什么奇异的东西。

第六章　关于生死、性爱的梦

一位女士的梦是这样的："我梦见东边天空中有一位仙女，瓜子脸，细高个，穿着粉红的衣裳；西边天空中有一位仙女，脸圆圆的，穿着蓝色的衣裳，而北边飞来了大雁，大雁排成了一个'人'字形。"

在做这个梦后，她生了一个女儿。孕妇的这种梦有一个有趣的特点，就是往往能预见新生儿的性别。胎儿是男孩，梦中见到的往往是一些男性的象征，如虎、牛等动物和大树等；而胎儿是女孩，孕妇梦见的常是仙女、花朵、美丽的小鸟等。虽然我们不能确定无疑地根据梦推断胎儿性别，但是在一定程度上还是可以猜中的。这种现象的原因还不知道，我们估计也许和胎儿的生理活动有关。虽然母亲自己不知是男是女，但是她的"原始人"却可以根据生理的微细感受推断出来。

通过一个山洞或隧道也是出生的象征，象征通过产道出生的过程。

在前面提到过的一个梦里，梦者梦见自己先乘火车，后又乘船，和母亲在一起。这一部分也含有出生象征的内容，因为他提到他坐火车离开家乡时总要经过许多隧道。梦者离开母亲在象征意义上也是出生。

二、关于死亡的梦

死亡也是人生中的头等大事，人人害怕它却都要面对它。

人在担心死亡的时候、思考死亡的时候，就会梦到和死亡有关的景象或死亡的象征。

当一个人真的临近死亡时,身体和心理都会有预感,这种预感也会转化为梦。在古代记载中有许多人临死时梦见一些与之有关的景象的例子。如孔子在去世前不久,就做了预示性的梦。

有一种现象很奇异,那就是亲人去世时,有些人在梦中也能得到一些信息,其原因尚不可理解,仿佛有种心灵感应。

在梦中,如果我们直接梦到自己或某个亲人死了,我们是最害怕和担心的。不论你多么不迷信,如果清晰地梦见有亲人亡故,也不可能处之泰然。不过根据释梦经验,笔者认为这种梦绝大多数并不表示真的死亡,而往往指的是精神上、心理上的"死亡"。因此,我们实际上完全不必因这种梦而担心。

当亲友真的去世时,我们的梦往往是以曲折迂回的象征来显示这一信息,几乎从来不直接做亲友死亡之梦。

这也许是我们心中的"原始人"对我们的一种保护。一个医生在通知你的亲人去世的消息时,从来不直接说"你的亲人死了,或者要死了",而是采取委婉的说法,如"你的亲人还有什么未了心愿,帮他去了了吧"等。同样,梦中也是用象征方式来传达这一信息。

直接梦见自己或亲人死亡往往象征心理上的死亡。心理上的死亡指的是:对一件事情完全放弃希望,死了心;消除了自己的某一个性格弱点,即所谓"从前种种,譬如昨日死";失去了活力,形同行尸走肉;被解雇,结束一份工作;和一个朋友长久告别;和一个朋友绝交……首先我们熟悉一下那些代表死亡的象征。死亡和出生是一个事物的两方面,因此有些象征是共用的,例如出水入水、出洞入洞等。严格地说,入水是死,入洞也是死。

第六章 关于生死、性爱的梦

同时还有一些和死亡有关的象征。例如，飞上云端，这大多是表示高兴和快乐，但是有时也可以表示死亡。在俗语中，"升天"不也正是死亡的委婉说法吗？

荣格讲过这样一个梦：某人梦见登山，越登越高，直到山顶。这时他继续往上登，发现自己到了空中。他在梦中感到狂喜。

荣格敏锐地觉察到，这个梦预示着他将在登山时死亡，于是力劝他不要再去登山，但是他却坚持要去登山，结果不久，他在登山时失足从山上跌落下来，砸在另一个人身上，两个人一同摔死。

也许这个梦者潜意识中早已在梦想死亡。这毫不奇怪，生活得不快乐的人常幻想用死亡来逃避现实，甚至期望能够有一次转世。而这种想死的愿望会促使他在"无意"中失足落山，或者出车祸、出事故，或者患癌症。当一个人不想死时，他是很难遇到灾难和大病的；而当一个人想死时，他是会无意识中寻找死亡机会的。

因此，发现梦中的死亡象征，有助于我们及时发现那些对生活失望的、想到死亡的人，有助于我们帮助他们拒绝死亡。

死亡还可以用化蝶、化鸟飞走表示。弗洛伊德举例说，一个孩子梦见他的兄弟姐妹和他一起玩，突然，兄弟姐妹们都变成蝴蝶飞走了。这就是说，这个孩子希望兄弟姐妹都死掉，以免他们与自己分享父母的爱。难怪中国的梁山伯与祝英台的故事中，男女主人公化成了蝴蝶。在潜意识中，这就是指死亡。

收割也可以表示死亡。死神收割我们的生命如同农民收割粮食。

入地也可以表示死亡。特别是在地下发现房舍，发现已故的亲人。在我国，由于迷信的影响，这种梦是比较常见的。

梦见一个人离开，梦见出门旅行，都可能是死亡象征。古代人们有时会梦见被马车带走,而现代则可以是汽车。例如,梦见一辆公交车,车上所有的人都一言不发,气氛沉寂。还有下面这个梦也许是死亡象征:"我梦见爷爷上了电梯,本来是按了向上的按钮,但是电梯却显示向下。B1,B2,B3……我非常恐惧,拼命地在电梯外按按钮,想让电梯回到地面上来。"

对我们来说,别人的死就是他"永远离开了我们"。因此,梦见亲友来辞行,有时可以代表死亡。例如《红楼梦》里秦可卿死时,托梦和凤姐告别,就反映了人们对这个象征的认识。

梦中想到自己死亡,可能会用回家来象征。这就是所谓"视死如归"。死亡是我们的归宿,我们来自哪里,死亡就是回到哪里。因此,死亡就是回家。李白说:"生者为过客,死者为归人。"还有人指出:"鬼者,归也。"鬼就是归人,是回到永恒的家、安宁的家的归人。例如,冰心曾在文章里写过她的一个梦:"昨天夜里,我忽然梦见自己在大街旁边喊'洋车',有一辆洋车跑过来了,车夫是一个膀大腰圆,脸面很黑的中年人,他放下车把问我:'你要上哪儿呀?'我感觉到他称'你'而不称'您',我一定还很小,我说:'我要回家,回中剪子巷。'他就把我举上车去,拉起就走。走过许多黄土铺地的大街小巷,街上许多行人,男女老幼,都是'慢条斯理'地互相作揖,请安、问好,一站就站老半天。……这辆洋车没有跑,车夫只是慢腾腾地走啊走啊,似乎走遍了北京城,我看他褂子背后都让汗水湿透了,也还没有走到中剪子巷!"

在这个梦里,回家实际上指的就是回她最早的家,她来的地方。一般老人梦到回家时往往有恐惧感,正是因为他们害怕回家。而冰心却不然,她就像一个刚放学的孩子一样,叫上洋车要回家。这种坦然的态度反映出了她对生死很达观。因为她在一生中把该做

第六章 关于生死、性爱的梦

的事做好了,所以面对死亡她才无所畏惧。

梦中别人死亡会用"沉默""脸色苍白"等方式表现,因为死人是不会说话的。

有一次我在高校做讲座,当时我正在讲:"动物往往象征着一种性格,不一定是这种动物的真实性格,是我们心目中这种动物的性格……"

有人提问说:"我曾经梦见过大象,这代表什么?"当然,我们都知道,同样的东西在不同的梦里意义不一定相同,单单问"梦见大象代表什么",我是无法回答的。于是我说:"一般情况下,大象代表有力量但是却温和平静、从容不迫,在印度它还代表智慧。你可不可以把你的整个梦讲一讲?这样我就能知道在你的梦里,大象代表什么了。"

他同意了,讲了一个梦:"我好像是回家,走进了一个森林,好像我在中学和大学时期去过的森林。我在森林里看到一个岩洞,我走进岩洞发现了一个奇特的场景:岩洞两边的壁,好像是一级级的大台阶,共有两三级,每级台阶上都站着一些大象,它们正慢慢地无声地往下跳,好像在集体自杀……"

这时他评论说:"我后来自己想了想这个梦,我想我梦见大象可能和象代表的性格无关,大象只是用来代表我的家乡,因为在我的家乡最近发现了大象和恐龙的化石。梦见大象代表我的家乡。"

我说:"如果是这样,为什么你的梦里没有出现恐龙,只出现大象?要知道,这不会是偶然的,梦里有大象而没有恐龙必有原因——还是继续讲你的梦吧。"

他接着讲:"我又梦见我到了一条河边,河水很浅很清澈,可以看见水下的鹅卵石。我看河的角度很特别,仿佛是一台摄像机斜

171

拍的。然后我又看到一家医院,医院的样子像我现在北京学校边的一家医院,医院的门口有一种藤类植物,好像常青藤。我爸爸在这里住院。我很害怕,怕爸爸的病严重,好像病得的确也很严重,已经病危或去世。我的感觉是'子欲养而亲不待'。我祈祷爸爸病好,而祈祷好像有效,爸爸痊愈了。"

我当时便对这个梦做了分析演示。

梦中的每一个象征都有不止一个意义,那么,我们如何知道它在这个梦里是什么意义呢?一种方法就是寻找梦中重复出现的东西、相似的东西,它们可以启发你梦的主题是什么,一旦确定了主题,我们就很容易了解梦中每个象征的意义。即使有一些细节还不清楚也无关大局了。而且通过进一步了解有关情况,我们也很容易解释这些细节。

在这个梦里,有什么相似的东西重复出现吗?

一开始他梦见回家。"回家"这个主题有多种意义,不仅代表回真实的家,还可以象征"回到过去的年代——回忆和怀旧""回到安身立命之本——回归思想的本原""回到亲人中间",甚至"回到永恒的家——死亡"。李白写道:"生者为过客,死者为归人。"死也是一种"回家"。

然后他梦见进入一个森林。森林有多种象征意义,弗洛伊德曾经举例,一个人梦中的黑森林象征性(阴毛)。森林也可以象征原始和自然,还可以象征团体,等等。

岩洞可以象征性(女性性器),也可以象征原始:原始人是生活在岩洞里的。岩洞还可以象征心灵最深的领域——荣格所说的集体潜意识。荣格自己就曾做过一个梦,梦见进入一个地下室,里面有骷髅等,象征心灵的古老部分。

第六章 关于生死、性爱的梦

岩洞里的大象象征什么呢？大象往往象征平静、从容、智慧、有力量和善良。

"在你的讲述中，大象让你联想到了化石，化石象征古老、原始、久远的记忆、死亡等。这些大象在自杀……"我问学生，"这个情景很奇特，你能由此联想到什么？"

"我听说大象在年老时，就会悄悄地找一个安静的地方去死。大象在梦里，就是在跳下来自杀。"

我接着说："在这一系列情景中，我已经发现了重复的或相似的东西：和原始有关的意象和与死亡有关的意象。回家、岩洞、由大象联想到的化石都是原始的，回家、化石、大象的自杀都和死亡有关。"

"河有多种意义，其中一种意义是代表一个分界。我注意到你在梦中见到河之前的东西和见到河之后的东西有一种明显的对应并且对比的关系。这边是森林，那边是现代城市；这边是岩洞，那边是医院；岩洞里有两三级台阶，医院里有两三层楼；这边是大象在死，那边是父亲的病在痊愈。"

他问道："河的特殊视角是不是可以译为'换一个视角看问题'？"

于是我这样解释这个梦："这是一个关于死亡的梦，如果让我为这个梦起一个名字，我会称之为'关于死亡的思考'。前面原始的区域代表潜意识，或心灵深处的原始部分，心中的原始人。它的启示是：要平静从容地面对死亡，好像大象到了时候就自己死掉一样，这是一种智慧。死就是回家，就是回到原始的本原。岩洞里的两三级台阶代表不同代的人，一代代的人相继就是生生死死。"

"后面的区域较为现代，它代表心灵的较为现代的部分，较浅层的部分。在这一部分对死亡的态度是与深层潜意识不同的，你的态度是：死亡是一种病，是需要治疗的。我不接受死亡，要像常青藤一样长生。父亲是年长的象征，年长就更接近死亡，因此对父亲的担心是对年老的担心。你希望通过祈祷，通过意愿，让自己逃避死亡。"

在我看来，更原始的心灵的启示，那种平静对待死亡的方式，要比现代心灵的那种不愿接受死亡的态度更深邃。

由这个梦我判断，梦者近期关注着生死问题，感觉至少有十几天在心里关注着这个问题，这个梦就是一个总结、一个答案。

一开始，梦者不承认自己在想关于死亡的问题，但是在场的同学指出近来他几次提到这类话题。于是他也不再否认了，他说他的确近两周常常想这个问题，而且这个梦做完后，虽然他自己不会释梦，但是也觉得这是一个关于死亡的梦。他感到我的解释是对的。

这个梦之中还有许多东西我没有解释，比如：河水为什么浅、清，可以看到鹅卵石？看河的特殊角度还有什么别的意义？因为当时是公开场合，我不便问得更细，也不便涉及隐私问题，所以没有深入分析。

为什么在这一段时间，他会格外关心死亡问题？这也应该可以在梦里找到启示，但是我当时也没有做。

任何一个梦都不会只有一个解。

这个梦如果用性解释，也可以解释得通。森林可以解释为下部的毛发，岩洞更可以解释为女性性器官，岩洞里的大象，尤其是大象的长鼻很像男性性器官。一排排大象自杀象征性高潮和随后的疲软。小河可以象征女性。医院的常青藤和森林同义，医院中的父亲也是男性的代表。死代表阳痿，而通过强烈的愿望，他起死回生了。这样解释，这个梦就是一个性焦虑的梦。

第六章 关于生死、性爱的梦

为什么我采用的不是这种解释呢？也许在一开始就是出于直觉，但是分析一下也是可以找到理由的：因为这种解释在一些细节上不完美，例如为什么大象站在两三层台阶上，父亲在两三层楼里等。

另外，虽然我认为这个梦的主题是思考死亡，但是，和性有关的双关形象的出现也许有意义。我们可以问自己一个问题："为什么他现在就会思考死亡？"或者他生病了，或者有什么事让他感到自己老了，像父亲一样正走向最后归宿。他当时没有生病的迹象，那么，有没有可能他是因为性能力下降而感到自己在走向年老？如果是这样，那么这个梦就是一个全面双关的梦：死亡和性双关，而且性的衰落提示死亡。要知道，许多梦就是这样双关的。

因为当时无法公开询问这种隐私问题，这一点无法核实，现在仍是悬案。

还有一个梦，也是一个创作得很精美的梦境。作者（或者说梦者）是一个女研究生（准确地说是她的潜意识），24岁，据说这个梦是无缘无故做的。

"我被一个老太太追赶，很害怕，那个老太太手里拿着一把剪刀，想剪断我的线。我逃呀逃，但是老太太越追越近。忽然我发现老太太的剪刀是竹子做的，于是我胆子大了。旁边有一个游泳池，我把老太太扔到游泳池里。后来，我又跳到游泳池里，想把老太太淹死，结果却发现，在游泳池水底下藏着一把真剪刀——原来老太太用的是故意示弱诱敌深入的计策，我中计了。我急忙想逃，就吓醒了。"

这个女孩的梦我一下子就明白了，这是一个关于死亡的梦。而且我还知道那个老太太是谁。在希腊神话中有命运三女神，一个负责纺织生命之线,另一个负责维护生命之线,最后一个手里有一把剪刀,负责剪断生命之线。这最后一个女神实际上是死神。女孩梦里的拿着剪刀追她的老太太就是负责剪断生命之线的命运女神。

我是这样解释这个梦的:"你害怕死亡,怕命运女神剪断你的生命之线,也就是说害怕一种命中注定的死亡。水池可以代表很多东西,但是在这里代表潜意识,你把老太太扔到水里,意思是把对死亡的恐惧埋在被压抑的潜意识里,不让自己去想它。但是,你发现水下潜伏着危险,也就是说,虽然你让自己不想关于死亡的事,但是在你内心的深处,在潜意识中,剪刀这个令你恐惧的死亡命运的象征仍然存在。在潜意识中你很害怕。"

但是,我当时对这个解释有些怀疑:一个年轻健康的女孩,什么事情都没有发生,怎么会想到关于死亡的事情呢?而且,竹剪刀是怎么回事?所以我又让她从竹剪刀做一个联想。

女孩的回答解开了我的疑虑。"竹剪刀让我联想到筷子,又联想到,小时候我妈妈生气时会用筷子敲我的头,同时骂我'死吧你'。""小时候我体弱多病,家里的人都担心我长不大。小时候我也害怕自己长不到成年。"

原来是这样,梦中的细节得到了解释。竹剪刀—筷子—'死吧你',竹剪刀意指死的威胁。但是,这是一个不太可怕的威胁,因为用筷子敲她头的人并不是真诅咒她。

"忽然我发现老太太的剪刀是竹子做的",意思是"我"本来害怕死,但又想到死亡的威胁实际上是不可怕的,就像妈妈生气时骂的一样,是不会实现的。但是"水底下藏着一把真剪刀",在"我"自己的潜意识里,仍旧认为死亡在威胁自己。

童年时的恐惧,即"我害怕自己长不到成年"是这个梦的

第六章 关于生死、性爱的梦

原因。

在儿童期,家人的担心给了她极大的影响,在她的心里或潜意识中,她把家人的担心当成了自己可能有的命运——她害怕自己命中注定长不到成年。24岁是本命年,也就是一个人成年(成熟)与否的界限,如果活过了这一年,意味着"长不大"这个预言不会实现,所以在这一年她对死亡的威胁是最担心的。

女孩对这个分析十分赞同,并且补充说:"因为风俗上本命年要系红腰带,我特地用一条红线穿了一个东西做项链,天天戴着,在做梦那天因为洗澡把它摘下来了。"

"所以你在这一天做了这个梦。平时因为系着红线,你还不恐惧,这一天你无意中摘了红线,你的潜意识就开始害怕了。在你心目中,这条线就是生命线,梦里老太太要剪断的也就是这条生命线。"

经过我的询问,我得知这个女孩并不知道希腊神话中有个持剪刀剪断生命线的命运女神。

这证明了"命运女神"这个形象是一个原型的形象,存在于人的集体潜意识里,虽然她没有听说过,但是她的梦中却会出现这个她不认识,但是早在希腊神话时期就存在于人类集体潜意识中的女神。

还有一个需要提到的,就是负责死亡的命运女神的形象有时会和母亲的形象相结合。在这个女孩的梦里,命运女神就和那个小时候用筷子敲她的头的母亲联系在一起了,而且母亲的"死吧你"的话也仿佛一种预言。看起来这很奇怪,母亲是最亲最不愿意自己死的人,为什么她会和死神有联系?

不知你是否知道,在歌德的名著《浮士德》中,浮士德有一句台词:"母亲,多么可怕的名字。"歌德的作品深入潜意识,极为深刻。在潜意识中,母亲这个形象象征是兼具最美好和最可怕的两面的。母亲和大地一样,是她给了我们生命,养育我们的生命,也是她收回我们的生命,既是生命之源泉又是生命的归宿。母亲,不是代表一个具体的人,即女孩的妈妈,而是代表一种力量、一种命运。

关于母亲与大地、与生死、与命运的这些神秘的道理,梦的"作者",即那个做梦女孩是不知道的,但是她的潜意识却完全洞悉。

三、性梦

在一个问题上,心理学家的观点和普通民众很一致,却和一般知识分子不太相同,那就是关于性在人类生活中的地位。

心理学家——特别是临床心理学家和精神分析派的心理学家——认为性在人类生活中占据着很重要的地位。性的成熟、健康和适当满足是心理健康的重要基础,性的压抑、放纵和异常是许多心理异常的根本原因。

由于性对人们很重要,在梦中经常出现性或象征性的种种形象也就不足为奇了。饮食男女是人的基本愿望和需要。

不过饮食的需要不能通过做梦得到满足。不论你在梦中如何大吃大喝,消灭了多少珍馐美味,醒来你还是饥饿。但是性的需要却可以通过梦得到一定程度的满足,所以经常出现的性梦对人是有实实在在的好处的。

据调查,包含性内容的梦是十分常见的。在一项研究中,研究者给 250 名大学生一张表格，表上列出 34 个常见的梦的主题，让大学生指出他们是否梦到过这些情节。结果表明"性经验"（主要指性交）被梦到的比例高居第 6 位。

66.4%的大学生做过这类梦。如果加上其他形式的性内容，则几乎可以肯定每个人都做过这类梦。

梦境中性内容的形式有：看到裸体的异性，与异性接吻、拥抱，被异性爱抚，爱抚异性，性交等。梦中异性的形象有时是清晰的（往往是熟悉的人），有时是模糊的，甚至有时只是一个影子或部分器官。有时，梦境中会有与同性进行性接触的情节，而做这种梦的人却是异性恋者，并没有可观察的同性恋倾向。有时，梦境中会有性侵犯（如强奸）的情节，做这种梦的人也并没有性侵犯的倾向。

包含性内容的性梦往往伴有相应的性冲动。男性伴有阴茎勃起等生理反应，并且大多会导致射精，这被称为梦遗。女性也会有性的生理反应，而且有些时候可引起性高潮。少数时候，包含性内容的性梦也可能不伴有相应的性冲动，或者说，不伴有可明确感受得到的性冲动。

性梦中的性内容有时表现为象征的或隐喻的形式。例如，梦到在浴池洗澡，发现浴池是男女合用的。这种梦几乎可以肯定是性梦，因为到浴池要脱衣服，洗澡会出汗，这都是性行为的隐喻。与此相近，梦见洗浴（但梦中没有出现异性形象），或梦见游泳也常常是性的象征。

有的性梦表面看起来似乎完全与性无关。例如，一位女大学生梦到有个男医生要给她打针，她很害怕。医生说，这儿有一丸药，把它吃了就没事儿了。表面上这和性无关，而实际上这个梦的意思是：一个男人想和她发生性关系，也就是"打针"，她很害怕会怀孕，而这个男人说："吃了避孕药就没事儿了。"

性梦的具体形式主要受五个因素影响。

一是性冲动的强弱。性冲动强的时候，梦境趋向于直接表现性行为。性冲动较弱时，梦境倾向于以隐喻或象征的方式间接表现。

二是经验的多少。没有性交经验的人的性梦是粗略模糊的。经验越多，性梦也就越生动、逼真、详细。根据金赛的资料，年轻姑娘做的性梦都十分浪漫，梦境中的性行为至多只是拥抱和接吻，极少有性交。而中年已婚妇女的性梦则不同，性的表现更直接，而且相当一部分中年妇女时常会在梦中达到性高潮。

三是性别。男性的性梦比女性的性梦更为直露。

四是性的对象。乱伦的性欲望在性梦里极少直接出现，相反它会以隐喻或象征的方式出现。对异性恋者来说，对同性的性冲动在梦里也往往是以象征的形式出现的。这类梦常常转化为噩梦。

五是梦者的性观念。梦者对性所持的态度越开放，性梦的梦境也就越直露。

性梦不仅仅是为了满足性欲，它还反映了梦者对性、对异性和对整个生活的态度和观念。例如，卡尔文·霍尔曾讲过一例性梦：一个年轻男子梦到自己正和一个游离的女性性器官进行性交。这反映了梦者对异性的态度，他只对女性身上的某些器官感兴趣，而不关心她们整个人。

个别的性梦中，性冲动反而是次要因素，梦者是用性作为隐喻去说明其他的事物。例如，用性活动表示自己"有很旺盛的精力和很强的能力"。一个女性梦见自己和男同事性交，可能只是为了说明"我们合作、交流得很好"。

第六章 关于生死、性爱的梦

在说到性梦时，我们应该说明，所谓性梦指的是其真实意义与性有关，为满足性欲而做的梦。这些梦表面上未必有性，表面上也许是一幕天真无邪的情景，而通过象征展示性的意义。反过来，有些梦表面是性，而实际上却与性无关，这种梦不能称为性梦。

前者的例子如："我看见那个天使手中握着一支金色的长矛，它那铁的坚硬的尖端似乎还燃着一点火光。他就用这支长矛朝我心中刺了好几次，终于穿透了我的脏腑。当他拔出长矛的时候，我几乎以为他连我的肠子都拉了出来，他让我完全燃烧在上帝的爱里。那是很痛苦的，我呻吟了几声，但是这种痛苦带来了无限的甜美，使我几乎不愿失去它。"

这是一个修女的梦。在修女的观念中，忍受痛苦是接受考验、接近上帝的一种方式，因而她梦见自己受苦。不过她自己没有意识到，她梦中受苦的方式是多么类似于性爱，她这种在痛苦中得到的无限的甜美多么类似于性生活的感受。

这显然是性梦，而且这个修女做这种梦也完全可以理解：不论她是多么主动自愿地过禁欲的生活，她的身体仍旧有基本的需要，梦只有以她的意识可以接受的方式帮助身体稍许满足一下这种需要。

后者的例子在本书前面提到过：一个人梦见别人强奸自己，实际上只是意指对方"强迫自己服从对方的意志"而已。如果你走进佛教密宗的寺庙，你可能会惊奇地发现许多男女交欢的雕像，但是这些雕像并不是表现性的艺术，而是表现宗教理念的。男人代表智慧，女人代表慈悲，男女交欢的雕像代表着：你只有把智慧和慈悲结合到一起，才能得到真正的成就。

表面上不是性而实际上是性,这是性梦。

表面上是性而实际上不是性,这不是性梦。

比如,某男大学生梦见自己强奸了一个女孩,当时还是挺开心的。不过事后,他感到非常内疚并且焦虑。后来分析发现,他现实中喜欢玩很暴力的电子游戏,不过对于这样荒废时间,他内心很内疚。因此,这个梦和性其实并没有关系。

还有一种情况:表面上梦见的是性而实际上也是性,这也是性梦。这就是所谓赤裸裸的性梦。

青少年和缺少正常性生活的人都会做这种赤裸裸的性梦。女性在没有什么性经验时较少做赤裸裸的性梦,而性经验较多、年纪在30岁以上的成熟女性则做这种梦多一些。

这种梦往往情节十分简单甚至没有什么情节:"我梦见和一个女人做爱,然后就泄了。""我梦见我在路上遇见一个女孩,我拦住她,和她做爱。我没有梦见脱她的衣服,就直接梦见做爱,然后就射精了。""我梦见许多裸体女人,看不清楚脸,只看到身体,然后我就上前抱住一个,就在这时我醒来了,感到遗憾,为什么醒得这么早。"……赤裸裸的性梦中的性对象往往是特征模糊的,她(他)主要不是象征着某个人,而只是代表单纯的女人(男人),即单纯的性对象。在这种情况下,人没有违背道德的恐惧,所以不采取变形和化装。

如果梦者的性冲动指向了一个具体的人,而这个人又不是自己的配偶,那么他往往不会做这种赤裸裸的性梦,而会转而去做用象征物表示性的梦。

如果你是鲜花,我就是灵蛇。与性有关的象征是非常多的。

建筑物可以表示性器。塔、高楼、柱子常用来象征男性生殖

第六章 关于生死、性爱的梦

器,而可进入的房间、洞穴则常用来象征女性生殖器。门、窗常常象征着身体的开口。而当一个人梦见钻过很窄的洞穴,其意义则再明确不过了,或是出生,或是性爱。当一个人梦见爬上爬下一面墙,这墙往往象征着人的身体,进门或进窗代表性爱。

当然,我们不能把所有梦中的建筑物都说成性象征,需要仔细判别。作为性象征的建筑物在梦中出现时,常有一些细节提醒你这是性象征。例如,在房子里有一张异性的照片,或者有其他性象征物存在等。

某女士梦见在一个大厅中,有一个透明玻璃盆盖着一条大蛇。她担心蛇会打破玻璃冲出来。

蛇,我们前面已讲过,是男性生殖器的象征,透明玻璃盆自然是避孕套了。大厅在此梦中是女性生殖器的象征,这一点无可置疑,因为大厅中有蛇。

再如弗洛伊德所举的一例:"他和父亲散步……看见一个圆形建筑,前面有个附属建筑,看起来有点歪,而且连着一个圆球。父亲问他这是做什么用的,他对父亲的问题有点惊奇,不过还是向他解释了……"

此梦中圆形建筑为臀部,附属建筑指阴囊,前边的圆球则指阴茎。此梦中无其他提醒用的细节。但是建筑物本身的独特奇异之处就足以提醒你,这不是一般的建筑物了。

梦中的水果常用作性象征。苹果用作女性性象征,有时代表臀部,有时代表女性乳房。香蕉可用作男性性象征。其他水果也都可以用作性象征。

弗洛伊德指出,所有长的物体如木棍、树干和雨伞都可以代表男性性器官,那些长而锋利的武器如刀、匕首和矛也一样,手枪也是性象征的一种，特别是当女性梦见有人持枪追她时。如果男人梦见手枪，有时代表性，有时只代表武器。

这方面的例子不胜枚举，我姑且举上几个，各位读者可以很轻易地在自己的梦中找到实例。

柯云路在一本书中引用过某个人的幻觉，那个人自称"盘古转世"，并用天眼看到盘古开天地的过程，大致如下：盘古是一棵芭蕉树，只看见树干，是粉红色的。从中冒出一些白雾，画外音说，这就是元气。元气流到一处凝结形成物质……

很显然这是性象征，芭蕉树为什么是粉红色的呢？很简单，它是由肉组成的，它不过是男性生殖器官的象征。白雾或说元气是精液象征。盘古开天地的过程即性爱过程——在某种意义上，这也的确是创世过程。对一个人来说，他自己的世界不正开创于他父母的性爱吗？

一位女士梦见在卫生间马桶边有一个门，她从这个门进去，发现里边写着"天堂"。这个天堂路边长了许多树，树上有小鸟在唱歌，这小鸟是假鸟、玩具鸟，她十分快乐。

从这个梦中可以看出，性爱是这位女梦者的天堂。这个小门和内部的天堂自然指女性性器。天堂里的树指男性性器，小鸟也是性器象征（我们不是常玩笑地说孩子的性器是小鸡鸡、小家雀吗？）。如果这位女士知道此梦的真实意义，我想她就不会把它讲给别人听了吧？

再有就是我的学生转述给我的一个女生的梦：她梦见她和她的同学，好几个男生和女生在一起玩，大家玩得非常开心。她当时也非常开心，突然一抬头，发现远处站着一个男生在看着她们，这个男生也是她同班的。她发现之后，也没有打招呼，继续玩，其他人

第六章 关于生死、性爱的梦

都没有看见。这时站在远处的男生突然向他们冲过来，手中拿了一把刀。大家四散奔逃，她也吓醒了。

这个梦实际上就是含有性意义的。其实这个女生一定有些喜欢这个男生，暗中有性欲望，但是她自己害怕这种欲望，因而梦中被男生持刀追赶。

还有一个梦例：某女士梦见一棵奇怪的树，没有树叶，树干发黑。她很怕这棵树会倒。

作为男性生殖器象征的树往往是没有树叶的。害怕树倒，也许是怕他性能力差，也许是怕他使她怀孕。

用刀、枪、矛象征男性性器时，还带有攻击的含义，表示带有攻击性的性。

箱子、柜子、手提包等可以代表女性性器。船舱、机舱也同样可以代表。锁门、锁柜子象征着保护贞洁，钥匙则可以作为男性性器的象征。

弗洛伊德还指出帽子和领带可以作为男性性器象征。据我的经验，领带的确常常作为性象征。而帽子作为性象征我接触过的只有很少几例。也许在这里有民族差异吧，因为弗洛伊德是确实明确发现帽子常用作性象征的，而且在美国的一些资料里，帽子也是经常用作性象征。

弗洛伊德指出，梦中的许多风景，特别是有桥或有树木的小山，都是性象征。这一点经我的释梦经验得到了证实，至少可以说，这常常是性象征。在风景中，梦者往往感到心旷神怡。

桥也可以作为性象征，这或许是因为男性生殖器也是一座桥。它把两个人连接在一起。树木既可以代表男性性器，又可以代表女性性器。还应该指出，风景中的河流也常常有性含义。

曾有诗人用"茂密的黑森林"暗指女性身体私处,用泉水象征女性分泌物。这证实梦与文学所用的象征方式是相同的。

"有人闯进屋里来,她很害怕,大叫要警察来。但他却和两位流浪汉攀登梯级,溜到教堂里去。在教堂后面有座山,上面长满茂密的森林。警察戴着钢盔、铜领,披一件斗篷,留着褐色的胡子,那两个流浪汉静静地跟着警察走,在腰部围着袋状的围巾。教堂的前面有一条小路延伸到小山上。它的两旁长着青草与灌木丛,越来越茂盛,在山顶上则变成普通的森林了。"

这是弗洛伊德在他的名著《梦的解析》中引用的梦例。

此例通篇都是性象征:教堂、小山、森林、灌木、青草、楼梯,以及警察和两个流浪汉——你应该很容易猜出他们三个人象征着什么,人也是可以象征男性性器的。

一般来说,用人象征性器官时,大多用小孩象征。小东西、小家伙都可能是性象征。

一个女学生梦见:"一个小孩子,没有眼睛,要有眼睛也是很小的,坐着,我觉得有点奇怪,有点害怕。"

当我问她是男孩还是女孩时,她说是男孩,问孩子的发型时,她说是秃的。

这显然是她看到男性性器时的感受,感到奇怪又有点害怕。

鱼、蛇、鸟是性象征,在前面已说过了。另外,蜘蛛、老鼠、蜗牛也都可以是性象征。

花,很自然地常表示女性生殖器。采花、浇花都是性象征。所以古代把某种人称为采花大盗。印度人也把莲花作为女性生殖器的象征。

某女孩梦见她把一束花放在中央,四周布着一圈草,她感到很快乐。这也是个性梦。

还有一种常见的性梦是游泳。游泳十分常见，大多表示性爱。特别是在游了一会儿之后，游泳池也许会干了。这种情况在实际生活中是几乎不可能的，它几乎只能代表性。因此，毫不奇怪，许多人都说游泳的梦是很快乐的。

某人梦见在儿童玩的塑料球堆里游泳，而且很快乐。在非水的环境中游泳，往往代表没有感情的性。我断定这个人最近有过性爱体验，对象是一个他并不爱的人，他的态度是游戏般的态度。我问他的时候，他很坦率地证实了我的猜测。

头、手、脚等也可以作为男性性象征。有一次，做完关于梦的讲座，我和两个女生边谈边走。这时有两个男生也走过来，其中一位请我帮他释梦。但是我当时正要给一个女生释梦，还没有释完，而且我又很疲劳，所以我不是很想再给他释，就委婉地推托了。但是他很急切，问我："我经常做同一类梦，我真的很担心，我总梦见自己的胳膊和腿被砍掉，这究竟是怎么一回事？"我当然一下子就明白了这是怎么一回事，但是，我不大方便在女孩旁边讲，于是我和他们两个男生退后几步，让那两位女生先走几步，然后很简略地说："这是因为你害怕或忧虑你身体的某一部分被砍或者太短小了。"我看了看他的个子，他的个子也不高，所以我接着说："你认为自己缺少性的魅力，仿佛被阉割过，因为你认为自己太矮。"他和他的那个男同学告诉我：他的确极为忧虑他自己的男性魅力，为个子矮而十分自卑，而且他甚至直接做过被阉割的梦。我便安慰他说："个子矮不一定没有魅力，也不要担心什么，你一切都很好。"

梦中，以砍掉胳膊、腿，甚至头代表阉割是极常见的。而梦见自己被阉割都是因为在性能力上不够自信。

最近我读到一个梦例。一个女性梦见她走在一条路上，前边是机场，天有些黑，路上没有什么，路边有很高的草。突然一个男人从后面抱住她，她很害怕，极力挣脱了。

她走过一间屋子，里面有个戴高帽子的男人在吃饭。她知道这是机长，她必须赶在他前面到达机场才能出国。在机场入口，一个男检查员问她有没有带违禁物，她说没有。而男检查员不相信，他把粗壮的手伸进她的小荷包。她担心荷包会被撑破。他在荷包里掏了又掏，竟然掏出了两张硕大的单人床。

一位释梦者解释此梦中出国的意图是她现实中渴望崭新生活（譬如结婚）的写照，梦中出国一再受阻，阻力来自她在潜意识中对婚姻的抗拒。而两张单人床指"对结婚的向往"。

这个解释有一点可疑之处：如果她潜意识中抗拒婚姻，又为什么有"对结婚的向往"？也许可以解释为"她潜意识中既有抗拒也有向往，较为矛盾"。但是，她何必要用"两张硕大的单人床"，而不用"一张双人床"代表婚姻？

实际上这个女性的主要问题来自对性的恐惧。在梦刚开始的时候，她独自在夜晚被男人非礼；后来男检查员把"粗壮的手"直接"伸进"她的"荷包"，而且是她梦中先强调过的"小荷包"（荷包是女性性象征），这一行为直接反映出了她对性的恐惧，害怕性行为对她的肉体有伤害，即"荷包会被撑破"。这个梦中，男人粗壮的手被用作性象征。

我想，这个女性的确是想结婚，她结婚是为了摆脱孤独、恐惧。那个戴高帽子（高帽子也是性象征，同时也许还有其他意义）的男人告诉她，结婚从而换个环境（机场是飞离中国的地方）是条出路。她必须抓紧时间赶在机长前面,也就是说她想抓住这个男人,但是,对性的恐惧阻碍了她。

在她心目中,性和暴力与对女性身体的威胁相联系。那个男检查员在"荷包"里掏出的"两张硕大的单人床",代表她对婚姻的期望:结婚,但是"睡单人床",意指不要有太多性行为,而"硕大"的床也给性留了一些余地。

显然,这个女性在性上还不成熟,也许,她本人个子也比较矮。在我国古代的占梦中,已经对性的象征有一些观察了。

比如,"梦得轮轴,夫妇之事"(《北堂书钞·卷第一百四十一·车部下》),车的轴是要插入轮子中间的洞里的,这是一个明显的性象征。

著名的巫山云雨之梦也是性象征之梦。楚王在巫山梦见与神女欢会,之后神女告诉他,她早晨化身为云,晚上化身为雨。从此"云雨"二字就被用作性行为的隐语,而实际上,"下雨"这一意象的确也是一个性象征。

有些梦里,性的象征以不同的象征物多次出现,这种情况下往往比较容易判断出是性梦。例如,下面这个青年男子的梦。

"我梦见了一个游泳池,我站在房顶看游泳池。池中都是女性,只有一个男的,他在游泳池边上,和女孩嬉戏,把女孩推到水里。这个男的像我,我又像在屋顶上看。这时是黑夜,有野猫叫春、打架。我拿着冲锋枪,在棉花田里搜索。田里有许多女人,她们在摘棉花。我的枪里有两种子弹,一种是红色的,另一种是绿色的。看到一个打一个。我觉得红色子弹是死,绿色子弹是激发,激发性能量。我很清楚,红色子弹打什么人,绿色子弹打什么人。"

这个梦里，冲锋枪、子弹、游泳池、叫春的野猫等都是典型的性象征。梦里的"棉花"也是与女性胸部有关的性象征。梦者对女性有种较普遍的性欲望。

有些性梦中既有性象征也有赤裸裸的性，两者交织在一起。

例如卡尔文·霍尔记录的这个梦："我梦见我正在一个螺旋梯上来回地追逐一个女孩子，最后我追上了她，和她性交。"

这个梦前边是一个较为隐蔽的性象征，即爬楼梯，而到了后边则变成了赤裸裸的性梦。

形成这种梦是由于在做梦的过程中，性冲动变得很强，用象征已经不足以宣泄性欲，只好转而用更直接的方式——梦交和梦遗。

月经虽然与性有关，但并非直接的性。它在梦中也常出现。有时它用土、粮食或饭来象征。

一个女孩梦中有这样一个片段：见到一辆汽车，车上装满了土，又像是纸，听司机说这车货马上就要送走。

汽车，我们已经知道，是身体象征。土是经血的象征，纸是例假时必用之物。因此这个梦是关于月经的。

为什么土可以象征经血呢？还不完全清楚。或许，土对于植物如同血对于动物一样，所以人们以土喻血吧。

荣格指出，在月经将来时，人们常梦见与毁灭有关的场景。这大概由于月经是生理上的一种毁灭吧。对此，我手头没有例子，不知是否如此，请各位朋友留心是否如此。

关于月经的梦，往往在女人担心自己怀孕时做。有时，这种梦会表现为等候一个人，久等不来，十分焦急。

再举一个例子：一个人梦见从嘴里吐出饭来，饭带着血。这就是月经的象征，饭已经象征血了，但"原始人"还怕不清楚，又直

第六章　关于生死、性爱的梦

接显示了血。嘴在这里象征女性性器官。

关于性象征，最后还要说明的是：自弗洛伊德在释梦中高度评价性的作用以来，许多人对此做了批评，认为他过度抬高了性的作用。的确，如果我们把所有含有上述象征的梦都说成是性梦，那就几乎找不到不是与性有关的梦了。在房内是性，到外面看风景还是性，凡尖锐凸起的都是男性性象征，凡凹进中空的都是女性性象征。实际上，所有这些象征都有可能不象征性。我们必须谨慎判断，看它在一个具体梦境中是否代表性，不要草率地对号入座。有些梦初一看完全是性象征，但是实际上却未必如此。我们前面提到的"关于死亡的思考"一梦中，仿佛有大量性象征——森林、洞、长鼻子大象、小河、藤等，而实际上其意义却是与死亡有关的。

儿童多梦魇，有一个原因是他们对真实与虚构尚欠缺明确的区分能力，常将电影或故事书里的恐怖情景搬入自己的心灵剧场；而且对现实生活里的某些特殊经验，也会因无法理解，而渲染上恐怖的色彩。

譬如一个病人讲述在儿童时期一直梦见"一根棍子，棍尾有一群泥泞的婴儿"，更详细的梦魇如下："我正沿着一条巷子走，路的两旁有某些颤动的小东西，像是雏菊，梦中的每件东西都呈现僵直的恐怖状态，且像煤气灯火焰般颤动着，天空像是要打雷的样子，万物之上都笼罩着一种不祥的征兆，我知道某件恐怖的事情即将发生。于是无法想象的大灾祸降临了，所有的东西都膨胀起来，然后全部通过一个小小的不可思议的空间，从另一端出来——我最感到恐惧的时刻就是当所有的东西都膨胀起来的时刻。"

对此，心理学家的分析是：从表面上看，这似乎是儿童性欲的幻想产物。"一根棍子""所有的东西都膨胀起来"象征勃起的阴茎,"通过一个小小的不可思议的空间"象征进入阴道之中,但在病人的联想里,他却想到了一岁半时的一次恐怖经验:大人们带他到野外散步回来,把野生的风信子放在桌上,他拿起花来就吃。保姆进来看见时大喊一声,但吃下去的风信子已吐不出来,最后只好请医生洗胃,此后他就病得很厉害,并且出现上述梦魇。这个联想很清楚地显示"棍子"象征插进他喉咙中的洗胃管,而"一群泥泞的婴儿"象征他的疾病与呕吐。"颤动的雏菊"是在插胃管时,医生所穿上衣上的贝壳纽扣逼近他眼前的景象再现。"僵直的恐怖状态"是插入胃管时全身动弹不得的感觉,他当时的心情正像"煤气灯火焰般颤动着",知道某件恐怖的事情将发生。然后胃管伸进他的喉咙、食道……"所有的东西都膨胀起来","通过一个小小的不可思议的空间"。

这可以说是小孩对其无法理解但却非常恐怖的洗胃经验的记忆"再现",它在梦中以象征的方式呈现,生动地显示了一个小孩对某些问题的概念。

这就说明,看起来像是性梦的梦不一定是性梦,释梦时切忌自以为是,要时时对自己的解释加以警惕。

但是,我们也必须看到,梦中性象征的出现的确是比较频繁的。其原因很简单,即性生活的确是人们日常生活中的一个重要内容,是人们生理上的正常需要。而由于受道德观念的约束,有关性的念头在白天往往要受到压抑,因此也就常常反映到梦中来。对此没有必要大惊小怪。

我们对待这类梦应持一种健康的态度,或者说,我们应为自己树立一种健康的性观念。应该懂得,性不是肮脏的、邪恶的,它是

第六章 关于生死、性爱的梦

正常的身心需要。因此，自己梦里或别人梦里有性象征不是下流的、罪恶的或不道德的。我们可以利用梦了解自己当时的心理，调节自己的心理，合理地满足自己的欲望，而在客观环境不允许满足自己的欲望时，寻找其他活动以吸引注意力，寻找把精力引向学习、工作和创造的合适方式。

释 梦

第七章
梦的表达

一、梦的表达方式
二、梦怎样表达人名、数字和时间?
三、做个快乐彩色梦
四、梦的表达有技巧

第七章 梦的表达

如果把梦当成"原始人"来信,那么梦的象征就是讲"原始语"的词汇。主题或许可以说是梦的成语。这一章我们要研究一下梦的语法和修辞。

说到底,梦是来自我们自己内心的声音,是我们自己心灵一部分所说的话。我说了蛇象征什么,大家一听就明白了。比如,有个人问我:"为什么蛇不代表温顺、安静、胆小呢?在我梦里它就是这样。"我首先想到的不会是"我对蛇的象征是不是看错了",而是"这个人是不是在故意和我捣乱",因为用蛇代表温顺、安静、胆小几乎是不可能的。

如果有人问我为什么蛇代表狡猾、狠毒、仇恨、智慧,我也不一定能说清楚,仇恨、狠毒或许和有些蛇有毒有关。但是为什么说它狡猾、智慧,我也不能说清楚。动物学家会说,蛇的智力并不高。但是,从远古以来,各民族的人都认为蛇狡猾或有智慧,必有原因吧。

假如有人梦里用蛇代表温顺、安静、胆小,而又不是故意捣乱,我想他大概是个动物学家或者是饲养者,因为蛇在这些人眼里或许有这些特点。对于动物学书上说它很胆小,有些朋友可能会反驳说,梦并不好懂。虽然梦的词汇简单易懂,但连成梦后并不好懂。这些朋友大概是看完前几章就试着去解梦了吧,因为看过前几章,会觉得梦好懂极了。

但是用它解梦,就会发现还有困难。如果梦简单,恰巧是讲过的象征和主题,还好解。如果梦复杂,用那些知识解就不够了。

梦还有它的语法、它的修辞、它独特的表达方式。编梦的那个

"原始人"也不一定总有话直说，有时还会拐弯抹角地说。这样，我们就不一定一看就懂了。

所以下面我要讲讲"原始人"的表达方式。

一、梦的表达方式

1. 集锦

梦的编剧，即我们心中的"原始人"编制梦的主要"艺术手法"大约有六种，我称为"做梦六法"，其中之一是集锦。

梦中人物有时会长相像人但说话不像，梦者在梦中又把他说成C，或者长得既像A又像B。这种时候这个梦中人到底是谁？

梦中的事物也往往如此，既像这个又像那个。那么这种时候这个事物又是代表什么？

这些人或物往往代表的是A、B、C共同的特点，或者说与A、B、C有共同特点的另外的人或物。

这就是梦的技巧——集锦。

这种手法有些像塑造文学典型的手法"杂取种种"。

一个女人梦见一座房子，它既像厕所，又像海边的更衣室，还像家里的阁楼。那么这三不像的房子代表什么呢？代表这三处的共同特点，即脱衣服的地方。

集锦可以表达"A恨我，B也一样"，方式是让一个既像A又像B的人在梦中出现，并和"我"作战。同样，它也可以表达为和

A、B 具有共性的 C。

例如某人梦见他在一个很美的湖中游泳，这时一个熟人 A 出现，而且也去游泳。过一会儿，另一个人 B 也来游泳。

A 与 B 互相不认识，他俩的唯一共同之处是他们都是博士。

因此，梦中这两个人代表"一个博士"。经分析，梦者的女友当时认识了某个博士 C 并对他有好感。

再如弗洛伊德的例子：他的女病人梦见一个男人，这个男人长着漂亮的胡子并闪烁着一种异样的眼神……

这个梦中男人的眼神像罗马近郊圣保罗教堂中的教皇像，梦中男人的长相像她的牧师，梦中男人的胡子像她的心理医生弗洛伊德，梦中男人的身材像她的父亲。

因此，这个梦中男人所代表的是这四个人共有的特点——指导她生命道路的人。

2. 变形

就像我们画漫画时，为了突出某个人的特点，我们会把他变形。我们画陈佩斯时，把他的鼻子画得格外大，大到不合比例。这时的漫画不但不会让我们觉得不像陈佩斯，反而会更像他。

变形也是梦的基本技巧，只不过有的时候，它变形变得太厉害，以至于梦者都不知道它表示什么了。

例如，前面提到，一个女孩梦见乞丐追她，那个乞丐就是她父母的变形。这个变形强调了父母乞求她情感这样一种态度，所以变为乞丐的形象，连女儿都认不出了。

再如前面讲出生的梦时，提到某少年梦见一个院子里住着一个白发老太太，那院中某屋的后墙上有个洞可通往没去过的新地方。

那个白发老太太就是他母亲的变形。

前几章讲象征举例很容易,因为象征是普遍的。比如,蛇象征什么,房子象征什么,容易举例。而这一章所讲的梦的方法,梦者用的都是他生活中具体的人、具体的物,这些人和物读者是不知道的,因此就难举例。梦者张三某一天做了一个梦,梦见一个老头,后来发现这个老头是他爸张老汉的变形。这种例子对大家用处很小,因为李四如果梦见一个老头,这个老头未必是他爸李老汉的变形,在这个梦里,老头可能是李四单位上司赵大的变形也未可知。

梦是形形色色、千姿百态的,这里只能把道理讲清,请各位朋友在释梦过程中,自己去发现在具体的梦中,什么是什么的变形了。

3. 省略

这种手法和电影蒙太奇相似。用电影《乱世佳人》作例子吧。银幕上出现的第一个镜头是白瑞德把郝思嘉一把抱起来上了楼,然后就出现了第二天郝思嘉在床上躺着哼歌的镜头。这两个镜头之间发生的事就不详述了。但是影片继续往下放,提到郝思嘉怀孕,观众们都不会感到惊奇,因为大家知道在前面那两个镜头之间省略的是什么。同样,一部喜剧片中,一个小个子男人和一个大个子男人之间发生了冲突。于是他们一起走进了一座房子。过一会儿,小个子男人走出来,神态自若,整了整衣领走了。随后,大个子男人也出来了,东倒西歪、鼻青脸肿。刚才屋子里发生了什么事呢?省略了。但是每一位观众都知道。

梦也是一种影像作品。因此它和电影很相似,所用的技巧也相似。

第七章 梦的表达

一位离异的女士梦见有一个很大的孩子,在一辆特制的婴儿车上。实际生活中她是没有孩子的。因此她奇怪地想:"怎么会有孩子……"如果这是电影中的一个镜头,你看到会怎么想?在这个镜头前的一个镜头是她离了婚,回到自己的家。你会理解成:"过了几年之后,这位女士已经重新建立家庭,有了一个可爱的孩子。"

是的,这就是梦的意思。梦省略了重建家庭这件事。证据就是此梦的下半部分。

随即她梦见一个高大魁梧的男子,也躺在婴儿车上,她边推边想:"怪不得孩子这么大。"

"怪不得孩子这么大,因为孩子的爸爸个子大。"这是她应该说的话,后半句省略了。

为什么那个男人会躺在婴儿车里让她推呢?是因为这个女人很有母性情结,她喜欢她未来的丈夫在她面前是个"大孩子"。同时,躺着的男人还暗示性。不信请看梦下面的内容。

她也躺在了婴儿车上,车自己在走。她和男子躺在了一起。这个婴儿车就像一张大床。

同时这个梦又反映了另一个愿望,那就是自己能像一个小孩一样躺在婴儿车上。说到底,这位女士在心里还是一个孩子,一个渴望在婴儿车上躺着的小孩。她不喜欢长大,不喜欢担负成人的责任,忍受成人生活的困难。

"车自己在走。"车怎么可能自己在走?必定是有人在推着这辆车。这个人呢?省略了。这是梦比电影更进一步的地方。梦可以把场景中的某些角色省略,如同那个人成了隐身人。这个梦中的隐身人就是那个推车的人。

他是谁?据我想,应该是她未来的丈夫。她希望未来的丈夫能宠爱她、照顾她，把她当作一个小孩。

同时这个推车人还应该是她的父母，她渴望回到童年，让父母推着。

如果以弗洛伊德的方式解释，或许可以把一开始梦中的孩子当成男子性器的象征。那也说得通。

梦者渴望三个层面的东西：第一层，性快乐；第二层，稳定安宁的婚姻生活；第三层，像一个孩子一样被照顾。

再如，前面讲马的象征时，我提到过一位女士梦见一匹白马在空中悬着。我说白马是男人的象征。马在空中悬着是因为马下面的事物被省略了，是什么被省略了呢？她自己。

4. 借代

以此代彼，即为借代。生活中邻居不和，这家主妇想骂那家主妇时，不好直接骂，便一边打自己家的鸡一面骂："你这个不要脸的东西，一天到晚到处招摇，招那些公鸡……"骂这些不能复述的难听话。或者，对亲戚寄居在此的孩子不满，边打自己的儿子边骂："你这个懒货，一天到晚只知道吃，什么活也不干……"鸡和邻居主妇相似之处未必很多，鸡也不是邻居主妇的象征。同样儿子和侄子并不相同，儿子也不是侄子的象征。

在这个主妇心中，那只鸡还挺好的，儿子虽懒也不让人生气。但是她需要这样借骂鸡、骂儿子来骂别人，这就是所谓指桑骂槐，或者说是借代，用鸡和儿子代替别人。

梦中也常常有借代，以此人代彼人，以某种物代人，或者，用人代一种名词。

以一个人代另一个人在梦中太常见了。一个女生爱慕一个男同

第七章 梦的表达

学,但是自己不愿承认:"一个女孩子怎么能主动爱别人呢?何况他还对我摆出一副冷面孔。"她从心底里不愿承认。但是在梦里,她梦见了刘德华和她在一起,对她十分好。醒来她很高兴,这个梦是可以对同学讲的,因为崇拜明星是大家都能理解的事。但是她自己都不知道,刘德华只是一个借代,如同被骂的那只鸡。直到有一天她突然发现,"那个小子"长得还有点像刘德华呢,她才知道自己真正梦的是什么。

因此如果你梦见了明星、小学同学、很久没见而且也没有想起的旧相识,并且你找不到什么理由,就说明你还会想起他。如果你梦中对他的爱或恨不是他应得的,那么想一想,他会不会是谁的借代。

你可以问问自己:这个人和谁长得有点像?这个人有什么特点和昨天我见到的或想到的人是共同具有的?他会是谁的借代?

梦见谁就是谁的时候很少,大多数时候,梦中人物都是其他人的借代。

曾有一个总经理,和手下女公关经理关系十分密切。他们虽不是情人,但是相互默契不亚于情人。如果不是因为双方都已结婚,而且婚姻都很美满,两人也许早已成为恋人了。一天,总经理梦见公司里一个已婚男子与这个公关经理做爱。醒来后醋意大发,竟然借故辞退了这个男子。

这个可怜的男子到最后也不知道自己为什么无故被辞退了。其实,如果那个总经理懂一点释梦的话,他就不会辞退这个无辜的人了。因为他应该知道,十有八九,梦中这个男子是代表别人的,是一个借代。代表谁呢?十有八九是总经理自己。梦里不会没有梦者本人出现的。如果梦中没有,那本人必定是由别人所表示的。总经理自己出于道德观约束，即使在梦里也不能让自己做不忠于妻子的事。于是他找了一个和自己有几分相似的人，在梦中做自己的替身。

梦中最关心的人，无非自己感情上关注的人，如父母、兄弟姐妹、恋人配偶、子女等。不过这些人却以种种不同面目出现，像孙悟空七十二变一样，或者说像妖精变化多端一样。父母可能变成国王、王后，变成妖婆、强盗，变成老师、医生，甚至变成马牛虎鹿。其他人也都一样。但是不论如何变化，总有一些蛛丝马迹，让明眼人能看出他是谁。就像孙悟空变成了一座庙，其中眼变成窗、嘴变成门，总有一根尾巴变不成合适的东西，只好变成旗杆。于是，别人看到后就会生疑，从而猜到这座庙是孙悟空所变。

释梦就要练出火眼金睛，能看出梦中人物或事物是什么的借代。

借代有一个特殊形式，那就是把抽象事物和抽象观念用人的形象表现出来。

因为梦在思考一些较抽象的事物时，不能运用词汇，不能在梦里的黑板上通过写出的一行行字讨论正义、权利、义务等问题，所以在需要讨论这些事物时，把它们用人形来表示。

这就像你看文艺复兴时期的绘画。比如，看到一幅画，题目是丰收带来繁荣和幸福。这幅画会画什么呢？它会画上一个女人高坐上方，在她前边，两个女人朝向着她。这高坐上方的女人就是丰收女神，另两个女人则是繁荣和幸福女神。三个抽象词是用三个人代表的。

同样，当表现某个人被死亡缠绕时，画一个面容可怕的男人在这个人身后，这个可怕的人形就是死神——他是形象化的死亡。

代表抽象概念的人形，也可以是有名有姓的人。例如诸葛亮，

第七章 梦的表达

他也不过是一个人，但是在人们心目中，他就是智慧的化身。这个人形代表的不再是三国时期某个人，而是智慧。阿凡提则代表智慧和幽默。据说，所谓阿凡提的故事，实际上许多都不是他本人的事，只是因为人们把他当成智慧化身，就把所有聪明事都归到他头上了。

《三国演义》里著名的草船借箭一事，据考证也不是诸葛亮所做，但是罗贯中仍愿把这事算在他头上。为什么？因为诸葛亮是智慧的化身。

在梦里也一样。

因此，如果你梦见诸葛亮，那他不过代表智慧。如果梦见张飞，则他代表勇猛和莽撞。梦见关羽，则他代表正直和骄傲。如果一种借代人人都用，那我们可以称之为象征，比如说诸葛亮象征智慧。

这些以人形出现的抽象观念也可以是你熟悉的人物。假如你的一个同学无比聪明，你也会用他代表智慧。

例如，一个刚上小学的小女孩梦见一个小脚老太太追她，她很害怕。这个小脚老太太很像邻居某小孩的刚死去的姥姥，梦者见过这个老太太的尸体，当时很害怕。因此，这个小脚老太太代表恐惧。

小女孩刚上小学，没有父母保护，很恐惧。因此她把恐惧用一个人形表示出来。

再如，我曾梦见和三个同学在一起，这三个人中有我小学同学，有我研究生同学，按理他们不会在一起。我和他们在一起做了很多事。我是他们的主宰。之后我分析梦时，发现这三个人一个现在小有名声，一个有点权力，还有一个发了点财，所以在梦中我用他们分别代表名、权和利。

还有一种借代方式是用部分代表全体。这种方法说来也不稀奇，在文学中常用。

引用一句诗："记得绿罗裙，处处怜芳草。"这人喜爱草，为什么呢？因为草和某条裙子颜色相同。裙子又有什么可爱的呢？因为它是某个女子所穿的。因此，这条裙子在诗人心目中就代表了一个人。

中国古代通俗话本中，经常提到这种词，如须眉、裙钗。须眉就是胡须眉毛，裙是裙子，钗是古式发卡。这有什么可说的呢？其实，在话本中，须眉指男人，裙钗指女人，因为须是男人的一部分，裙钗是女人衣饰的一部分。这些有特征的部分可以代表整体。

在梦里，我们也常常这样做，用人的一部分代表一个人。当我们想到一个秘书时，我们脑海里可能浮现出一个模糊的形象，唯一清楚的是他微弓的腰和手里拿着的纸笔，在梦中有这样一个形象就够了。至于他穿什么鞋，不必在梦中出现。

因此，如果你在梦中看到不完整的人物或事物，也许这只是以部分代表整体。

再如，一个女人梦见一个花瓶，说这就是女人。其实，花瓶只是女性性器象征，只是身体的一部分，但是在这个梦里，这个部分足以代表女人的整体。

5. 并列

电影中常常用两组并列的镜头表示某种关系。例如，先拍一只狮子在奔跑的镜头，再拍一个孩子在惊恐地奔跑，再拍狮子奔跑，再拍孩子在跑，最后拍狮子扑向深草。任何一个看到这两组并列的狮子和孩子的镜头的观众，都不会认为这只是演狮子和孩子在跑，也不会理解成狮子和孩子跑的动作的比例。观众会将其当成狮子追人吃人的故事。

虽然镜头里从没有一次同时出现狮子和孩子，但是只要狮子和孩子都出现了，人们就会很自然地找他们之间的联系，用想象和推理建立一种联系。在梦里也是一样。

并列在梦中往往以两小段梦的形式出现，这小段梦似乎说的是两个故事，但实际上它们却是相关的。并列可以表示因果，可以表示非此即彼，还可以表示共同存在的几个因素。

并列还可以用多个象征反复说明同一件事，或说明事件进程。例如："我走在路上，路边有树，树上有金花，我想采但没有采到。再往前走是草地，草地上有母鸡和小鸡，我想偷只小鸡，但是有人看守，没成。后来又看到放焰火，烟花落下来化成真的花朵，我抓住了一朵花，感到十分快乐。"这时连用的三个象征，实际上是同一件事，也就是怀孕。

这种并列主要是为了防止重复单调，也可能为了表达一些细微的差异。此例中第二次用母鸡小鸡比喻母子，想偷小鸡指领养孩子。第一、三次都表示想怀孕，但第一次未成功，第三次成功了。

这个梦是这个人最终怀孕后做的。后来她生了一个女孩。

6. 反语

清醒的人不也常常说反话吗？电影《平原游击队》中被日军抓住的老百姓讽刺地说："皇军好，皇军不杀人，不抢粮食。"而每一个观众都能听出他对日军的愤怒。再如，马克·吐温在他的《镀金时代》的序中这样写："这本书写的纯粹是个想象的社会。……在我们这个国家里，要想为虚拟这么一部想象国的小说找材料，当然是找不到的。因为在这里既没有投机的狂热,也没有顷刻致富的炽烈的欲望。所有的穷人都心地单纯,安分守己,所有的阔人都正直慷慨,社会风气仍然保持着原始的纯朴,从事政治的都是有能力的爱国之士。"人人都知道他的真实意思。

梦也常常说反话。

弗洛伊德曾引一梦例。在梦中,梦者演完戏,在楼下换衣服,另外一些人包括他哥哥在楼上换衣服。此外,他又梦见独自上山,脚步十分沉重,后来,快到山顶时,他的脚步变得轻松自如。

经过分析,他认为他自己的地位比哥哥高,但是在梦里他使用了"相反"的手法,变成了他在楼下。另外一段是表示他希望能抱着心爱的女郎上楼,但又知道那样的结果是一开始脚步轻松自如,以后会越来越重(意指一开始很快乐,以后会越来越觉得是个负担)。在梦中这也以相反的形式,脚步先重后轻表示出来了。除此之外,更深一层的分析表明,他希望能像小时候一样,让奶妈抱着。而这又用他抱女人这一相反的形式从梦中暗示出来。

还有一例,弗洛伊德梦见歌德批评一个小人物,其实是说弗洛伊德心目中的一位歌德一般的大人物被无名小辈批评。

我遇到过许多相反的梦例,试举一例。

某人梦见他在一条船上,船晚点了。他无聊中和一个女人攀谈起来。那个女人热情邀请他到家里做客。他感到那个女人对他有意,而他也愿意有一次艳遇。于是他到了那个女人家,那个女人做菜宴请他。他一边等着一边想将会发生的事。这时女人的丈夫突然出现了。于是他和那个女人只好装作一般朋友。丈夫疑心重重,但也不好说什么,只好一起吃饭。在准备就餐时,丈夫把一盘醋不小心洒在自己身上了。

表面上看这是个愿望满足式的梦，不过经过分析发现，实际上梦者是担心自己的妻子会有婚外恋。梦中的自己是指他臆想中的第三者，相反他梦中的丈夫才是梦者自己。

梦为什么要采用这种"相反"的手法呢？在这个例子中，道理很简单，梦者希望"如果事情是相反的，那该有多好"。弗洛伊德认为除了这种原因外，另一个原因是梦掩饰自己的真意，在某些时候，也的确会有那种情况。

从梦使用"相反"技巧这一点上说，梦有时的确是"反的"。但是，这种"反"不是简单地把梦中事实翻一个个儿就行了。梦中丢钱并不意味着捡钱，我们还必须把象征翻译出来。因此梦见丢钱（在梦中使用了"相反"手法时）也许表示获得某种荣誉、地位、信心等有价值的事物。

7. 人只为自己做梦

梦中大多数时候都有自己在，但是也有少数时候梦里没有自己，好像在讲别人的事。不知你有没有做过这种梦，梦里你像看电影一样，看别人在干这干那，或者干脆你就梦见看电影，一大段梦全是电影？

其实那全是在说你自己的事，电影的故事也是在说你自己的事。十有八九那主人公就是你的化身，当然也可能电影中某一个配角是你的化身，但是这种可能性较小，因为大家都愿意做主角，在生活中做主角不容易，但是在梦里没人和你争，你何必不做主角。

我这么说有没有根据？当然有，根据就是每次有人讲完这样的梦，我都能找出那个人物实际上是他自己。有人说：梦里我不是在看电影吗，怎么同时又成了剧中人？实际上这一点也不奇怪，这就叫"客观地看自己",是自己的一部分看另一部分,或者是现在的自己看过去的自己,就好像一个人看自己的录像一样。你有没有做过这种梦,一开始是看电影,看着看着,你变成了电影中的一个人物?如果你做过这样的梦,你就应该懂得我的话了。你后来变成的那个人,从一开始就是你自己。电影就是你的内心生活的真实反映。

我在做心理咨询时,特别是在热线电话咨询时,经常遇到这种情况:某个人打电话告诉我她的一个朋友有某种心理问题,问我应该如何解决。在这种情况下我从不会请她转请"她的朋友"直接和我谈,因为我知道"她的朋友"就是她自己。

于是我就很自然地和她谈:"你的朋友年龄多大了?""她的家庭是什么样的?""她的工作如何?"慢慢地,我很自然随意地省略主语并问一些只有有这个心理问题的人自己才能回答的问题:"是不是早晨起来时心情最好?"或者:"忍不住要不停洗手,那么在外边没有水的地方呢?不洗心里是什么感受?"对方一开始回答时还是说:"我的朋友家里有四口人,她干会计。"后来她就不知不觉忘了她是在谈"朋友"的事,而直接说:"我在外面不洗反而不觉得怎么样……"

梦中由"看电影"变成自己参与,由电影中的人转为自己,这个过程和找我咨询的人由"我的朋友"变成"我"的过程是一样的。

前面提到过一个女孩的梦:"我"爸妈被姐姐送到精神病院去了。爸爸把自行车锁弄开,和妈妈,还有"我"一起逃走了。

一开始似乎说的全是爸妈和姐姐三人的事,爸妈被送到精神病院,而逃走时也只需要他俩逃走,为什么突然加上"还有我"呢?

说穿了，前面用爸妈代表男朋友和自己，被关的毕竟还是她自己。说着说着，梦就把实话说出来了，即"还有我"。梦还是讲自己而不是讲爸妈和姐姐。

还有些梦，虽然有自己在场，但所涉及的事，却与自己关系很小，是一些国家大事甚至国际上的事件。例如两伊战争时有人梦见他做两伊战争报道，并且他还对此做了评论。

再如李登辉支持"台独"，有人梦见自己乘船到了台湾，见到李登辉，痛斥他分裂国家的行径。不要以为这是他心中的"原始人"关心国家大事，不是的，"原始人"只关心自己的事。表面上他会显得关心别人的事、国家的事，实际上他不过是把这些事作为一个比喻，用来说自己的事罢了。比如那个痛斥李登辉的人，在梦醒后解释自己的梦时，说自己的确很关心这件事，而且对李登辉很愤怒，他认为这个梦只是这种爱国心的表现。而我们分析后则发现，他的一个商业合作伙伴打算和他分开干，他对此极为不满和愤怒。所以他真正痛斥的，不是李登辉，而是他的合作者。

有没有老百姓会在梦中关心别人的事、国家的事等这些与自己关系不大的事呢？我反正没见到过。有几次我以为总算遇到了，但是后来发现我错了，这些梦还是在谈自己。

没办法，在梦中，"原始人"就是那么自私。

8. 梦中没有废话

我释一个赶火车的梦时，梦者提到梦里她穿的衣服。我马上问她那件衣服有什么来历特点，并且说梦不说废话。

你也许会问：只要不是梦见裸体，我身上总归有衣服吧，难道这衣服一定表示什么意义吗？

我说，如果梦不打算用衣服来说明什么，它会让你注意不到穿什么衣服。也就是说，梦里你不是裸体，但是你也根本没注意你穿着什么衣服。如果梦里你注意到衣服了，那衣服必有意义。

同样，梦中你看到的每一个细节、每一件东西，都有意义。正如如果一部小说里描写了主人公的服装、居室布置或描写了风景，这些描写也必定和主题有关。即使小说家一句不提主人公的衣服，主人公当然也穿了衣服，只不过不必去提它而已。或像话剧中场上的道具，不论是墙上的画，还是桌上的花，必定都是为了说明什么才有的。

因此释梦时，梦中的每一点都应该加以解释。假如梦中你走进了一座尖顶房子，就要问自己，为什么这房子是尖顶的。假如梦中你赶火车没赶上，刚好看见火车开走，一个铁路职工站在站台上，就要问自己，为什么会有个铁路职工，他表示什么。

前面讲鱼的象征意义时，讲过一个例子：一个女人梦见一条大红鲤鱼从天而降。她很想要这条鱼，又怕被吞，就想把椅子塞到鱼嘴里以防止鱼吞掉她。我说过鱼代表机遇和性，这个梦表示她对某个异性的态度。但是，为什么把椅子塞到鱼嘴里？

大概因为这个男子是她的老师吧。椅子代表她的学生身份，她想用这种学生身份作为自己的保护。

9. 内心的矛盾在梦中的反映

内心的矛盾常常出现在一些恐惧的梦或焦虑的梦中。火车就要开了，你急着要赶车，但就是跑不动。有人追你，你要逃走，但就是跑不动。恶鬼来了，你想搏击，但是手却抬不起来……这是一种很可怕的感觉。

第七章 梦的表达

弗洛伊德早就指出，这种梦反映着梦者内心中的矛盾。

他心灵的一部分想逃脱，想赶上火车，而心灵的另一部分却不想逃脱，不想赶上火车，这时就会出现想跑却跑不动的情况。同样，遇见鬼动不了也是因为心灵的另一部分不想动。

总是如此吗？我不敢说，但是我释出来的这类梦总是如此。动不了是由于内心矛盾。

例如一个女孩梦见同班一个男生持刀冲过来，她想跑却跑不动。为什么？因为她一方面害怕那个男生会"袭击"她，另一方面却又希望他能"袭击"她。

在梦中干什么事总出岔子也往往反映出内心的矛盾。例如前面引用的荣格所说的梦例：一个校长梦见赶火车时，不是这个忘了就是那个丢了。最后终于出了门，路上又走不动。

原因是他内心中有另一个声音告诉他，不要这样急于追逐名利。

我的一个学生，提供了这样一个梦例："'五一'假期我原想去一个同学那里欣赏牡丹花，但终未成行。结果'五一'后我经常梦见自己不远千里去找他。"

"总是历经千辛万苦，梦见自己清晰地看到他们学校的校门，但不知为什么总见不到他本人。我拼命拨电话，找他们宿舍楼。不是他去执行任务，就是在很多人的大操场上踢球。反正就是见不到他。我又梦见他到北京来，同学打电话说他到了，但我急急忙忙去接他却总也接不到。"

我没有和这位同学讲过这种"见不到"现象的意义，但是她自己凭直觉明白了。她说："我自己急于见到他，向他说明一些误解，所以总是梦见去找他。但我又唯恐见到他，他不能原谅我，不能消除这些误解，所以梦中无论如何努力总也见不到他，这是潜意识中害怕见到他。"

这种既想见又怕见的矛盾,就引出梦见去找但是找不到的情节。

还有一种情况,走不动代表一种否定。弗洛伊德有这么一个例子:"我因为不诚实而被指控。这个地方是私人疗养院和某种机构的混合。一位男仆出场并且叫我去受审。我知道在这梦里,某些东西不见了,而这审问是因为怀疑我和失去的东西有关。因为知道自己无辜,而且又是这里的顾问,所以我静静地跟着仆人走。在门口,我们遇见另一位仆人,他指着我说:'为什么你把他带来呢?他是个值得敬佩的人。'然后我就独自走进大厅,旁边立着许多机器,使我想起了地狱以及地狱中的刑具。我的一个同事直直躺在其中一台机器上,他不会看不见我,他对我却毫不注意。然后他们说我可以走了。不过我找不到自己的帽子,而且也没法走动。"

这个梦中细节的意思,我们已经无法破译,因为弗洛伊德没有说明梦者当时的具体情况。但是我们仍旧可以看到,这个梦如同一部欧·亨利式的短篇小说,在结尾处突然翻转。在梦的前面,他一直自认无辜,而且仆人也认为他无辜,甚至审查者最后也相信了他无辜。但是,在他可以走了的时候,他的"有罪"却使他走不动了。

因此这梦的意思正是:尽管人人都以为你无辜,你也自以为无辜,但你不是。

说到底这仍是一种内心矛盾,内心中的一部分认为自己无辜,而另一部分反对。

弗里茨·皮尔斯是格式塔心理治疗的主要创始人,他发展出优势者对抗劣势者的观念。安·法拉第在诠释梦的时候,把这些观念做了进一步发挥,并加入秘密破坏者的观念。

简言之,皮尔斯把我们心中权威命令"应当"做的事,视为优势部分——无懈可击的完美主义者。当我们凭着冲动，正要做出某些不"该"做的事时，这部分就会警告我们，将会发生可怕的结局。例如，一个人一方面在用功读书，另一方面又想去溜冰。她梦见不去溜冰实在是虚掷宝贵光阴，而做这个梦的那段时间里，她正处于"认真读书"的痛苦中。于是，那优势的部分威胁道："如果你胆敢去溜冰，那么未来投身科技领域的生涯规划将付诸流水。"她相信优势部分的命令，也就是说，如果她把精神放在溜冰上，就不可能完美。她很害怕即使稍微心动，随便去溜个冰也将前功尽弃，成为一名不入流的溜冰艺人。她的重要个人需求——让精力与创造力有个宣泄管道，遭到强烈否定。而她人格中的另外部分则化身为劣势者。

但她的心声却说："我要溜冰！"在她远离运动的日子里，这个念头经常出现。一到晚上，这个劣势部分就以做梦的方式嘲弄她，在冰面上愉快滑行、舞蹈。劣势部分代表着遭到优势部分打压的基本需求，它会自行反抗，甚至以打击优势部分来满足自己。

安·法拉第所谓的秘密破坏者，可能是优势部分，也可能是劣势部分，它们以神秘的方式在梦中让我们受挫。如果梦中遭受挫折，你可以把这个破坏者拟人化，问他为什么安排暴风雨，把你的车子吹离路面。假如你错过班机、遗失钱包、触不到近在咫尺的人物，那就是秘密破坏者在梦中作怪。如果它对你提出的问题有了回应，而且是用强烈批评性的口吻，要求你应该如何如何，并且假如你不听，它又警告你将会有如何如何的灾祸，那么可以确定，这是优势部分的夸张演出，正在反映你生活中的困扰。

反之，如果秘密破坏者语多抱怨，自认受害，摇尾乞求优势部分放它一马，那么，这种抱怨会破坏你的意向，不让你遵守优势部分要求的,正是你的劣势部分。

二、梦怎样表达人名、数字和时间?

梦是形象的。当梦想说出一个人的名字时,它不会把这个名字写在一张纸上,也不会直接把它说出来。

在我们进入睡眠时,我们几乎是从不用文字的,也不懂文字。"原始人"大多是文盲。

因此梦只能用形象来"说"人名。

我曾梦见一个风景区,那里景色如同仙境,青翠的山间是一个个翠玉一样绿或宝石一样蓝的湖泊。在游玩中我看到了一个奇异景象:一个人赶着一匹红马走,那红马不是在路上,而是在直上直下的陡峭山壁上行走。

后来我才知道,我梦中的风景区是九寨沟,而那幅奇异的景象实际上隐含着一个人的名字,这个人是我的一个四川同学,我也许是用她指示出我梦见的景区是四川的九寨沟,也许她和我谈过九寨沟。

她叫马红骊,名字变换顺序的谐音是"立红马",正是我梦中那直立如人的红马。

再如,一次我梦见一位叫薛建康的朋友,他在梦中变成了我以前的学生,一位叫马宏达的朋友,后来又变成了我弟弟,他叫朱建新。

而这个梦醒后,我接到了一封信,来信者名叫薛建新,正是我

第七章 梦的表达

梦中前后两个人的名字所拼成的名字。而他与我的关系则类似马宏达,属于半师半友。

这个梦似乎是预言性的梦。这类预言性的梦在梦中占极少数,以后我再具体说。在这里我们可以看到梦是如何"说"名字的。

梦也可以用形象方式表达年龄或时间。例如梦中早上 5 点 30 分指梦者 5 岁 3 个月的时候。再如,梦见花费 3 元 6 角 5 分钱,指某件事需要花费一年(即 365 天)时间。

用钟表上的时间表示一生的时期,这是极普通的用法。

在人们心中,把一生比作一天,把天亮比作出生、天黑比作死亡是最常见的比喻。毛泽东说青年好像早上八九点钟的太阳。李商隐在年老时叹息:"夕阳无限好,只是近黄昏。"在梦中,或许你会看到一块表,上面标着一个时间,它象征着你的年龄。或者你会注意到日出日落,它象征着你的时间。

某人梦见外出游玩,看到许多人在河里游泳,他也想游,但发现自己穿着整齐的中山装,脱起来不方便,而且天也已经晚了。他在想值不值得为游这么一小会儿费这么大劲。

这个梦中都是一些普通的象征,因此请诸位读者试着释一下。"天晚了",在这个梦中,指年纪大了。

再说说表达比例。梦中也用形象表达比例。

例如,有位梦者梦见他带着妻子在飞,飞过电线杆。他发现自己飞得不高,大致在电线杆高度的 2/5 处。

带着妻子飞是性象征。飞到电线杆 2/5 处表示只发挥出了 2/5 的性能力。

用这类指示法,梦可以清楚地告诉你一个确切的比例。在释梦中,对这类和比例有关的梦境不可忽视。梦中路的方向、光的角度、人的高度、捡的钱数等一概是有意义的，当然猜出梦中的人名、时间和数字真意并不容易。特别是名字，释梦者并不知道梦者的亲友都叫什么。在对此一无所知的情况下，猜这种名字画谜，几乎不可能。只有让梦者自己联想，一旦他联想出一些人名，释梦者再核对梦境中有没有这个名字出现。

一个女士梦见一只蝴蝶很美很大，翅上有一个奇特的图案，好像孙悟空拿着一个很大的桃。

如果不是梦者说出名字，我永远也释不出来这个梦的意思。这个人名叫胡超群。蝴蝶，扣一个"胡"字。很美很大是"超群"。孙悟空是猢狲，也扣"胡"字。大桃也是"超群"。

三、做个快乐彩色梦

大多数的梦是黑白的，彩色的梦只占少数。有的人竟然从没做过彩色梦。有一次我遇到一位老先生，六七十岁了，竟不相信人可以做彩色梦，因为他自己从未做过这类梦，六七十年的夜晚竟然全是像色盲一样地生活，我真为他遗憾。

这种从来不做彩色梦的人往往偏于理性化，情感较不丰富。

我相信读者仔细回想，大半能想起一两个彩色梦吧。有单彩的梦也就是只有一种色彩出现，也有多彩的梦也就是有多种色彩出现，如同看彩色电视节目。

你想把黑白电视换成彩色的很容易，多花点钱就行了。但是在夜晚不同，你想看几场彩色的梦，花多少钱都不管用。

第七章　梦的表达

只有"原始人"愿意而且认为有必要加色彩时,他才会加。梦中如果出现了彩色,那它必定有意义。

例如,梦中出现一个面目不清的人物,你注意到的只是她的衣服颜色。她是谁?请从她的衣服颜色上找线索:谁最爱穿这种颜色的衣服?你昨天入睡前看到谁穿了这种颜色的衣服?这种衣服颜色和谁的名字谐音,比如她是不是姓洪、姓蓝、姓黄?

梦中的动物有颜色,你也要找出其原因。也许这个动物代表一个人,那么动物的颜色也就相当于人的衣服的颜色。有个男孩梦见两只猫,一只黑猫,一只红猫。他大为奇怪地问我:"猫为什么会有红色的?"我告诉他:"当然,红色的猫有很多。"

而且我知道红猫是谁,是他一个同班的女生,她总穿红衣服。

如果动物不代表人,只代表一种特性,那么颜色就是一种补充。例如梦见蛇,是黄色的。这种补充说明一个缠绕着他的危险是来源于"黄色的"事物的,例如色情书刊。

梦中出现的有颜色的事物都有意义,具体意义是什么,要具体分析。有些时候其意义是偶然的。例如昨天刚好看了一张海报是蓝纸的,其他几张有红纸和白纸的,而梦者只对蓝纸的海报的内容有兴趣,晚上他梦见一张蓝色请柬。有些时候颜色的意义和这一颜色所代表的情感和象征意义有关。例如,红色代表热烈、激情、创伤、危险等;蓝色代表平静、安宁、博大或忧郁;紫色代表矛盾、冲突、诱惑等。很特别的是黄色,除了颜色本身的意义外,它常代表性,也即色情的东西。

某人梦见街上贴了不少广告,都是黄纸的,广告上内容看不清,但都写着他的名字。这个梦显然和他对自己的评价有关,他认为别人都会知道他很好色。

下面讲讲梦中出现的全彩色，特别是五彩缤纷的情景。

例如，我曾梦见在秋天上山去玩，看到山上红叶、黄叶和绿叶杂呈，而且红有浓淡不同，黄也有不同的黄，有银杏那样黄金一样的黄，也有杨树叶枯落后的那种暗黄，十分美丽。有一个艺术院校学音乐的女孩曾梦见在花园，五彩缤纷，鲜艳夺目。这种梦往往是快乐的象征、幸福美好的象征。每种具体的颜色就不一定有意义了，"原始人"已经不那么认真，他在欢乐中不怕浪费颜色了。他把彩色都染上只是为了寻求欢乐。

一个人经常做这种梦，说明他生活得很幸福。天堂是彩色的，人间就平淡些了，而至于地狱，谁能想象五彩缤纷的地狱？由于光线少，地狱总归是没有什么明显颜色的，就算有地狱之火，那也是暗红。当一个人在人间看到天堂时，例如她的初恋，她的梦就会是全彩的。

就是黑白这二色，在梦中有时也有意义。如果你发现你特别注意到了黑白，那么它们也在告诉你一些东西。

黑色代表未知，梦中一只黑狗在追你，那表示你还不知道是什么事违背了你自己的价值观。梦中一个黑衣女子与你相爱，表示你还不知道谁会爱你，或者说还没有遇见和你相爱的人。

白色表示已知，所谓已"真相大白"。在你对一件事疑惑很久后，梦见白色的某物某人，请赶快分析它象征谁和什么，那就是你要的答案。

黑色还表示仇恨、邪恶。一个人在梦中见到黑猫，经分析黑猫是她自己。这时，她正面临着严重的心理问题。经过心理治疗，她心境越来越好，梦中的猫也从黑色变成黑白相间的了。

白色表示无辜，也就是所谓清白。一个人被怀疑干了坏事，于

第七章 梦的表达

是他梦见自己穿了一身洁白的运动服,结果让别人溅了许多泥水。

白色表示纯洁,也就是所谓白璧无瑕。

白色还表示善良,天使不都是穿着白衣服吗?

白色代表纯洁、天真、和平、幸福、快乐。但在东方人的梦里,它与死亡、哀悼有关。

有个小孩说,他常梦见可怕的白衣女鬼。原因是这个小孩因病住院,让护士打针打怕了。白衣女鬼无非护士的化身。

梦中黄色可以象征胆怯("黄条纹")、意识或智力,如果是金黄的话,则象征好事和生活改善,或者暗示人的真实自我。

红色象征热情或美满的生活。

蓝色有时象征集体潜意识。可能这个梦是要求你立足来自心理深层的直觉。

若是天空的蓝色,则它代表意识的力量,深蓝则与抑郁相关。

蓝衣服象征阳性。国外一位心理学家发现,女性梦见的威胁她的男性有时会穿成蓝色——深蓝或海蓝,这样的梦表明她想和自己的阿尼姆斯相接触。与内心的阿尼姆斯建立良好关系也有助于与真实的男性建立良好关系。也许,检讨一下她与父亲的关系有助于她了解对男性的消极态度。

蓝色的海可以象征潜意识。

持神秘观点者将蓝色看成是原始能量的象征(在神话里,原始海洋是一切其他东西的发源地)。梦中的情绪在你对一个梦拿不准怎么释的时候,可以为你提供线索。因为梦的情境经过了象征和其他方式的加工,和实际情况有很大不同,但是梦中的情绪却大多保持不变。

正如一个叫史迪克的人所说:"在梦中我害怕强盗,当然这强盗只是想象的，不过那害怕却是真实的。"也许有时候梦中没有强盗，只有一些看起来毫不可怕的事物，但是你仍旧很害怕。这也一点不奇怪，因为这"毫不可怕的事物"经分析后，一定代表着可怕的事物。反之，梦见本应很可怕的事物却不害怕也不奇怪，这事物必定代表着某些不可怕的事物。

例如弗洛伊德所举的一例：梦者在沙漠中看到三头狮子，其中一头向着她大笑，但她并不感到害怕。

为什么不怕呢？原来她父亲留着一把大胡子，就像狮鬃一样。她的老师的名字和狮子一词发音相似。有人送过她一本题为"狮子"的歌谣集。这就是她梦中的狮子。有什么可怕呢？另外，当天她还见过她丈夫的上司，这上司个头很大而且是重要人物，她用狮子象征他，也谈不上要怕他。

我曾梦见在一个公园玩，公园里人山人海，不过我却觉得很可怕。

我在想为什么害怕时，脑海里出现了一个答案：也许这些人不过是幻想，并不是真的人。于是这可怕也就可以理解了。看起来热热闹闹，实际上完全虚幻，这是多么可怕的生活啊！不是吗？

我还梦见在一个公园玩，里面没有一个人，安静而且很好看，不过我觉得很可怕。

因为我想到，也许有许多我看不见的幽灵存在，在山石后、花草边看着我。这不可怕吗？

也就是说，看起来平静的人际关系实际上并不平静，不知有多少人在暗中窥视着你。

如果梦想表达一种情绪，而这种情绪违背自己的道德观，怎么

第七章 梦的表达

办呢？一般来说，没什么关系，只需要用一些难懂点的象征就是了。在这一点上我同意弗洛伊德的观点，梦有时会伪装。但是我认为梦多数时候不伪装。比如一个人怨恨他父亲，想杀了他。他可以梦见自己杀了一只猛虎，感到十分高兴。这样他的道德观就不会反对了，杀虎难道不道德吗？但是有时梦没有伪装也没有象征就把他的愿望"演出来了"，比如他梦见他父亲死了，这时他本该高兴，因为他父亲是个暴君似的人物，对他太凶暴了。但是这种盼父亲死的梦自己又不能接受，于是梦就会采用另一种伪装方式。那就是装得格外悲痛以掩饰自己的高兴。于是梦者在梦中会非常悲痛。

在清醒的时候人们不也会这样吗？当他们在心目中轻蔑自己的上司又怕得罪他时，他们装得格外恭敬。当一个女孩单恋一个男子又不愿承认时，她会对他显得格外冷淡。一个母亲不喜欢儿子却又不愿承认时，她会对他显得格外关心。

例如，一个人梦见她奶奶死了。她十分悲痛。梦者在当天接到一封信，说她奶奶病了。于是她做了这个梦。这个梦可不可以解释为她担心奶奶死呢？也可以。那样的话，情绪就是真正的情绪。但是也有一点可疑。那就是她奶奶还没有死呢，她悲痛得早了一点。按理说，她更应该是一种担心的情绪，所以有可能这个梦中的悲痛是伪装。梦者实际上希望奶奶死。不要用道德谴责这个梦者，人的潜意识往往是自私的，更多的是考虑自己。如果觉得一个人可厌，很自然就希望他死掉。这无可深责。只要他在实际生活中，不做对老人不好的事就可以了。

弗洛伊德还指出，有一类梦中的情绪与梦实际所讲的事是一致的，但是强度却超强。这往往是由于有其他原因加强了这种情绪。

221

比如你出于某种原因讨厌仇恨某个人，平日你找不到他的毛病，也只好压抑这种厌恨。但是有一天这个人做了件坏事，于是你就会很愤怒。别人也会对他愤怒，但是愤怒的程度恰当。而你的愤怒却会远大于别人，因为你借这个机会，找到了一个正当理由，把你以前压抑的愤怒一齐发泄出来了。

四、梦的表达有技巧

梦的表达技巧是很难说尽的。几乎凡是醒着时候人会使用的方法，梦中的人也都会使用。文学中使用的方法，梦也都会使用。

这里大致列举一些。

1. 找借口

要什么不明说，找一个借口。比如想有个男人爱却不明着梦，就梦见孩子。似乎她是为了孩子才需要结婚的。

某女生梦见一个人满身伤痕躺在病床上，脚又细又长。她不顾一切走了进去，并且当众握住了他的手。

梦者前几天看望过一个生病的亲戚。当时他躺在病床上，医生不允许她进门，她只在门口望了望，看到亲戚的脚又细又长。在梦里，她把这双脚移到了另一个人身上。意义是希望这个人和那个亲戚一样生病住院。梦者坦率承认：她很想和梦中人讲话，但是总鼓不起勇气。于是她让他在梦中卧病在床，这样她就有了理由去见他、帮助他，不顾一切冲过去握他的手。

这种痴情很感人。

2. 影射和双关

说一件事，但实际上意指另外一件事。说一个意思，在此之后还藏着另一层意思。话里有话，也是梦里用的花招。

比如睡前吃过咸的东西，结果梦见喝水。这看起来毫不奇怪。但是细致分析，也许梦还用喝水来表示"渴望"什么事物。

3. 以形象表示字词

例如，梦见一个独腿的人躺在暖气片旁边。梦者解释说，有了爱的温暖，他就能站起来。至于独腿站着，那表示"独立"。

在中国古代关于梦的记载中，这种梦很多。例如《三国演义》中的魏延梦见头上长角，有人解释"角"字可拆开为"用""刀"两字，说头上用刀是不吉的象征。

还有人梦见站在槐树边，有人解释为树木边站着的鬼，即这个人不久会死，因为槐是由"木"字和"鬼"字组成的。中国古代对梦的看法是有迷信成分的，认为梦的作用是预兆未来。

但是，这种用形象讲字的方式符合梦的规律。请读者注意，看这些古代梦记载，最好采用姑且听之的态度，因为其可靠性很差。

当代也有类似的例子。有一本书中举例说，一个高考考生虽然考试成绩不错，但总担心能否被录取，于是夜里梦见一个小孩右边又长了一只耳朵，一会儿又发现小孩没有手臂。那个释梦者解释说：耳边又生一耳，是"耳""又"两字，合起来为"取"；小孩是"子"，"子"无臂是"了"，梦的意思是"取了"。

我相信梦会用这种方式显示"取了"两字，但是，这是不是一种预兆呢？未必！也许这只是他的一种愿望而已，也许是他潜意识的判断。

4. 用空间代表时间

梦中有时用空间关系表示时间。例如梦见人都很小，如同看远处，也许表示看久远前的事情，但这种用法较少。

这是一种十分重要的方法，只可惜难于举例。简单说来，就是用一个与本身无关的形象提示一件事情。例如弗洛伊德梦见他写一本关于某种植物的书。如果你问植物象征什么，也许在此梦中它什么也不象征，但是它提示弗洛伊德一些事，包括他确实写过一篇关于植物的专论，是谈古柯属植物的。这篇专论促使另一个人研究此植物，从而发现了古柯属植物含有麻醉作用的可卡因。还有几天前他发现一本刊物上写可卡因的发现时，没有提到弗洛伊德的功劳。

这里所谓植物学的书实际上只是一个提示、一个引子，目的在于提示他自己记住这件与古柯属植物专论有关的事，特别是与之有关的情绪，即一种自傲以及对不被承认的不满。

如果梦用了提示这种技巧，那我们只有用"联想"法才能破译了。

释 梦

第八章
你也能释梦

一、先从自己的梦开始
二、释梦也要看主人
三、哪个梦更珍贵?
四、同夜的梦都相关
五、再谈梦中人物
六、梦作品有风格
七、扩充梦和表演梦
八、多一点细节
九、往事如梦
十、找证人和线索:侦破梦的案子

一、先从自己的梦开始

要想学会释梦,一定要从释自己的梦开始。为什么呢?

因为自己对自己最了解:昨天做了什么事?对什么事正在担心?小时候有过什么事影响到性格?梦中的人或物和什么相似?这些你自己都知道。自己的梦是最容易释的。对别人,你毕竟不够了解,你不知道他做这个梦前发生的事。当然,你也可以问他,让他联想等,但是如果你不是个有经验的释梦者,不一定知道该问什么,不一定能分辨清楚哪件事和梦可能有关。就如一个新入行的记者,在采访时,他不一定能问得恰当,不一定能问出该问的事来。而当你从释自己的梦开始,先学会释梦,对梦的规律有一种感觉后,你就能大致判断出对方的梦可能是讲什么的,也就知道该问哪些事了。

再有,别人对你或多或少总会有些隐瞒,这也会加大你释梦的难度。你自己对自己的隐瞒总归可以少一些。当你学会释梦后,你可以很有信心地揭穿对方的隐瞒,发现事情的真相。

释梦,不论哪个层次的释,都是了解潜意识、进入心灵的过程。而释梦的真正价值和意义是使梦者的心灵更健康、心情更舒畅、生活更美好。先释自己的梦,就可以使自己的心灵更成熟、人格更健全。然后以这样的心灵面貌走进朋友、亲人乃至陌生人的心灵,才会真正对别人有助益。否则,自己尚不了解自己,释梦时难免有自己潜意识的投射;再者自己心灵不健康时,释梦就成了刺探别人心里秘密的恶意消遣。

弗洛伊德在他的划时代的巨著《梦的解析》中,大量引用了他自己的梦例。由此可见,他大概也是由释自己的梦开始的。

比较好的方法,是在早晨刚醒时,躺在床上释自己的梦。如果平时较忙,可以在周六、周日早晨做这一练习。不要起床后再释梦,更不要到中午以后再释梦,因为梦的遗忘是很快的,洗好脸后再释,梦中的许多细节就会被忘掉。再晚一会儿,有可能整个梦都会忘得一干二净。

如果实在不便躺在床上释完整个梦,比如梦既长又复杂,你又是初学不熟练,那么不妨在床上事先备好纸笔,先把梦记录下来,等过一会儿有空再释。但是也不要等太久,因为在刚醒时,你仍旧处在梦的心境中,你会较容易理解梦。

当给自己释出几个梦,有了一点经验后,就可以给身边熟悉的人,如亲友、同学释梦了。在技巧进一步提升后,就可以为陌生人释梦了。

二、释梦也要看主人

男人与女人的梦不相同,儿童、青年、中年人与老年人的梦也都不相同。对这些差异应该有所了解,这对释梦有很大价值。例如,梦见飞上天空,对儿童和青年都是好梦,象征着自由和成功。而对老年人则未必。一位老年人梦见他在云彩上走,想走到自己的家,有一种安宁的感觉。实际上,这个梦是象征死亡的。"上天"

作为死之象征出现,"回家"也是。

心理学家发现,女性的梦境和男性迥然不同,熟练的释梦者能从梦境报告中判断出梦者是男是女。

女性的梦境多半在室内,而且往往在熟悉的环境里,例如家、宿舍、教室。女性梦中的人物比男性梦中的人物数量多,其中女性比例稍大,然而主角约男女各半。

女性梦中的主角常常是熟人,他们的面容和服饰能被生动地回忆起来。女性不常做进攻性的梦,暴力的梦更少。在梦中,她们不打人,只是骂人。她们梦中的敌人多为女性。在梦中,她们与男性比较友好。女性梦见性交次数比男性少。

女性彩色梦较多。

男性梦中,梦者体力活动多,室外活动多。许多梦有敌意。在约半数的带敌意的梦中,梦者对另一男性进行肉体攻击,被攻击者大多是陌生人。

男性梦中,男主角多于女主角,而且职业受到重视。梦中人大多是其他男人,而且是理发师、司机或店员。

在梦中男性对女性比对男性友好。除了有公开性行为的梦以外,男性梦者通常认识梦中女性。不知为什么,梦中男性的性对象主要是陌生人,而女性的性对象却是熟人。

这些比较的意义也许并不大,因为在实际释梦时,它们并不能提供什么帮助。但是其他一些男女差别也许就有用了。

例如,青年女性的梦大多是关于恋爱的,而青年男性的梦关于恋爱的和关于社会地位的差不多。

女性梦中"旁观者"和"评价者"角色更常出现。中年女性中,关于子女的梦比男性多。

第八章　你也能释梦

　　这些都可以给了解梦提供线索。不同年龄的梦也有不同特点。儿童的梦大多较为简单。许多孩子梦见吃糖、吃冰淇淋，白天想去公园玩没有去成，晚上就梦见去公园等。

　　儿童的梦表达敌意也很坦率：一个男孩梦见妹妹死了，然后父母买了一只小狗。

　　儿童梦中的动物大多是代表身边的人。儿童的噩梦和紧张焦虑的梦比成人多，梦中常有的恐惧情节是妖怪、鬼和强盗等追他或抓住他。

　　这些可怕的生灵当然也是身边的人的象征。弗洛伊德指出，强盗和鬼往往代表半夜把孩子叫醒让他去小便的父亲和母亲。

　　也许你不相信，孩子怎么会把父母想得那样可怕。事实是，孩子会区别父母温和的一面和可怕的一面，把可怕的父母比作强盗、妖怪等。

　　查尔斯·莱格夫特指出，儿童之所以更容易做焦虑梦，是因为世界对他们来说，比成年人要陌生，他们还担心一旦离开了父母自己能否生存下去，能否独立对付这个世界。孩子比成人更容易做噩梦，是因为他们更无助，他们的父母一旦抛弃他们，他们就会毫无办法。而父母又往往不能注意到孩子的需要，为了制服倔强的孩子，还会用抛弃或叫警察等方式来威胁孩子。偏偏孩子又缺乏认识，不知道父母只是威胁而已。他们会把这些话当真，从而格外恐惧。

　　如果对儿童的梦进行分析后，发现了对心理健康不利的问题，那么不必对孩子解释梦，而应对孩子的父母做工作，纠正他们的一些不恰当的教育方式。

　　儿童的梦的主题除了简单的愿望满足外，大多和父母有关，这是了解儿童梦的要点。

青年的梦的主要主题是：反对父母的控制，争取自主权；恋爱，与异性交往；关于自我的评价和认识；学习和择业；人际交往与竞争；等等。这些主题也正是青年生活中面临的问题。根据梦者的现状，可以判断是属于哪个主题。例如，高考前的梦十有八九和学习紧张焦虑、学习困难有关，或和填报志愿时与父母的冲突有关。

这些不同主题的梦的形式不同，一般不难分辨。例如，有异性作为主角的梦总归是和恋爱有关。

中年女性的梦经常涉及婚外的感情。原因大概是由于人到中年，夫妻感情转向平淡。男性把精力放在事业上，或者某种兴趣上，而不满足的女性则幻想着一次浪漫奇遇。中年女性的这种梦往往不过是一种幻想而已，较少把它付诸行动，因此不必在意。可以以梦为契机，讨论一下如何改善夫妻关系。

老年人的梦有两个常见主题：一是对过去的回忆，二是疾病与死亡。人年老时，深感时日不多，就想回顾一下一生，对自己的一生做一个评价，因而在梦中会回忆一生中的事。如果他一生过得比较满意，没有多少后悔的地方，则梦是平静的、快乐的，否则就会出现噩梦或忧郁的梦。梦见童年事件往往表示希望自己能返老还童。老年人比中年人更常梦见童年。

与疾病和死亡有关的梦在老年人中很常见，这反映出老年人对死亡的忧虑。

梦见上天，梦见到地下的房舍中去，梦见已死的亲人，回到童年的家，出远门，这些都可以表示死亡。

老年大多迷信，因此梦见到地下，见到那儿也有屋子，在那儿

第八章 你也能释梦

遇见亲人,在他们心目中指到了地府阴间;梦中又从地下回来了,或梦中亲人留梦者住下而梦者拒绝了,指梦者"离开了阴间"。

老年人的死亡梦是不是死亡的预兆呢?既是也不是。老年人忧虑死亡,当他听到亲友死亡消息时,或自身有不舒适时,都容易联想到自己会不会死,从而引起死亡的梦。多数时候这只不过表明他对死亡很担心而已。在少数时候,梦表明梦者感受到了身体潜在的致命病患,感觉到了死亡的临近。这种时候,梦的确可以说是预兆了死亡。

孔子年老时,曾梦见自己坐在两楹之间,他对学生子贡说,夏朝的人死后葬在东阶,商朝的人死后葬在两楹之间,周朝的人死后葬在西阶。他自己是商朝的遗民,昨天梦见坐在两楹之间,是将死的预兆。后来过了7天他便死去了。

"原始人"对身体的病变更敏感,感觉到病势已不可挽回,就会用死之预兆梦报告梦者。

如果你的长辈梦见死亡,你一定不要冒冒失失地揭破。因为老年人对死亡是最担忧的,即使他们说不迷信,说不怕死亡,内心中仍旧会害怕。和老年人谈死是一种忌讳。相反,如果老年人自己疑心梦是死之预兆,你应该给他一个吉祥的解释。这不是欺骗,只是一种安慰的方法。即使梦已明明白白表示与死亡有关,你也可以告诉老人,梦不过是表示您对此很担心而已,并不是预兆。

也许有少数老人能坦然面对死亡吧,但那毕竟是少而又少的,不要相信你面前的老人是那少数人之一,不要冒失地告诉他,他将死亡。

当你为不同年龄的人释梦时,要参考各年龄人梦的常见主题,想一想梦者当前最关心的可能是什么事,这样可以对释梦有所启发。在我释梦时,我是很注意根据年龄、性别、职业等去判断梦的意义的。

三、哪个梦更珍贵?

在初学时固然不妨什么梦都释,而在掌握了释梦方法后,没必要一天到晚释梦,只挑一些重要的梦释释就可以了。

什么是重要的梦呢?在没有释之前怎么看出重要不重要?

1. 印象深的梦重要

有的梦转瞬即忘,但是有些梦是如此触动人,以至于令人久久难忘。我讲释梦时,有人讲出十几年前的梦让我释。这种旧梦,有的还可以释,有的已无法释了,因为事过境迁,我们已经无法知道是什么事使他做了这样的梦。但是一个人有生以来要做多少梦呀,绝大多数都已忘掉,而这个旧梦却牢记在心,那么这个梦一定是很重要的。

以我的经验,几年前的旧梦,或者和一件至今未忘的往事有关,例如初恋,或者和一个重大的心理创伤有关,例如被辱,或者和他的性格密切相关。当你释过梦后,对方也许会说:这件事当时我很痛苦,但现在事情早已经过去了,我也早忘了。但是事实却不是这样,如果那件事他早已忘记,他就不大可能仍旧记着这个梦。无法忘记的旧梦也表明梦中反映的心理问题至今未解决。

在心理治疗过程中也时常发生这种情况,当某个心理问题出现时,患者会突然想起多年前的一个旧梦。显然这个旧梦与出现的心理问题密切相关。

有的梦,像寓言一样写出了梦者的性格,并且勾画了这种性格的人会遇到的命运。这种梦似乎是他一生的缩写,是他精神生活的写照。这种梦也难忘。而且这种梦也极有分析价值,分析出一个这样的梦,就完全了解了他这个人。这种梦的特点是长,情节较复杂,讲起来像小说。

印象深的梦使人情绪波动大,早晨醒来,梦中的情绪还深深影响着你。梦中的情景历历在目。你忍不住想和别人说说这个梦,那么,这个梦你无论如何也应释。

2. 重复的梦重要

有时,一个梦中的情节会在后面的另一个梦中重复出现。或者,几次梦见同一个人、同一个地方。再有,梦中出现类似的主题。这种重复的梦都是值得释的。有人还会像小说连载一样,今天的梦接着昨天梦的结尾做。这种梦也较为重要。

梦中重复出现的人和事,象征着存在一个你现在需要解决的问题。这个问题不解决,这个梦就一天天重复地做下去。这里所说的问题主要指心理矛盾、抉择等,再有,就是由特定生活方式引发的心理不平衡。由梦中重复出现的地方的特点、重复出现的人的特点,可以找到问题所在。由每次梦的差异,可以看到在梦者的内心中,对这个问题的思考有了什么进展,对这个问题的看法有了什么改变。当你通过释梦,把问题弄清楚后,梦就不再重复了。否则,梦会一直重复。

这就是"原始人"告诉你一件事,你听不懂或不重视,他就反反复复对你说。

重复梦的变化,反映出梦者的内心变化,或者是越来越深地陷入困境,或者是越来越解脱于原来的问题。查尔斯·莱格夫特有个梦例:一个人总是梦见自己要到父亲家去,却怎么也走不到。

后来他接受了心理治疗,梦也开始变化,先是梦见自己逐渐向父亲的家走近,后来梦见走进去了,再后来梦见走进了父亲的书房,发觉书房被别人占用着。以后他就开始梦见推门走进自己的房间,却看见弟弟住在里面,最后他终于梦见,他在父亲家里找到了自己的房间。

梦见找到自己的房间,说明他的心理困扰已解决了。这个梦的意义大概是找不到自我,找不到自我的位置。一开始他要到父亲身上找自己心理的来源,从父亲的教育上(书房)找自己的性格来源,却发现自己心中的思想不是自己的,而是别人的。他发现自己的弟弟住在自己房间里,这大概意指不成熟的自我占据了心灵。最后,他找到了自己的房间,指他找到了真正自我,从而也知道了自己在父亲心中可以有一个什么样的位置。

我的一位来访者,女性,35岁,在治疗过程中讲过她的一个重复的梦。梦的主题是重复出现的,但梦中的人物会改变。

这个重复梦的主题是:她觉得自己好像有丈夫,但看看身边的几个男性又都不是自己的丈夫。在焦虑与困惑中,她醒了过来。

这位女性的父母长期两地分居,使得她从小不断地被各位抚养人轮流抚养。刚刚与一位建立依赖关系又不得不分离,被带到另一位还不熟悉的抚养人身边,就这样度过了她的童年和少年时期。想依赖又不敢依赖成了这种生活方式留给她的巨大阴影。后来在与异性的情感关系中，她再次重复了童年和少年时期的模式。她不安地在几个恋人间摇摆，无法确定在哪一个港湾里停泊；甚至结了婚，仍在潜意识里对丈夫怀有戒心，无法完全投入感情。她跟以前的恋人仍保持着一种暧昧的关系，同时，又不断涉入新的情感。在她的这个重复主题的梦里，"丈夫"是心灵归宿的象征。这个主题的反复出现，说明她的归属感与安全感的问题还未解决。

重复出现的梦就像一个人一生或一段时期内心灵的主旋律，解决它所揭示出的问题对心灵的成长十分重要和必要。

就我们的经验来看，许多人都有重复的梦，至少在一段时期内如此。了解了这样的梦，对梦者的人生基调就可以基本把握了。

四、同夜的梦都相关

同夜的梦大多是在想同一件事。如果在睡前梦者遇见过两个重大事件，梦就会倾向于把这两个事件结合在一起。

例如，某女孩睡前想到两件事：一是例假期已过而月经未来；二是她对家人的责任感使她愿意牺牲自己以帮助他们。

她梦见在家人吃完饭后，她去洗碗，发现自己吐血了。

碗可以作生殖器象征，洗碗表示清洗子宫，是月经象征。吐血是位置转移，也是月经象征。

另外，一个人洗碗。这个洗碗者是为大家服务的，是帮助别人。吐血表示呕心沥血。

这是两件事在梦中结合到了一起。

再如，一个女孩相继做了两个梦，这两个梦完全相反。前一个是她和男友一起站在帆船上，周围是阳光灿烂的大海；后一个是她独自在海水里站着，马上就要被淹没。这两个梦也是说一件事："过去我曾是那么幸福，和他一起航行在自由广阔的海面上，心中充满阳光；而现在我却独自一人处在危险中。"

也许你会猜测这是不是一个失恋女孩的梦。不是，这个女孩的男友不过是到外地上学去了。

多数情况下，同夜的几个梦是在"述说"同样的东西，只是从不同的角度"述说"，或逐个深入"思索""说明"同样的东西。表面看起来这些梦迥然不同，地点、人物等都不同。

例如，有个未婚男子正卷入一场与有夫之妇的恋情中。一天晚上，他梦见自己在一个公园里走，忽然看见路边有棵苹果树，树上挂着又红又大的果实，他想过去，这时蹿出许多狗，向他狂吠，甚至扑过来。他从梦中醒过来，一会儿又朦胧入睡。他又做了个梦，梦见自己在一个房间里，又好像是录像厅，坐在了座位上，另一个男人走来，说这是他的座位，让他让开。梦者想，如果我和他吵，警察一定会抓住我。

这两个梦表面看起来没有任何关系，也无任何相似之处，但实际上却是在说同一个内容，即婚外恋引起的内疚感和罪恶感。两个梦里的"狗"和"警察"均是代表伦理规范的超我的象征。"摘苹果""抢座位"则是婚外恋的象征。

这两个梦均反映了或反复向梦者"述说"了这场婚外恋令自己多么焦虑不安。有所不同的是，前一个梦还表现出些许兴奋（偷食禁果的兴奋），而后一个则纯粹是焦虑。

五、再谈梦中人物

梦中人物究竟代表谁，这是释梦准确与否的关键。前面讲过，梦中必有一人代表梦者自己。梦中人物如果兼有几个人的特点，他可以是一个集锦，代表的是这几个人共同的特点。梦中人物可以代表另一个梦中没有出现的人物，例如以老太太代表梦者的母亲。梦中人物还可以表示某个概念，例如以某个富人代表财富。

除此之外，梦中代表自己的人物常常不止一个，梦中用几个人分别表示自己性格的多个侧面。

同学、同事常被用来表示自己的某一侧面。比如，我活泼的时候，像张三，沉静的时候，像李四，我和王五一样痴情，和赵六一样自私，等等。那么当你做梦分析自己时，张王李赵四位都可能会在梦中出现。

特别是朋友，朋友总归在某一方面与你相似，不然你们也成不了朋友。在相似的这一面，朋友可以代表你。

还有家庭成员，父母可以代表你性格中从父母处得来的那一面，或受父母影响的那一面。子女可以表示你天真纯朴的那一面，或你未长大的那一面。

我常常梦见母亲和弟弟，我发现他们代表了我性格中的两个侧面。

不少心理学家都有过这种体会，而在释梦经验中，这种例子更是比比皆是。

何止梦中的人，梦中的动物、梦中的物体也都可用以表示自己的一部分，特别是汽车那种最常用的自我象征。

此外，弟妹子女可以用来表示过去的自己，父亲母亲可以用来表示未来的自己。

梦中的怪人怪物也可以用来表示自己的一部分。一位心理疾病患者在经过一段时期治疗后，曾做了这样的梦，在梦中他自己把一个丑陋的人推离自己。心理医生经过分析表明，这个丑陋的人就是指心理不健康的梦者自己，梦者正在努力把这个不健康的自己推开。

梦中追自己的人、杀自己的人往往都是自己的一部分。

自己这一部分和自己那一部分斗争，这就叫内心冲突。

每一个人的人格或自我都有许多不同的侧面。这些侧面之间常常会起冲突，而且我们的意识也认不全这些侧面，因为这些侧面中的大部分都在潜意识里。在梦中，这些侧面纷纷借助各种人物、动物等来表现自己，来让意识认识自己、了解自己。

如果是较常出现的人物、动物，那么由这些人物、动物就可以勾勒出梦者的人格。而且由梦者的人格侧面可以知道他会爱上怎样的人、讨厌怎样的人等。有位心理学家一直致力于人格多侧面的研究，其研究表明，梦中的人物、动物不仅是梦者人格侧面的象征，而且梦者的意识对它们的了解，也视他们（它们）与梦者关系的亲疏而定。

父母、兄弟姐妹、夫妻往往是梦者诸多人格侧面中较常出现的侧面，而远亲、朋友次之，泛泛之交的同学、同事和陌生人则更次之。妖怪、野兽、强盗等象征梦者不愿认同的人格侧面。英雄、伟人、神话人物等则象征梦者向往的人格侧面。其实后两种只要出现在梦中，就是梦者本身具有的人格侧面。

如果不排斥、不怀疑，欣然地把这些人格侧面都整合在一起，就可以形成更丰富、更健康的人格。

六、梦作品有风格

正如写文章有不同的风格一样，不同的人做梦的风格也不同。有的人喜欢用象征，有的人喜欢用借代，有的人喜欢做简洁清楚的梦，有的人喜欢做复杂含蓄的梦。

如果你常常给身边亲友释梦，最好留意一下他做梦的风格，熟悉其特点，这样以后再释他的梦就可以事半功倍了。甚至他在梦中常出现的象征都可以记住，例如上次他用张三代表他自己勇敢的一面，下次他再梦见张三时很可能仍旧如此。

七、扩充梦和表演梦

扩充梦和表演梦也都是释梦方法。扩充梦是荣格创造的一种方法。它要求梦者自己扩充梦，讲出对梦的印象，讲出梦中最令之有感触的部分。同时释梦者寻找梦与神话情节、童话故事、传说等之间的共同点以求理解梦。例如，一个女人梦见飞蛾扑火。释梦者可以由此联系到古希腊神话中的一个传说，有人装上蜡和羽毛做的翅膀飞上天空，飞得离太阳太近了，翅膀上的蜡被熔化，人也落下去掉到海里淹死了。还可以联系到中国的夸父逐日的故事,夸父追太阳,结果离太阳太近,因热而渴死了。从梦和这种传说中,可以看到一个共同主题:追逐光明,但因离光明太近而死去。由对神话的理解,就可以启发我们去理解那个女人的梦的含义。

表演梦是格式塔心理治疗(格式塔心理学派是现代西方重要的心理学派之一)中的一种方法,即把梦当成一幕戏剧,然后让梦者自己再去演梦中的自己。这个过程实际上就是重新体验梦中的情感。重新进入了这种情感后,梦者也就理解了梦的意义。

例如,一位妇女梦见泥地里有一个汽车车牌。释梦者就让她饰演那个车牌,用车牌的口吻说话,无论说什么都可以。她说:"我就是那个车牌,躺在泥地里,没有人管我。我曾经是一辆车的标志,可现在什么也不是,没有用处……"这位妇女后来解释说:"这个梦正是我的心情。"

八、多一点细节

当别人讲梦给你时,他们往往讲得很简略。例如:"我昨天梦见鱼是怎么回事?""我梦见孩子从阳台掉下去了,这是怎么回事?"在这种情况下,不要急于解释,如梦见鱼可能是发财,可能是性,也可能是其他什么。你要做的是把梦的细节问清楚:"梦见鱼有很多意义,要看你的整个梦才知道你这次梦见的鱼表示什么,你能不能讲讲你整个的梦?"或问:"不用担心,梦见孩子掉下阳台未必是坏兆头,也许这象征了你的某种愿望或心情,你先告诉我孩子在梦里是怎么掉下阳台的？梦中还有谁在场？是从哪个阳台掉下去的？你还梦到了什么？"

一一问清细节后，你会发现，那些细节对梦的意义揭示得往往最多。许多梦只有从这些一开始没有提到的细节才能得到解释。

梦见战争，象征紧张。但是是什么让梦者紧张？如何做才能使梦者不再紧张？这些问题的答案都在细节中。

对改善自己的心理来说，弄清这些细节的答案才是更重要的。

即使一个人把梦的情节讲得很清楚了，也仍旧会遗漏一些细节，通过了解细节，可以获得许多有用的信息。

例如一个人讲梦："……后来来了一个人，告诉我这个迷宫很好走……"你可以问他："刚才那个告诉你迷宫好走的人，他有什么特征和表情吗？"

当然，询问对方的时机要掌握好，既不要让梦者因他的叙述被时时打断而不快，也不要错过时机。

九、往事如梦

回忆往事，恍如一梦，这种感觉是人们常有的。即使你是大英雄、大豪杰，曾经有过惊天动地的事业，当浪潮涌过之后，你回忆过去的辉煌经历，也不过如一个梦，像梦一样不真切，像梦一样隔着一层。即使你有过让人们惊叹的爱情故事，在结婚几年后，这些动人的经历也会淹没在柴米油盐的生活琐事中，你回忆起过去也不过像一个梦，轻盈缥缈，恍恍惚惚。假如你的过去不是那么轰轰烈烈，而是平淡的，在平淡中即使有些你自己才能品出的味道，在年华老去之后，回忆中这也如同一个梦。

回忆往事如同说梦。

有的"梦"还很鲜明，一起谈到过去，"梦者"仿佛又回到了从前，情绪因之激昂，爱人的浪漫情怀又重新唤醒，同学仿佛回到少年。但是谈完之后，人散屋空，杯盘狼藉，所有的过去离你远去，"梦"也随风而逝了。

有的"梦"已经模糊，仿佛花去留香，似有若无，像一缕游丝，难以捕捉。在回忆中你寻找着线索，试图编织起原来的故事，但是它们像影子一样无法固定，只留下一种感伤在心里。

少年人对未来的想象明明是个梦想，但是少年人不觉得是梦；年长者的回忆虽然是过去发生过的，但是在年长者的感觉里却真如一梦。

苏东坡，这位才华横溢、文章一时独步天下的宋代奇人，一生命运颇为奇特。他少年得志，和父亲、弟弟同时在科举中高中，天下闻名；后来身列高官，议论国政，成为国家栋梁；以后，又因小人陷害，被连连贬谪，直贬到当时最蛮荒偏远之地。他经历了人生的大起大落。一天，他遇见一个卖饼老婆婆，老婆婆一句话总结了他的经历：一场春梦。

"事如春梦了无痕。"苏东坡写道。春天刚刚醒来，回忆梦境，梦已如朝雾散去，多少梦中喜怒都没有留下一点痕迹。

既然往事如梦，我们的释梦是不是也可以用于往事，我们是不是也可以把对往事的回忆当一个梦来解，看这个梦是什么意思？

这想法似乎荒唐，但是实际却并不荒唐。我曾经做过尝试，把对过去实际的事件的回忆当梦来解释。虽然在这种解释中，我们无

第八章　你也能释梦

法说释的是对是错,但是这"释梦"却往往触动对方,因为这解释或者是正说出了对方性格最深的秘密,或者是正说出了对方自己半生的感慨。

往事为什么可以像梦一样解?

心理学家阿德勒曾经做过一项工作,根据一个人能回忆的最早的记忆,他可以分析出这个人的性格。

为什么从一个人极小时的一件事,可以看出他的性格呢?因为心理学研究者早就发现,人的记忆不是计算机那样的机械记忆。人的记忆是有选择的,你记着什么事、没有记着什么事,这不是偶然的,而是和你的性格、价值观、对人生的感受等相关的。所以有些大事你可能已经忘记,而一些小事却记得很牢。你的"原始人"编排你的记忆时,实际上已有所取舍、有所加工。我们知道,历史学家写历史时,不是在记流水账,而是把自己的思想观念也融进去了。同样,你的"原始人"在记录你自己的心灵史时,也融入了他的信念。一个自信的人,可能记忆中更多的是自己的成功,而忘记了一些失败。一个怨天尤人的人,可能记忆中经常是别人对自己的不公正。"原始人"在总结自己的一段生活时,不愿像哲学家一样用语言说出哲理,更愿意像小说家,用一段故事来说出自己的人生感想,或者说,更像司马迁,通过编写《史记》来说出自己的人生观。所以,你回忆起来的任何事,实际上已经不仅是一件事的描述,而是一个寓言、一部小说,它以生活细节象征着一种人生体验。

所以,我们只要把往事当梦解释,就可以理解这个人的性格、人生观等。

如果我要求一对夫妻"回忆一件你们刚认识时的小事",然后我把这件事当梦来解释,我就可以从中发现他们婚姻中的一切。他们以后所有的和谐与冲突，在这件小事中都有象征或苗头。

如果我要求一个人回忆"你刚来到这个公司时的一件小事"，我以释梦的手法，也可以发现他在这个公司的基本处境。

如果我们要求一个人回忆"你很小的时候的一件事"，或者如阿德勒一样要求一个人"回忆你记得最早的一件事"，那么他的回忆就可以反映他对"来到世界"的基本态度和印象，我们从中自然可以了解他的性格了。

这里举一个例子。一位女性回忆她和丈夫订婚时，说到了一个细节：在饭店吃饭时，丈夫的父母坐在圆桌一边，她的父母坐在另一边，她本来认为她和丈夫应该挨着坐，形成"三对夫妻"的局面。但是丈夫却坐在了他父母的中间。

如果这是一个梦，我们的分析是：她的丈夫坐在了他父母的中间，象征着他在心理上还是儿童，所以可以断定，他结婚后仍愿意和父母住在一起，而她的位置却很尴尬；他对妻子将较为冷淡，他在夫妻性生活上较为淡漠。

我们还可以把父母当作弗洛伊德所谓的"超我"的象征，分析出她丈夫的性格是较为传统保守的，因为他生活在"超我"的中间。

把往事当梦解是闲暇时的一个很有趣的游戏，这个游戏可以给你许多关于自己生活的领悟。

十、找证人和线索：侦破梦的案子

我已经讲了梦的词汇、成语和语法，按道理说，各位读者应该

第八章 你也能释梦

已经可以释梦了。试着释一释后,我想有的朋友会很满意,发现自己已经能知道不少"原始人"的作品的意义了。可是也必定会有人不满意,因为他们发现,有些梦还是释不出来。

这是由于梦有所不同。有的梦就是由普遍象征组成的,当然容易释;但也有些梦,本身"说话"就"吞吞吐吐",或很多内容没有说出来,或话里有话,或者使用了一些只有梦者自己懂的比喻,或者与一些个人经历有关。对这些,释梦者是不能一下子看明白的。

释梦毕竟是一个人自己潜意识中的"原始人"和他的自我说话。释梦者就是那个外人,他很难明白梦的意思。

这种时候,释梦者就需要让梦者联想,让他将联想到的那些有关的事,说出来,释梦者就会明白了。

寻找旁证也能起到帮助我们了解梦的作用。关于寻找旁证,在第四章已说过一点了,所以现在只是再谈。

前面我说过,释梦者应问问梦者昨天做了什么事,想了些什么,遇见了什么人,从中寻找线索。还应了解一下梦者是什么样的人,近来心情如何,等等。

在梦者讲完梦后,如果你不能解释,马上就可以问这些问题。

在问问题的时候,要明确提问的目的,你不是为了记录他昨天的生活,你了解这些事是为了释梦。因此你要把每一件他昨天做的事、想的事,每个昨天他遇见的人都试着和梦联系一下,看看是否有关。

比如他说:"昨天我早上上课,中午睡了一会儿午觉,下午看了一会书,晚上看了场电影,就干了这些事。"

这看不出和梦有什么关系。这时你就要继续找关系,更细致地找。

你可以问梦者："晚上你看了什么电影?"梦者介绍了电影的内容后,你就可以从电影的内容中寻找与梦相似的或有关的东西了。

最先发现的很可能是电影里的某个情景或人物被改装后进入了梦。比如白天看的电影里面出现过狮子,也许梦里就会出现狮子。这种表面上的相似必定与内在的相似联系着,释梦者应该先看看电影里的狮子怎么了,然后再以此推断梦里的狮子怎么了。

人们睡前看的电影、读的书都会唤起他们对自己的联想,这就会引起梦。因为人们看电影或读书时,总是要把自己投射在内。看电影时,会把自己想象成主角或其他角色。为角色的悲喜而哭笑时,无非在为自己哭笑,这种感受必定会进入梦里。

"日有所思,夜有所梦。"此话千真万确。事实证明,没有一个梦和梦者所见所做所想的事无关。只要细心寻找,释梦者总可以找到这些引发梦的事件,由这些事件启发,总可以更好地去理解梦。

再有,梦总是和情绪有关的。白天你所见所闻的那些不影响情绪的事,很少会进入梦。比如你日常的工作、读的课本,一般与梦无关。而那些能够触动情绪的事,比如谁说了一句伤害你的话等,事虽然小,仍旧会进入梦。所以释梦者要重点去问那些与情绪有关的事。

在白天,我们总是多少压抑着自己的情绪,所以,白天的情绪表现也许不明显,但是到梦里,这种情绪就会以很大的强度出现。白天你也许被人抢白一句,只是稍稍有点不满,到了梦里,你也许就要把那个无礼的人杀掉。所以如果发现在白天有一点点情绪,而这情绪和梦中情绪相似,那么,这件白天的事与梦就很可能有关系。

如果释梦者发现,梦和白天的事有关,但是白天的情绪与梦中

第八章 你也能释梦

不同,比如白天梦者很敬佩一位讲演的名人,在梦中却梦见一个梦者平时很反感的人甚至动物上台,那么,梦中的情绪是真实的。

问梦者白天遇到过什么人时,梦者会说出一些人来,释梦者当然不可能都认识。这时,可问一下梦者,这些人和他说过什么,对他做过什么,或问这些人有什么特点。

了解梦者是什么样的人也很有用,因为了解了他是什么样的人,也就大致可以推断他对人对事的反应,这种反应也将在梦中继续出现。

特别要注意的是人际关系的变化,因为这往往是对人的情绪影响最深的事。

弗洛伊德在《梦的解析》中提出,梦往往是很早以前,特别是童年经验的复活,这是有一定道理的。如果一个人童年时父母对他十分冷漠,他可能就会容易做找不到家的梦、在空屋子里见不到人的梦或者只见到石像的梦,这正是受冷落时的经验和感受。为什么他在这个晚上做这个梦呢?或者说,为什么他在这个晚上想到了童年呢?很可能是因为,在这一天他遇到某种事,使他感到人际关系的冷漠,而这种冷漠唤起了他以往的感受。童年经历的事对人影响最大,给人印象最深,因此人在梦中就会把童年记忆中的一些景象回忆起来。

所以说到底,梦还是由白天发生的事引起的。如果某人白天被嘲笑了,而这使他梦见了一件表面上与嘲笑完全无关的事——看电影,那么,当你问这个梦者,看电影这个梦中情节会让他联想到什么时,他就应该能想到被嘲笑。在他心中,这两件事肯定有必然的联系。

释梦者所要做的,就是去启发梦者联想。下面用一个梦作例子，做一次假想的联想释梦。

"有几个女孩到了我们的宿舍。其中有一个比较有气质，另一个很漂亮，我却很不在意后者。不知为什么，我由睡下铺改为睡上铺，而且床侧墙上开了窗，可以看到外面。那个漂亮的女孩睡到我对头的床铺上。后来，她又变成别的班的一个女同学，她收到两个邮包，一大一小在门口，有男生帮她打开，里边有许多乱七八糟的东西。我从邮包中抓东西，好像在抓阄，但我总抓不到有号的，却抓到生石膏一样的东西，点着便炸。我抓出的一个不能响，却被那个男孩接过去扔在墙角，炸响了。后来场景转入退休老人办的一个展会，拍了许多照片供展出。在好多人中我看到了刘，她非常美丽，却总躲着我。"

"我拿了一些材料，有些不是照片的被我放下。她和她的家人在一起，他们要她回家，我很着急，看她，她却不说话。于是我很生气，骑上一匹好马，觉得自己很英俊，抢先出了那间没人的屋子。她被一个男孩带着，骑一匹颇负盛名的马在后面追我。我与那个男孩很熟，却又不认得了。我们在一条河边相逢，我的马依然神骏听话，可是它的孩子却死了。我到河边洗了洗，游玩了一番，那个男孩也下来了，我看他很像我哥。我们上了岸，我以最快的速度穿好高雅的衣服，没和她说话便走掉了。"

这里有一些常见象征，如骑马、下河洗澡、穿衣服，但是其他内容却只有通过联想去寻找答案。我现在用假设我是释梦者的方法，说说如何使用联想法。

"有几个女孩到了你的宿舍，这几个女孩是谁？她们有什么特点？为什么你会梦到她们？"我问。

"这几位是大专班的老乡。我一直很想扩大社交范围。这几个

第八章 你也能释梦

人是我认识的仅有的几个外班的人。"

"前一个有气质,后一个很漂亮,这又让你想到什么?"

"我一向看重气质,所以我一直担心我会看重刘而轻视吕。刘是我高中的一个同学,脾气温和,有气质;吕是我的女朋友,很漂亮。"

"看来你在想气质与漂亮的问题,或者说感情选择的问题。你梦见漂亮女孩睡在你对头铺上,床侧墙上开窗,你认为是什么意思呢?"

"我想我是用那个漂亮女孩代表我女友吧,她确实挺漂亮的。而且隔墙睡在我对头床上,和我头对头。我的女友和我关系很好。我想到临睡时,一个脚臭的同学睡在我床上,我当时想我如果睡上铺就好了,这样就不会有人到我床上睡,就会很干净。窗子,我想是自己想扩大空间吧。"

我这时想到:梦者喜欢有气质的女孩超过漂亮女孩。梦不会无缘无故提到这件事。十有八九有个有气质的女孩打动了他。漂亮女孩睡在对头床上是表示和女友关系很好,但是他却联想到了睡前不愿意让同学睡在自己床上,却又不好意思当面拒绝的事,很可能他对女友也一样,不愿意让她睡在自己床边又不好拒绝。床边的窗指与异性交往,扩大空间指与女友之外的女孩交往了——和谁,自然是那个有气质者。

对于这些,我可以点破,也可以先不点破,以免干扰梦者下面的联想。最好是轻轻点出,这里需要注意:一是不要点多了,这样会刺激梦者情绪,干扰下面的联想;二是不要什么都不点,使梦者认为你一点都没听明白。

"看来你把目光投在了女友之外的女孩身上,继续联想下面的梦，看看你内心的想法到底是什么。"

"那个漂亮的女孩变成了外班的另一个女孩。这个女孩，我担心这几天她正在生我的气。她和刘很相似。我和这个女孩一见如故，却保持着一定距离。这一点与我和刘的关系也相似。这个女孩气质很好。我想我的女友要是具有她的特点就好了。至于她收到邮包，她家境不错，总会有邮包吧。"

梦中漂亮女孩变成了另一个有气质的女孩，这指的是他希望生活中他漂亮的女友能变成有气质的女友；也许还是想变换一下女友。那个外班的女孩和吕已不相似，反而与刘相似，看来梦者似乎希望他的女友由吕变成刘，又担心这个女孩生他的气，关系难以拉近。

如果当时我把这一点说穿，我想梦者可以告诉我一些事，比如刘以前是否生过他的气等。但是我没有追问，这一点就没有弄清楚，不过，继续往下联想，事情就越来越清楚了。

"外班的女孩是代表刘的。大小邮包代表她现在的男朋友和我。"

"抓号码就像抽奖，中奖也就是成为她的男友，对吗？"我问。

"是啊，可是我实力太弱。那个和她一同骑马的男孩应该指她的男友吧，他总比我强吧？所以他能从同桌变成她的男友，而我不行。"

"所以你认为你是那个小邮包。生石膏让你能想到什么？你最近见过生石膏吗？"

"我在睡前看了《青年文摘》，上面有女性人体的软雕塑，像生石膏，我不知生石膏在梦里代表什么。"

在这里，女性人体的软雕塑诱发了他对异性的向往。但不幸的是，他所喜欢的女孩对他无意，像生石膏一样冰冷。或者说，他只能看着石膏像去想她。他说，他不能使生石膏炸响，而别的男孩能让它响，反映了梦者的自卑。梦者接着说："场景转入老人办的展会，那个展会是一些退休老人组织的，那些照片却是引起轰动的东西。照片也许代表某种成就。"梦者这时候联想已经很容易了，因为他已经知道这个梦与刘有关。他说："老人让我想到我老的时候，我希望到年老时刘仍能跟随我，我要做出成就来，让她做我的女秘书。在梦中，她是展览会中的服务人员。而且在寒假里，我还对她开过玩笑说让她做我的女秘书。生活中，我害怕她的家庭，而她却偏和家人在一起，和梦里一样。我近日也感觉她在躲我。我拿了一些材料，放下了那些不是照片的东西，指我取得了事业成就，放下了爱情……"下面的负气而走、骑骏马等事也都表示他当时的心情。对这些事，他也都有一些联想，联想中的事勾画出了他对这个女孩的全部态度。释梦者应随时引导启发。引导时的话可能是这样说的："梦里这个人有什么特点？"

这种问题主要是帮助梦者想到梦里的这个人代表谁，因为梦里的人往往代表其他的人。

"梦里这件事能让你想到什么？"

"昨天有过类似的事吗？"

"随便聊聊你梦见的这个人（或这件事），想到什么说什么。"

在梦里一时联想不出什么时，让他随便聊聊，放松一点，他所聊的事必定和梦有关。

"你梦见的东西很奇特，它像什么呢？"

有时，梦的真实含义是比较隐私的，或者说，梦者认为梦的真实含义是下流的、邪恶的，他的潜意识不愿意暴露自己。那么，他的联想就会进行得很困难。他有可能什么也联想不出来,或者让联想避开梦的真实含义。这不是他有意识做的,他自己也在努力联想,但是他内心中的"原始人",或者用弗洛伊德的话说,本我在小心翼翼地不让自己说出实话来。

在这种时候,如果你只是找朋友释梦玩,也就算了,不必再去释。如果你是心理咨询师,或者你是在释自己的梦,那么可以这样做。

首先消除"原始人"的顾虑。你可以这么说:"每个人都有些说不出口的事,甚至一些似乎是肮脏、邪恶的念头,这没什么。只要在自己身上,善是主要的,美好是主要的,就仍旧可以爱自己。人非圣贤,不必对自己要求过于苛刻。再说,只要行为上没有不好的表现,偶尔有个坏念头,于人也无损吧?说吧,没关系。"

其次就是放松。让梦者舒舒服服地躺下或坐在椅子上,不去努力思考,最好放松到半睡半醒懒洋洋的样子。然后让他把梦中一个片段放在头脑里,比如说,把骑马的形象放在头脑里,不去管它,等着,就这么等着,过一会儿,头脑中就会冒出一些念头、想法,想到一些事,回忆起某个人,或者看到一个新的画面。让梦者不管头脑中出现什么都说出来,不管这些事物有没有意思,是否琐碎,看起来与梦是否有关。当经过分析后,就会发现这些事物就是对梦中那一片段的解释或注解。这是弗洛伊德自由联想法的一种简化,我们或许可称之为"等注解法"。

有的时候,你等到的注解也不能理解,那么就从这个注解开始再联想,一环环联想下去,终会恍然大悟,原来梦是在谈这件事啊!

比如,某女孩梦见一个自己从未见过的亲戚,看起来莫名其

第八章 你也能释梦

妙，为什么要梦见他？从他开始联想，联想到一个同事和这个亲戚有相似之处。但是又为什么要梦见这个同事呢？看不出原因，再由同事联想，想到这个同事要出国，忽然发现这个国家的名字和女孩的名字相似，而且别人拿这个相似开过玩笑。到这里已经清楚了，梦所要说的是她对别人开她玩笑的不满情绪。

从以上所说的来看，给梦找出一种解释，甚至几种解释都不难，但是否正确呢？在第二章我曾经送给读者一把"量梦的尺子"，用它量量，就清楚了。

释梦

第九章
奇梦共欣赏

一、噩梦

二、清醒的梦

三、提示疾病的梦

四、启发性的梦

五、创造性的梦

六、预言性的梦

七、心灵感应的梦

第九章 奇梦共欣赏

有些梦和一般的梦明显不同,例如恐怖的噩梦,在梦中梦到自己做梦,一面做梦一面又知道自己做梦,做的梦预示了未来,等等,这一章我们谈谈这些梦。

一、噩梦

不少人在梦中都遇到过这种情形,可怕的敌人出现在面前,而自己却一动也动不了,胸口好像压着个重东西似的喘不过气来,害怕得要命,想叫喊却又叫不出声来。

这就是噩梦。

古人认为噩梦是精灵鬼怪引起的。《聊斋志异》中有多处描写一个人被怪物压在身上。其中有个故事说,主人公看见一个丑陋的女人和一个男人到了他的床上,似乎看不见他的存在。那个女人要同来的男人用刀剖开他的腹部,把肠子抽出来。抽出来的肠子就堆在那个人身上,越压越重。那个人也越来越害怕,但是却动不了。后来,经过长久挣扎,他终于大叫一声把腹上压着的肠子推开了。于是那两个人也不见了。

这是一个典型的噩梦,但是《聊斋志异》却把它当成鬼怪故事了。

还是一个《聊斋志异》中的情节:一个人正在午睡,外面雷电交加,忽然他感觉有动物爬上了他的脚,脚随即麻痹了,动物顺脚往上爬，爬到哪里哪里就不能动了（好像这动物是特效的麻醉药似的）。当动物爬到他腰部时，他一把抓住了这个动物，却发现这是只狐狸。

当然，这只是一只梦中的狐狸而已。然而，当这个梦被当成真事传出去，而且越传越神，传到蒲松龄那里时，就成了一个优美的神狐的故事了。

从梦的时间上看，可以把噩梦分成两类，一类出现于我们睡得很深的时候，一类出现于将醒未醒时；前者又称夜间恐惧梦，后者又称焦虑梦。但是我们不必分得那么清楚。

儿童做噩梦的次数比成年人多，这一方面是因为儿童分不清现实与想象，所以更容易害怕。他会真的担心床下会有一只老虎，或者会有一个青面獠牙吐红舌头的鬼。另一方面是因为儿童担心的事也的确较多。最主要的一件事就是怕父母不再爱他们了，这对儿童来说是无比恐惧的。

有些儿童的噩梦与出生时的经历有关。有研究指出早产、难产的儿童多伴有噩梦。例如一个7岁的儿童经常梦见自己在水里游泳，蛇缠住了他的脖子，并且拼命挤压他，他痛苦地挣扎，哭醒后还呼呼地喘着粗气。

原来这个儿童出生时被脐带缠住脖子，险些窒息而死。这个痛苦的出生经历在他童年的梦中反复地出现。

被产钳夹住头部出生的儿童，也容易在噩梦中复现这个经验。例如，一个看过《西游记》图画书的小朋友，在做噩梦时发现自己也被戴上了紧箍咒，在水里直打滚。他反复多次做此噩梦，以致怕听、怕看任何和孙悟空乃至《西游记》有关的内容。我和小朋友及他的父母一道分析才发现，他的噩梦与他出生时的痛苦经验有关。

第九章　奇梦共欣赏

青少年的噩梦往往是一种努力摆脱父母从而获得独立的表现。青少年噩梦中的可怕人物往往是父母的化身，通过把父母想成可怕的怪物，自己就可以离开他们了。在让小孩断奶时，有些母亲会在乳头上抹一些辣椒，让小孩受点苦，他也就不吃奶而改吃饭了，这对孩子是有益的。如果孩子摆脱不了对奶的依恋，他将会营养不良。同样，青少年在心理上也应该断奶了，他应该不再事事依赖父母，而是在情感上独立。于是梦就在父母形象上"抹上辣椒"，好让青少年怕他们，避开他们，这对青少年也是有益的。

传说中有些怪兽会吞食自己的子女。如果父母不愿让子女独立，他们就在一定意义上如同那怪兽，从而也在子女的梦里成为怪兽。

在父母与子女的关系中，不论是从哪一方看，都存在着要独立与不独立之间的矛盾。青少年一方面盼望自己独立，另一方面又害怕独立，害怕独立承担责任，而且后者往往是潜意识的。所以青少年更容易把自己的这种恐惧投射到父母身上。而在父母那里，一方面是期望子女自立、自主，另一方面也不愿意改变原有的孩子对自己的依恋，当然后者也主要是潜意识的，是父母自己不愿承认的。所以青少年的不少噩梦就把独立的、令人恐惧的、变形的父母样子表达出来。

莱格夫特举过一个噩梦的例子：一个年轻人连续几夜梦见自己跌进了一架庞大复杂的机器，眼看就要被肢解，才一身冷汗地惊醒过来。那架机器是脱粒机和发电机的复合体，而这两种机器都是他小时候在父亲的农场中常见的。

原来这个梦表示他险些落进了父亲所设的机关，从事父亲为他选择的职业，而他对这份职业既没兴趣，也没能力。

由此可见，噩梦和一般梦的解法是一样的。不过，"在噩梦中惊醒"这一事件是一般梦中没有的。这一事件也有意义。惊醒时在梦中的处境，就是梦者现在的实际处境。比如年轻人已经被父亲说服了，这在梦中表现为已跌进机器里，还没有被肢解，表示事情还可以挽回。"惊醒"表示自己突然醒悟了。

噩梦在这时是一种警告，警告你一个危险已经临近。

在青少年的噩梦中，还有一类，尤其在男性中与阉割恐惧有关。例如有个15岁的中学男生，一段时期内他反复几次梦见一个妖怪或鬼拿把菜刀要切掉他的鼻子，因为他的"鼻子太高了"。这是比较典型的阉割恐惧的梦。梦里的"鼻子太高"是阴茎勃起的象征。

有时噩梦是一种创伤经历的回忆。遇上过火灾、地震、车祸，或被抢劫、强奸，事后恐惧的被害者会一次次梦到那个情景。这种噩梦用不着释，它只是再现那个创伤性事件而已。既然那件事如此令人恐惧，人为什么还要一次次梦见它，而不把它尽快忘掉呢？这是因为那件事还没有被解决。一个强奸被害者一次次梦见被害，是为了提醒她自己："你还要再想想，为什么你会遇到这种事？怎么样才能保证以后不再遇见这种事？再遇到危险应该怎么去应付？这件事对你心理会有什么影响？"这些都要去想明白。一天不想明白，这个噩梦就一天不会消失。虽然随着时间流逝，噩梦出现次数会渐渐减少，但是不知什么时候，它就又出现，就像埋伏在心里的一条恶犬。

这里举一个例子：

  房间的墙壁和天花板都被涂成了白色。在朦胧的意识中，她想说："我讨厌这里。"可是她发不出声。

第九章　奇梦共欣赏

这里总是如此。连紧贴在白色细长天花板上的日光灯、沾满浅褐色污渍的白色窗帘，也都同往常一样，在静寂中使人感到阵阵寒意。

她躺着用手掌体味那坚硬台子的感觉。狭小的台子上似乎铺了一块薄薄的布，那块布的粗糙感觉也同往常一样，本来她觉得对这里的一切都了如指掌，但她却像第一次来到这个房间一样忐忑不安，她不断地变换着视线，不安地抓着台子的边缘。四周的墙壁离她很远，她孤零零地躺在宽大的房子中间，莫名其妙地感到惶恐不安。

远处传来了说话的声音。但是男的还是女的，说的是什么却一点也听不清楚，只是能听到有好几个人在说，那声音像波浪一样传播开来。声音和这白色房间里刺眼的光线一起，刺激着她的感官。声音碰到坚硬的墙壁反射回来，裹住了她的全身。时而传来夹杂在声音当中的"咔嚓咔嚓"的金属撞击声。似乎任何细微的声响，在高高的天棚下都放大了许多倍，凛然地显示着自己的存在。她的手依然紧张地握着，听着四周的声音。她感到既不冷也不热，似乎她的体温扩散到了整个房间。

过了一会，室外传来了拖鞋的声音，拖鞋发出"吧嗒吧嗒"的声响，由左向右从她的脚下通过。她的后背突然感到了自己的心跳，觉得包围自己的略带暖意的空气是那么不可忍耐。

"我到底要在这里待到什么时候呀，我自己并没有打算待在这种地方。"她自己知道，由于焦躁，额头已经渗出了汗珠。

"真讨厌！"待她清楚地发出声音说出这句话的时候，她已经下定决心要离开这里。像波涛一样的人声已经不知在什么时候消失了，婴儿急切的哭声占据了刚才的空间，这就像一个信号，她从台子上滑了下来，大脑还处在朦胧状态，也没有踏在地板上的实在感觉。另外，她现在才感到，其实这间房比她躺着时候的感觉小得多。

"我得回去。"她自语着寻找出口。她以犹疑的脚步向一侧的墙壁走去，好像她最初就知道向那边走是天经地义似的。不知什么时候，那面墙上出现了一扇拉门，在台子上躺着的时候她一点也没发觉。这扇拉门与这白色的房间极不协调，显得很陈旧、寒酸，下半部用绛紫色和蓝色画着一把茶壶，她觉得这把茶壶似乎在哪见过。来到拉门前面，她犹豫地向四周望了一下，但似乎别的地方没有出口。也许，这一点她本来就是知道的。

在她终于伸出手要打开拉门的时候，突然想起了一件事，那就是每次她打开这扇拉门都会出现恐怖的事情，这扇门是开不得的，只有这扇拉门是绝对不能动的。

恐怖突然向她袭来。"为什么每次都要站在这扇拉门的前面呢？为什么在这里会有这么破旧的拉门呢？真是岂有此理！我真讨厌这扇拉门。"她注视着眼前泛黄的拉门，身体一动不动。尽管如此，自己的手还是伸向了拉门。

"不，我讨厌你。"恐怖与焦躁打乱了她呼吸的节奏，泛黄的拉门看上去似乎也倾斜了。莫名其妙的恐怖使她全身僵硬。"到底……这到底是……"她竭力想用这不成调的声音喊叫。

紧接着，她并未想打开的拉门不知何时开了，她脚下虽然感觉到了凹凸的门槛，但她必须站在那里。

面前是火焰般红色的大海。波涛不兴，发着黏稠、呆滞的

第九章　奇梦共欣赏

光的鲜红的大海就在她眼前，使人感到生物体体温的大海就在她脚下。

她站在红色大海的边上，不知不觉地流出了眼泪。从哪儿都出不去的绝望和翻滚的红色海洋带来的恐怖，使她除了哭泣以外不会有别的反应。

"每次都是如此，哪儿都走不通了，这下完了，这下完了！"远处传来了哭泣的声音。过了一会，待她发觉这是自己的声音时，她的身体突然晃动了一下。她僵硬的身体彻底崩溃了，她醒了。眼泪从眼角流下来，浸湿了耳朵，甚至进到了耳朵里面。干了的泪水使皮肤紧绷绷的，眼睛发热，她自己也知道眼睛都哭肿了。她额头和后背都汗津津的。她一边调整着呼吸，一边呆滞地望着天花板。

这是日本小说《幸福的早餐》里记述的一个梦。梦者沼田志穗子在冲动下杀死了她的正怀孕的同学友子，并看着她一点点流血而死。这之后，她似乎忘记了整个事件，想不起友子是怎么死的，记不得那天到底发生了些什么。这个事件留给她的就是一遍遍重复的噩梦，直到她毁灭。

除了心理原因外，生理上的原因也会导致噩梦出现。例如手压到了胸部影响了呼吸，或者鼻炎、哮喘、慢性支气管炎等疾病影响到了呼吸，都会引起噩梦。

史蒂文森的名著《化身博士》就是源于作者的一个噩梦。这个故事，或者说这个梦，描写了善良高尚的杰克尔博士因喝了实验药物，在每夜会周期性地变成残忍暴虐的海德先生。我们通过释梦可以知道，杰克尔博士和海德先生都是作者自己。当一个人过分严格地要求自己高尚时，他会压制心灵中他认为不高尚的部分，而这些部分由于被压抑就变得格外冷酷残暴。在白天，残暴者无法露面，而在夜里，他却会出现，于是成为海德先生。

人们都不喜欢噩梦，那么如何避免噩梦呢？

对孩子，父母切忌用威吓方式管教，"你再不听话，叫老猫把你叼走！""让白胡子老头抓走你！"这种话对孩子的威吓太大了。这就很自然地使"老猫""白胡子老头"成为孩子梦中重要的角色。

对成年人来说，是要防止生活中出现噩梦。不要欺骗自己，不要扭曲自己，让自己幸福，就不会有噩梦。当噩梦出现时，把它的警示记住，并用其来启示解决生活中的难题，噩梦就会消失。

我们同样该感谢噩梦，因为它可以帮助我们在现实生活中逃开噩梦。

二、清醒的梦

一般来说，做梦的人不知道自己正在做梦，而把梦境当成真事。做梦时他梦见有人追杀他，会感到非常恐惧，只有在醒后才会知道"这不过是一个梦"。而且醒后他还会说："当时有什么可怕的，应该想到谁也不会杀我。谁会轻易当杀人犯呢？"但是在梦里他忘了这一切，忘了有什么法律，有什么警察。

因为"原始人"还活在原始社会。

但是，也有些人会说，他们偶尔在做梦的时候知道自己正在做梦。梦者看着自己的梦境时是清醒的。梦中的自己在和敌人殊死搏击，而另一个自己却在这幕戏剧的观众席——那只有一个观众的观众席上看这幕戏剧,而且知道,这是在做梦。

我们把潜意识叫作"原始人",那么,我们的意识可以称为"现代人"。平时,这两人是轮流"执政"的。所谓"白天不懂夜的黑"。白天是"现代人"的世界,我们思考、推理、计算,遵守法律。夜晚是"原始人"的世界,是原始野蛮的世界,充满生机的世界;那里没有这么多文明,人们爱恨恐惧,人们打杀享受,人们神秘而又富有智慧。当"原始人"出现时,"现代人"的意识连同他的一切思维能力都消失了。梦是"原始人"的独白,只有当醒后,当意识重新出现看到了"原始人"昨夜留下的信或录像,看到了梦的回忆时,他才会分析解释,从而了解梦。

而当清醒的梦出现时,"现代人"和"原始人",意识与潜意识,是同时在场的。我们既是做梦者,又是清醒地看自己梦的人,既睡又醒。

荷兰医生范·爱登最早提出"清醒的梦"这一术语。他举了一个例子:

> 我梦见自己站在窗前的桌子旁,桌上有几样东西。我十分清楚自己正在做梦,就考虑我能做些什么样的实验。我开始试图打碎玻璃,用一块石头敲打。我把一小片玻璃放在两块石头上,用另一块石头去打,但它就是打不碎。于是我从桌上拿起一个喝红葡萄酒用的精致的玻璃杯,竭尽全力用拳头打它,同时又想要是在醒着时这么干多么危险。但酒杯仍然完好不破。啊,瞧,隔了一会儿我再看,杯子是破的。
>
> 杯子是破了,但却太晚了一点,就像演员错过了提示。
>
> 这点给我一种奇妙的在假造世界的印象,这个世界模仿得很巧,可是有些小地方不像。我把碎玻璃扔出窗外,想看看我

是否能听见叮当声。我确实听到了声音，我甚至还看见两只狗被响声吓跑了。我想这个喜剧世界是个多好的仿制品啊。这时我看见一个酒瓶，里面有红葡萄酒。我尝了一下，头脑十分清楚地注意到："哈，在这个梦的世界里，我们也会有味觉，这个很有点酒的味道呢。"

范·爱登强调说，在清醒的梦中，睡眠的人记得自己白天所做的事和能够自主的活动，而且同时睡眠依然没有受干扰。这种睡眠和一般睡眠一样能让人休息并恢复精力。

有些心理学家说，做过完整的清醒的梦的人是很少的。

平时我也问过一些人，有没有做过这种梦，结果发现并不少。我自己经常做这种梦，有一段时间几乎每天都做，在我个人的感觉里，做这种梦的能力是很容易通过小小的练习提高的。

那么我们学习做这种梦有什么意义吗？如果只是为了好奇，去练习做这种梦，那么大概忙碌的现代人难得会有谁有这种兴趣。好在做这种梦很有意义。

因为这种梦里"原始人"和"现代人"同时在场，所以他们有了一个极好的交流机会。

当"现代人"不理解梦中某个象征时，他可以问："这是什么意思？""原始人"会告诉他，当然不是用语言，而是用形象、事件让他知道。比如我曾梦见一只虎和牛混合的动物，像牛却有虎的斑纹。在梦里我问："这是什么？"马上我就知道了，这是我自己。我属虎，而现在像牛一样辛勤地工作。

一个会做清醒的梦的人可以成为自己的梦的绝好释梦师。方法就是边做梦边解释，解释不出就问，当"原始人"不直接告诉你时，他也会用一个新形象、新比喻作为回答。

第九章 奇梦共欣赏

我常这样做,结果我在梦做完后,就已经清楚地把它解完了,了如指掌。

交流的更大的好处是,让"现代人"决定"原始人"如何做,让"原始人"建立新的观念,从而克服你性格中根深蒂固的弱点。

例如,当你梦见有人追你,你急忙逃跑时,告诉自己,这个梦境表示你在逃避恐惧,而逃避是无益的,应当面对困难、正视困难。具体来说就是让自己在梦中回头面对追赶者,去看清他是什么样子,从而确定他代表什么,或者去和他搏斗,即战胜他,或者和他辩论,或者和他做朋友。于是你的心理问题也就得到了解决。

从心理学家基尔顿·斯图尔特开始,许多研究者尝试用这种改造梦的方式改造人的心理,要梦者在做梦时,一旦发现有害的、病态的、令人烦恼的东西,就自己给自己下指令,去杀死、烧毁、消灭或改变这些形象。

据斯图尔特说,在马来西亚的赛诺伊族,人们很重视梦。每天早晨全家人都在一起讨论梦。结果这个部落几乎所有人都能做清醒的梦,而且他们也能在梦里解决人际冲突,因此他们心理都很健康。

当然,清醒的梦也不是都像范·爱登的例子中那样,意识百分之百能自主。清醒的程度是不同的。有时意识只是在梦中一闪而过,例如在梦中闪过一个念头:"这是在做梦。"有时,意识到在做梦后,人就逐渐清醒过来,梦像雾一样逐渐散去。意识想让梦继续,但是梦却像手上捧着的水一样留不住。有时,意识想做一件事却做不到。

梦中梦也可以看成是清醒的梦的一种变形,所谓梦中梦就是:

发现了自己刚才是在做梦，觉得现在醒了，而实际上他还在做梦。我常常梦见我醒了，和别人说我刚才做了一个梦，梦见如何如何。第二天真的醒过来才知道梦固然是梦，和别人说梦这件事也一样是梦。

梦中梦可以套好几层，我有一次套了七层。我先做了一个恐怖的梦，后来我觉得自己醒了。我想把这个梦记录下来，于是我拿来纸笔记录。记录到一半我发现没有开灯，"没有开灯我怎么能看清字，何况我也并没有把纸笔放在床上"。这么一想我发现，记录梦这件事也是做梦，于是我觉得这才是真的醒了，有很明显的一下子醒过来的感觉。于是我拉灯绳，但是灯总也不亮。于是我知道，发现自己醒了并且开灯这件事也是梦。这时我才觉得确实真的醒了。我拉灯绳，灯光昏暗，我起床去找纸笔，但是纸笔不在桌上。

"怎么会不在，昨天我明明放在这儿的。"突然，我意识到我还是在做梦，是在梦中的桌上找纸笔，这张桌子不是我的书桌，而是中学的课桌。于是我又醒了……

梦中梦的另一种方式是，梦见自己回家，上床睡觉，然后做梦，梦见什么什么。

佛家常说，梦固然是梦，清醒时又何尝不是做梦？人人都在梦中，人生就是一场大梦。这是宗教的看法。但是这种说法倒颇类似在说梦中梦。越是热衷于了解自己的内心、了解梦，就越容易做梦中梦，即在梦中以为自己醒了要记录或释这个梦，或把这个梦讲给自己信任的某个会释梦的朋友听。

梦中梦的每一层都可以按梦来分析解释，同样，不论在梦的哪一层，你控制自己行动也都是接近梦。

三、提示疾病的梦

　　早在古时候，中国人就提出梦与疾病有关的说法。《列子》中提出，阴气壮则梦见涉大水而恐惧，阳气壮则梦见涉过大火，阴阳两气都壮则梦见生杀。《黄帝内经·素问》中说："……肺气虚，则使人梦见白物，见人斩血藉藉；得其时，则梦见兵战。肾气虚，则使人梦见舟船溺人；得其时，则梦伏水中，若有畏恐。肝气虚，则梦见菌香生草；得其时，则梦伏树下，不敢起。心气虚，则梦救火阳物；得其时，则梦燔灼。脾气虚，则梦饮食不足；得其时，则梦筑垣盖屋。"

　　当代医学家也提出过这种见解。医学家阿沙托克分析了4 000个梦例，发现梦可以预告疾病及某些疾病特有的生理状态，例如黄疸病人，约在消化系统紊乱症状产生前一个月，出现许多与饮水进食相关的梦。肺结核病人和高血压病人分别在症状出现前1～2个月和2～3月内出现多梦。上呼吸道感染多在病前1～8天出现多梦，而且梦的内容与病相关。

　　梦能预报疾病，这丝毫也不神秘。因为在明显病症出现前，身体内部已经有了病理性改变。只是这种病变还不明显。在白天，我们心思纷乱，注意不到身体的轻微不适。而到晚上，敏感的潜意识则注意到了这种不适，于是把它转化为梦境。

　　预示疾病的梦都重点强调某种身体的异常感觉，而且在梦中把这种感觉编织在一个情节里面。例如《搜神记》中记载："淮南书佐刘雅,梦见青刺蝎(即蜥蜴)从屋落其腹内,因苦腹痛病。"可以肯定做梦前刘雅腹部已有微微不适,白天他没有注意,而到了晚上,就有了蜥蜴入腹的梦的情节。

再如清朝《虫鸣漫录》一书中有一个例子:某人梦见一个僧人向他借辫子,他同意了。第二天他把这个梦告诉了别人,谁也没有在意,认为只是一个梦而已。不到一个月,他的头发连根落完。这也是同样道理,做梦时,他的头发一定已经有了轻微的异样。

再如,北朝齐国有个叫李广(不是汉代飞将军李广)的人,梦见一个人从他身体里出去,对他说:"君用心过苦,非精神所堪,今辞君去。"过了没几天他就生病了,一病就是好几年。在这个例子中,梦把病因都告诉了他,是过于用心思虑。

类似梦例在生活中很常见。例如,梦见被敌人抓去吊打,被敌人用烟头烫伤左臂,过了一两天,左臂上长了疮。再如,梦见吃鱼被鱼刺卡住咽喉,醒来发现得了咽喉炎。

我的一位学生举了他自己的很奇异的例子:在他上初二时,一个冬天夜里,他梦见自己仿佛被人倒挂在一棵树上,难受极了。当时他心里有一种不祥的感觉。内心一个声音告诉他,醒来,马上坐起来,摆脱那种倒挂的感觉。但是因冬天屋里冷,他犯懒就没有起来,结果第二天早上高烧 39.5℃。第二天晚上,那种感觉又出现在梦里,他立刻坐起来,用力甩了甩头驱走了它。结果第三天早上,病就痊愈了。奇异的是,这期间没有进行过任何治疗。

实际上,他自己已经做了治疗,那就是坐起来甩了甩头。

他的自疗行动也可以归于控制梦治疗。至于为什么他会梦见倒挂,为什么坐起来甩头能治好,这原因我还不知道。但我估计,这与生活中某个事件有关,那件事让他有倒悬之苦,但是只需甩头不

第九章 奇梦共欣赏

去想它，病就好了。

有时预示疾病的梦看起来似乎不是由微弱的身体不适引起的。比如，有人做了预示疾病的梦后，过了一段时间，城市里流行一种传染病，他也被传染了。难道他能在传染病还没有流行前就感受到身体不适吗？

对这一点可以这么看：为什么传染病流行时，别人不被传染而他被传染了？必定是他相应的脏器或系统抵抗力较差，所以才会先被传染，而这种抵抗力的薄弱在病前就在梦中表现了出来。

再有，许多身体疾病本来就是心理"制造"出来的。人的潜意识和身体是密切联系的。潜意识让人身体如何变化，身体就如何变化。当潜意识认为应该生病时，人就会生病。潜意识让人什么地方不舒服，人就会不舒服。潜意识的这种能力有很多例证：瑜伽术师能自由地让心跳加快减慢，甚至停止跳动。他们就是利用了潜意识对身体的控制力。有的原始民族中，有所谓"神灵判决"，当一个人被怀疑犯罪时，巫师作法祷告，然后拿来一杯清水，告诉嫌疑犯，这水里加了咒语。如果你犯了罪，喝了这水就会失明。

于是，真的罪犯喝了这水，就会真的失明，而无罪的嫌疑人则会安然无恙。在这个例子中，水并没有魔力，只是真假罪犯都相信了巫师的话。真的罪犯的潜意识坚信自己喝了这水会失明，他就会控制眼睛让自己看不见东西。在这种情况下，人不能自由控制身体，但身体仍旧被潜意识控制着。

日常生活中，我们的身体也时时在潜意识的控制之下。当潜意识让人生病时，人就会生病，这就是所谓"心理制造疾病"。

例如，当我们遇到一个难题时，会对自己说："这件事真让我头痛。"潜意识听到了这句话，就把它当作一个指令，于是它就去

"让我头痛"，于是头就真的痛了。

或者，当我们受到侮辱时，会说："我咽不下这口气。"于是潜意识就让你的咽喉肿胀，咽不下东西，或让你的胃胀气。

再如，一个人工作很累，人际关系也不好，很想休息几天。但是无缘无故不能请假不上班、不工作，自己也说服不了自己。他想："我要是病了，就可以在家休息了。"于是，潜意识就会让他生病。更为常见的例子是：老人抱怨孩子不关心他，于是便时时希望自己有点慢性病，好让孩子们不得不去关注他。潜意识便会帮老人制造出许多病来。

这些病本来就是潜意识制造的，潜意识自然很清楚它们的由来。因此，在梦中，这类病都会有梦兆。

某人梦见父亲给他买了一顶帽子，他戴上了，发现帽子虽然很高，但是有些紧，使得头有些痛。醒来后，他开始头痛。

这个人工作很努力，受到领导的表扬。但是他发现这样努力工作太辛苦了，想要放松一下自己，却又做不到。这件事让他感到很难办，在梦里，领导用父亲代表，表扬即"戴高帽子"，难办即头痛。

在人还没有发病时，梦可以预示疾病。在病已发作以后，梦还可以作为症状之一，帮助我们了解疾病。

神经衰弱病人，都伴有失眠多梦等症状。梦境大都是让人不快的事。

高血压病人，梦中有登高、飞翔、生气等内容。

肺结核病人，梦中有行走乏力、咳嗽等内容。

扁桃腺炎病人，会梦见脖子被卡住、被勒住或有异物入喉等。

支气管炎、肺气肿病人，会梦见身处密室、地洞或水下等缺少空气的地方。

关节炎病人,会梦见涉过冷水,双腿寒冷。

精神分裂症病人,会做带有恐怖、敌意感内容的梦,或梦见荒凉的景象,或梦见自己变成无生命物质。

梦也可以预示病症的预后。

清代周亮工曾举一例:宋主有病,梦河中无水。占梦者说:"河无水,是一个'可'字,表示病要痊愈。"这个例子看起来是可靠的。

艾拉·夏普提到的一个梦例则预示着梦者将病死,梦者梦见自己身上所有的病都聚集在一起,她仔细一看,发觉这些病都变成了玫瑰花。梦者知道有人会来种这些花儿,也知道明年花儿又会开。梦者在三天之后死去了。

其实放在一个更大的背景下来看,无论是梦还是疾病,都是"原始人"的来信。"原始人"在晚上用形象写的信就是"梦";而在我们身体上刻的信就是疾病。这样也就不难理解为什么梦可以"预言"疾病的发生,并有助于疾病的治疗了。

四、启发性的梦

"原始人"是乐于助人的,他常常在梦中用各种形象传授知识。

在迷信的人看来,这好像是鬼神托梦,而实际上所谓"鬼神"不过是内心中的"原始人"罢了。虽然他和"原始人"同处在一个头脑中,但他所知道的东西常常是我们不知道的。所以他要通过梦把知识告诉我们。

我曾经在梦中听人说到一个谜语,醒来以后想了好久,终于找到了谜底。在赞叹这个谜语编得巧妙的同时,我也在想:这个编谜语的人是谁?说到底不也是我吗?为什么"我"编的谜语我自己还不知道答案,需要去猜?答案是:编谜的我和猜谜的我虽然在同一个头脑中,但他们之间还是可分隔的。原始人"我"知道的事我不一定知道。编谜的"我"就是"原始人"。

唐代《明皇杂录》一书中记载,唐玄宗梦见十几位仙人(原始人"我"),乘云而下,演奏了一支曲子,曲调清越。一个仙人说:"这是《神仙紫云匡》,如今传授给陛下。"玄宗梦醒后记住了梦中曲调。

再如,唐代《朝野佥载》中记载,王沂平生不懂音乐,有一天从白天睡到晚上,醒来后要来琵琶,弹了几支曲子。谁也没听过,但是非常感人,听到的人无不流泪。王沂的妹妹想学。王沂便教她,才教了几句,王沂就全忘了梦中曲调。

还有清代高其佩善于指画,据说也是梦中学来的。他8岁学画,很努力,自恨不能自成一家。有一天,他困倦打盹,梦见一个老人(原始人"我")带他到一土屋中,四面墙上都是画,画得十分好。他想临摹但是没有笔墨,只有一杯水,于是便用手指蘸水临摹,醒后就学会了指画。

这类记载或许有夸大不实的嫌疑,但是在我看来是可信的。以我个人经验,我也梦见过有人唱歌,曲调异常优美,可惜的是我不会记谱,醒来后也就忘了。

不仅仅是艺术家常常在梦中遇见老师,科学家也常常在梦中有类似奇遇。苯的化学结构的发现过程就富有传奇性。化学家凯库勒

第九章 奇梦共欣赏

研究苯的化学结构时,总是搞不清。因为苯是一种碳氢化合物,当时已发现的碳氢化合物的结构都是长链状,而按链状计算,苯中应含有更多的氢。凯库勒苦思冥想不能明白,一天,在睡梦中他看见一群蛇在游动,突然,一条蛇咬住自己的尾巴团团转。他恍然大悟,苯的化学结构是一个环,他按环状计算,发现碳和氢的比例正好与实验结果相符合。

缝纫机针的设计者也在梦中受益,他梦见一群不讲理的野人命令他24小时内发明出缝纫机,如果做不到就要用渔叉刺死他,当那些野人举起渔叉时,他发现渔叉尖端有个孔。于是他醒来后,想到把针眼移到针尖附近试试看,结果一举解决了设计中的困难。

还有一个化学家,研究如何增加天然橡胶的弹性,因为天然橡胶弹性太小,限制了它的用途。在他屡次试验失败后,他梦见魔鬼出现,让他用地狱的硫磺去炼橡胶。醒来后,梦中硫磺的气味还闻得到,于是他试着把硫磺掺入橡胶,结果发现橡胶弹力大增,从而发明了硫化橡胶技术。

类似例子比比皆是。不知大家是否听说过,西藏、青海《格萨尔王》的讲书人,都是在梦中学会讲这些故事的。他们往往文化程度很低,甚至是文盲,但是未经学习,仅仅是梦中有人传授,就可以记住七天七夜讲不完的格萨尔王故事。

传授知识的梦很让人向往,睡一觉醒来就学会了什么知识,有了什么发明,这似乎太轻松了。但是为什么这种好梦我们很少能遇到呢?原因很简单,唐玄宗等人痴迷于音乐,日夜用心,他们自己的潜意识也就用心于创作,最终创作了出色的乐曲。科学家、发明家们努力思考,他们的潜意识也在同时思考,而且先一步想出了答案。如果我们饱食终日无所用心,我们梦中是不会遇到神仙传授什么知识的。说到底,神仙都是自己的化身。

梦中传授知识未必总是有人出现,有时我们会在梦中读到文章、对联等,并从中得到知识。

诗人柯勒律治说,他的长诗《忽必烈汗》是在梦中读到的。那天他吃完药后,在读一本关于忽必烈的书时睡着了,在梦中他读到了那首诗。梦醒后,他连忙把那首诗记了下来。这首诗便成了英语诗歌名作。

五、创造性的梦

梦中自己创作诗、写文章、作曲等也很常见。这就是创造性的梦。

在从事创造性工作的人之中,创作的梦很常见。《红楼梦》中的香菱向林黛玉学诗,连作了几首都不够好,最后她在梦中作了一首,博得了黛玉、宝钗的一致赞赏:"这首不但好,而且新巧有意趣。"这虽是小说家之言,却很符合心理规律。人梦中的创作特点恰恰是"新巧有意趣"。或者说潜意识作品的特点正是新巧有意趣。

文学家袁枚在《随园诗话》中说:"梦中得诗,醒时尚记,及晓,往往忘之。似村公子有句云:'梦中得句多忘却,推醒姬人代记诗。'……鲁星村亦云:'客里每先顽仆起,梦中常惜好诗忘。'"苏东坡似乎更善于做梦:"元丰六年十二月二十七日,天欲明,梦数吏人持纸一幅,其上题云:'请《祭春牛文》。'予取笔疾书其上,云:'三阳即至,庶草将兴,爰出土牛,以戒农事。农被丹青之好,

第九章 奇梦共欣赏

本出泥涂；成毁须臾之间，谁为喜愠？'吏微笑曰：'此两句复当有怒者。'旁一吏云：'不妨。此是唤醒他。'"他还曾梦见八个庄客运土塞小池，土中发现两个芦丽根，庄客高兴地吃了。他取笔作一篇文，里边有这样的句子："坐于南轩，对修竹数百，野鸭数千。"梅尧臣和妻子感情很深，妻子去世后，他梦见和妻子一同登山赋诗，醒后，还记得有"共登云母山，不得同宫处"的句子。

除文学家外，科学家、发明家也会做创造性的梦。梦中作品的优点是：流畅、优美、新奇、有创造性、有趣味、巧妙、幽默。

梦中的科学发现、发明都较有突破性，不拘泥于常规。梦作之所以能有这些优点，是因为梦是纯粹的形象思维，不受思想中的条条框框干扰，不受日常的逻辑拘束。

梦中作品的缺点是：醒后不久就会忘掉，作品不完整，往往是零星的，重自我表现而轻与他人交流。

正如前面所说的，梦中的创作归根结底仍是梦者的创作，所以其水平虽然有时比清醒时会高一点，但仍旧是梦者平时能力的反映。我在梦中也写过诗，而且写得比平日好，但是我梦中的诗不可能比苏东坡所写的诗好。因为我在诗歌方面的修养，以及在这方面下的功夫都远不能望其项背。做梦成诗人和做梦娶媳妇一样，都是梦想而已。只有像香菱那样，认真读诗、思考，才可能在梦中写出好诗。

李白曾梦见笔头上生花，从此才思敏捷。这不是什么神异，而是李白认真读书习作，终于有一天对文字有所彻悟，然后才会梦笔生花，真正使他才思卓异的，是他的学习，而不是他的梦。

同样，我们如果希望自己哪一天也能在梦中作好诗，首先要"日有所思"。

六、预言性的梦

梦中有些现象是现代科学难以解释的。即使是最严谨的科学家也不得不承认,有时梦似乎真的能预言未来事件,虽然这种梦很少,而且有些梦表面上看起来是预言性的,实际上只是巧合或者是有其他原因。

也许有些朋友会说,你这是在宣扬迷信。我认为不能把这说成迷信,因为我不是盲目相信这种现象存在,而是在看到了可靠的例证,又经过了批判性思考之后,才初步确认了这种现象的存在。我不认为这是鬼神所示现,也不认为这是宿命论的证据。我坚持科学观,但是我们不能因为科学现在还解释不了这一现象,就不承认这一现象存在。也许未来的科学可以解释它。

在谈到"神秘的梦"这一题目时,伟大的心理学家弗洛伊德说:"十多年前,当这些问题首次进入我的视野时,我也曾感到一种担心,以为它们使我们的科学宇宙观受到了威胁:如果某些神秘现象被证明是真实的,恐怕科学宇宙观就注定会被唯灵论或玄秘论取代了。但今天我不再这么认为了。我想,如果我们认为科学没有能力吸收和重新产生神秘主义者断言中的某些可能证明是真实的东西,那表明我们的科学宇宙观还不十分信任科学的力量。"

在这里,让我把这一奇异现象写出来,让我们科学地寻找解答。

先从我收集的例子开始吧,虽然这些例子较为平淡,但却是可靠的。

第九章 奇梦共欣赏

某人没上大学前,住在哈尔滨,他曾梦见一条繁华的街道的十字路口。他当时从未见过这条街道,后来他考上大学来到北京,才发现这正是梦中的地方,而在此之前他从未到过北京。

那么,会不会是他记忆不可靠?会不会他梦中的街道只不过是和后来见到北京的街道相似,于是他误以为看到了梦中的街道呢?

由于我自己也做过几次有预言性的梦,我也有些怀疑这是否只是错觉,所以我采用了这样一种方式来验证。如果感到某一个梦像预言性的梦,就记下来,以便以后见到实景时,和梦记录核对。再有,当看到一个景象似乎是梦中见到过的,马上站住,先回忆梦,回忆梦中还有什么情节和人物事物,然后再一一对比,看梦和实景是否相同。实际这样做当然有一些困难,困难之一是记录梦:我们做的梦如此之多,不可能一一记下来,我们也很难分辨出哪一个梦是预言性的梦。再有是看到实景像梦到过的,马上站住回忆不大容易。有一次我梦见一个女同学和我讲话了。第二天她果然和我讲话,我急忙回忆她梦中的话,但还没等我回忆起来,她已经把话讲完了。我当时感觉她的话正是我在梦中所听到的话。但是,我没有证据,因为我不是在她说话前先回忆起她说的话的。

尽管如此,我仍有一些可靠的记录。

1992年4月30日,我梦到去钓鱼,还梦到街上扔着许多呼啦圈,脆而且细,我也玩了几圈。5月1日我出门,看到的第一个情景就是小女孩在玩呼啦圈。下午去玉渊潭又看到好多人钓鱼。

再有,我梦见某人来我家,他有肺结核。在梦中曾读到"王有"两字。醒来我解梦,也许我会遇见学生"王友朋",他因肺结核已好久没来上课了。果然这天王友朋来了。如果说我会想到他来,这不大可能,因为他患肺结核停课已久。如果说巧合,也真是太巧了。还有一种可能是心灵感应,王友朋昨夜想来上课,我感应到了。

但是还有些梦不太容易用感应来解释。

1989年7月,我梦见在北京魏公村书店,看到书架上有一套书,共5卷,书名是《贞德姑娘》或《圣女贞德》,我要售货员给我拿了一本,看书上写着第四卷。

一年后的一天,我走进魏公村书店,突然有一种似曾相识的感觉,周围的情景好像见过,售货员、周围买书人都像见过似的。于是我站住了,回忆梦,然后我和梦对照,在梦中的那个书架上,我果然看到了"贞德"两字,而且书也恰好是5本。我激动地让售货员给我拿一本。于是她用我在梦中见到的那种懒洋洋的样子拿给我,我看了一下,书上写着"第四辑",而不是"第四卷",梦中错了一个字,但仍让我感到神奇。这是一个选本,所用书名是萧伯纳的一个剧本。

这个梦我有记录,回家后我核对了梦的记录,证实了回忆无误。这不大可能是巧合。我怎么会刚巧知道书店将要进这套书,而且在我去的那一天,在书架的左上角刚好放上5本?

这类梦我做过很多,试再举一例。

我曾梦见一处园林,其中有许多亭阁,它们都有很高的飞檐,这种轻灵飘逸的高高飞檐是我从未见过的,还有一座很高的塔。大门匾上写着"青羊"两字,也不知表示什么。

后来,我去成都青羊宫玩,一眼看到梦中见过的房子。于是我站住,对自己说,回忆清楚梦中的塔是什么样子的,然后找一找,如果有这样的塔,那么梦有神奇能力,如果没有,那我不相信梦有预言或传感能力。

我找遍了青羊宫,没有见到一座那样的塔。我嘲笑着梦的预言

第九章 奇梦共欣赏

的无稽,走到了邻近的另一座园林——百花潭,却惊奇地发现,梦中的塔正在那里,一模一样。

在心理学文献中,预言性梦的记载也比比皆是。下面请看心理学家路易莎·E. 莱因提供的例子:"大约在我 16 岁的时候,有一次从堪萨斯旅游回来,途中……在霍尔布鲁克市过夜。那晚我做了一个梦,梦见回到洛杉矶的家。邻人站在前院一个尚未掩盖的坟墓前,我走上前去问他出了什么事,他说伊莱恩被汽车轧死了。他伸出手,竖起手掌,做了一个碾轧的动作说:'她的头像鸡蛋那样被轧碎了。'……第二天早晨,我把这个梦告诉了母亲,一边做了这个动作。我们随后一起去邮局,邮局的窗前排着长队,排在我们前面的那位墨西哥人正在向邮局局长讲述刚才外面发生的车祸。另一个墨西哥人被火车轧死了。那个墨西哥人显然目睹了这场事故,或者是刚出事就赶到了现场。他用我梦中见到过的手势向局长讲述道:'他的头就像鸡蛋那样被轧碎了。'"如果你愿意的话,可以说这件事是个巧合,我愿意称之为一种科学尚不能解释的现象。

亲人去世或遭遇危险是预言性梦的常见主题,也许是因为这类重大事件让潜意识不能不关注吧。请看下面这个梦例,不知你遇到过没有。

"大约是 5 年前,那天晚上我睡得很不好……我梦见同母亲站在起居室里,看着床上躺着我们最好的一位女性朋友的尸体。……我站的姿势同母亲的一样。她边哭泣边说道:'她是我最好的朋友。'醒来后我简直无法排遣这个梦,但多少也不是那么在乎,因为这位朋友不可能躺在我家的那张床上。……可是,在这个梦后的一个月……我的母亲因心脏病复发而在睡眠中去世。我被她的喘息声惊醒,立即通知了医生和她的那位朋友。医生先赶到,他告诉我母亲已去世。那位朋友走进屋,我俩站的位置和梦中一样,她也用同样的语调说了同样的话。"

有位学生还给我讲过这样一个例子:"几周前我做了一个梦,梦见回到了家里,而家里正在大摆宴席,张灯结彩,喜气洋洋。爸爸尤为高兴,满面春风,妙语连珠,不断地向客人敬酒,似乎正在庆贺什么喜事。然后,不知由于什么原因,爸爸出去了,等了许久不见回来,于是我走出去寻找爸爸。此时外面正下大雪,积雪在地上铺了厚厚一层,我正在东张西望,忽然看见爸爸由远处走来,在快要走到我的跟前时,突然倒了下去。我抢上几步想看看爸爸究竟是怎么回事,却见爸爸已停止了呼吸,脉搏也停止了跳动。我顿时号啕大哭起来,哭声引来了一大群人围观。8分钟后,爸爸忽然动了一下,接着又睁开了眼睛,看到了我,对我说:'没事,你爸爸死不了的。'然后我就惊醒了,心中十分恐惧。"

"前不久收到家里的一封信,得知爸爸不久前出了一场车祸,造成臂骨骨折,腿骨出现裂缝,当时非常危险,没要了爸爸的命已算是不幸中的大幸。经过治疗已明显好转。"

涉及无关紧要小事的预言性梦也有很多,例如一位美国妇女的梦:"我梦见和丈夫、10岁的儿子一起骑车去野餐。中途休息时,我们把车子放倒在地。这时驶来一车水兵,车在我们身旁停住了,他们问去威密岩洞怎么走。我们回答,没有岩洞,只有威密瀑布。他们非常失望,因为原想去岩洞野餐的。于是他们把所有为野餐准备的食物扔进我们的围兜里。有牛肉香肠、小面包、泡菜、煮鸡蛋,还有1加仑(约3.8升)罐的芥末,足够一个团吃的。"

"梦醒后当天下午,我的一个邻居驾着车发疯似的向我家驶来,她一边钻出车子,一边大声笑着。她居然递给我1加仑罐的芥末,

第九章　奇梦共欣赏

然后又给了我许多面包、牛肉香肠、煮鸡蛋和其他我梦见的食物。"

她的邻居得到这些食物的过程几乎和她的梦一模一样。只有一点区别，水兵们听说没有岩洞很失望，邻居就邀请他们去她在海滩上的小屋去野餐。野餐后，他们把剩下的食物都给了她。

预言性的梦和一般的梦有一个区别，就是它们是实景，而不是象征。预言性的梦中不会出现老虎说话或自己在天上飞这类超现实的镜头。梦中有些镜头比较奇特，例如上面例子中，梦见别人平白送给她大量食品，但是以后的事情证明，这件事是可能的。

雨果讲过一个故事，有人预言某个孩子"将死在法兰西的王位上"。表面看，这简直不可能，这个穷孩子怎么会成为国王。但是后来，在大革命中，这个孩子参加了战斗，他负了伤。别人急忙扶他坐在近处的一把椅子上，给他包扎，但他还是死了。现在你知道这把椅子是什么椅子了吗？正是法兰西国王的宝座。

预言性的梦和后来发生的事的关系往往和这个故事相似。

预言性的梦和后来发生的事在细节上也会有些差异，它们可以找到动机，也许是梦者的潜意识有意歪曲。例如前面讲过的梦中，一个女子梦见好朋友死，她和母亲站在床边哀悼，事实是她母亲死了，她和朋友站在床边说哀悼的话。其动机是："我希望不是母亲死，而是别人死。"有些梦与事的差异没有什么动机，似乎只是梦"看未来"时没看清楚。例如，我梦见的贞德的书。那本书是"第四辑"，而我梦中是"第四卷"。在梦没看清楚时，它还会加上一些自己的理解，而这种理解也许反而歪曲了事实。

这是一位美国妇女的梦："我看见一条美丽的绿色大道，约在100英尺远处有一个露天帐篷。地上铺着地毯，我沿着它走着，就像在婚礼上那样。我还挽着一位近亲（但他不是我的父亲）的手。

人们从两边聚拢来,我听到他们说'多么勇敢、多么勇敢'。醒来后,我想这个梦真怪,我为什么要在婚礼上表现得那么勇敢。"

"……12月7日我丈夫猝然身亡。当我来到以前从未到过的公墓时,眼前出现的竟然是我梦中的景象!天很冷,下着雪,地上铺着地毯,两边都是人,还有露天帐篷!人们评论我说'多么勇敢',我挽着小叔子的手。"

预言性的梦看到了未来的镜头,但没看全,于是梦把葬礼误认为是婚礼了。

当然,这个梦除了"没看清未来"之外,也许还有潜意识动机:"如果不是葬礼而是婚礼该多好!"

预言性的梦中的人物可以替换。例如前面讲的墨西哥人出车祸的梦,墨西哥人被邻居替换了。这是否出于梦者对邻居的敌意呢?

预言性的梦是很少的,当你梦见灾祸时,不要轻易把梦当成预言。先尽可能分析,看它是不是象征。如果你已精于释梦但仍难以分析,这个梦又给你很深的印象,那么这才可能是预言性的梦。

有些人一生也没有做过几个预言性的梦,有些人却常常做这种梦。这里有天赋差异,另外,是否相信预言性的梦、心理健康与否都会影响到做这类梦的能力。相信预言性的梦的人,心理健康,对己对人都较为坦诚。

七、心灵感应的梦

另一种神秘的梦是心灵感应的梦,这类梦和预言性的梦很相

第九章 奇梦共欣赏

似,也是实景,不能分析,我们常常分不清一个梦是心灵感应的梦还是预言性的梦。唯一的判别方法是看时间:如果梦和事件同时发生,那么是心灵感应的梦;如果梦比事件先出现,则是预言性的梦。

虽然心灵感应的原因尚未查明,但这一现象还是比较容易理解的。必定是大脑有一种特殊的感知觉能力。借助这种能力,人接收到了远处人或物发出的信息,并且把这种信息转化为梦。

心理学家路易莎·E. 莱因提到过这样一个梦,梦者是位军人:"1918年12月,我从军中回家,事先没有通知任何人。大约在清晨4点15分,我乘坐的火车脱轨了。所幸我没有受伤。半夜我回到家中,此时约晚点了15小时。母亲见到我时第一句话就问:'今天清晨4点15分时你在哪里?'我不露声色地说,问这干什么。她告诉我,她梦见我和布朗(她的马)遭到了暴力袭击,布朗没伤一根毛,而我的情况则不清楚。她醒来后看时钟正指向4点15分。"

心灵传感常发生在相互关心、熟悉的人之间,特别是有血缘关系的人之间。像预言性的梦一样,心灵感应的梦往往注意死亡、重大危险事件。

"那天我梦见自己沿着一条街走路,周围没有什么人。这时远处走来了一个全身穿黑衣服的人,过了一会儿我才看清那是我最喜欢的姨妈。她穿着长而飘逸的黑袍,戴着一顶黑帽子,帽子上有一块厚厚的面纱遮住了她的脸。认出她之后,我笑了起来,因为她向来穿着整洁考究,现在她将自己打扮得这样不受人欢迎真是难以想象,我记得,当我走近她时,我还在笑她。她越走越近了,我能看清她的脸了。她板着脸,只是看了我一眼,就向前走去,一言不发。这太令人吃惊了,因为她向来同我很亲密,胜过母女。她走后,我听见了敲门声,开门后看到是我的女房东。她说有人打电话给我。此人正是我梦中的那位姨妈，她说外祖母去世了。"

心灵感应的梦和预言性的梦一样，事实和梦境未必全然一致。但主要信息还是传达了：姨妈穿了丧服。

在心灵感应的梦中出现的死亡象征和前面在讲述死亡主题时所讲的象征有所不同。除了那些象征，如上天、入地等之外，还有一些是心灵感应的梦和预言性的梦更常用的死亡象征：脸色苍白，动作僵硬，沉默，或发出神秘的光。

我母亲有一次梦见敲门声，开门一看是一位同事，奇怪的是她一言不发地站在门口，脸色苍白。我母亲请她进屋，她也不进。

我告诉母亲说，这是个不祥的梦，最好打听一下这个同事的近况。当时我心里判定这个同事大概病故了。过些天我母亲去打听，结果那个同事还在世，不过恰好在我母亲做梦的那一晚，这位同事心脏病突发，经过抢救，总算死里逃生。

弗洛伊德也曾提到过许多心灵感应的例子。一个从不相信神秘主义的人写信告诉弗洛伊德一个梦，他远嫁的女儿预期在12月中旬生孩子。11月16日晚，他梦见妻子生了一对双胞胎。11月18日，他接到女儿的电报，通知他自己生了一对双胞胎。时间恰好是11月16日晚。

对心灵感应的梦有一些实验证明。美国心理分析家蒙塔古·厄尔曼博士为一位女士做心理分析时，这位女士讲了她前一天晚上的两个梦。

在第一个梦中，她在家中与前夫在一起。桌上有一个瓶子，瓶中一半是酒精，一半是奶油。她说瓶中装着些"白色的泡沫一样的东西"。她的前夫刚想喝，她说道："等一下！"只见瓶上的标签写着"会引起呕吐。"

在第二个梦中,她有一只小豹,她将它包裹起来,放在一只大碗中,母亲对她说,把这只动物拿出来,否则它会死的。

厄尔曼博士听了大吃一惊,倒不是这两个梦象征着什么稀奇的思想,而是恰恰在前一天晚上,博士自己看了一场教学电影,其内容和这位女士的梦有很多相似之处。影片中有两群猫,一群是正常的,另一群被训练得有酒瘾。室内有两只碗,一只中盛着正常的牛奶,另一只中盛着有酒精的牛奶。正常猫选择正常的牛奶,而有酒瘾的猫选择有酒精的牛奶。

笔者夫妇之间也常做一些心灵感应的梦,只是感应的形式比较特别。在同一天晚上,两人的梦中会出现相同或相似的素材。比如有一次,两人都梦见自己在找一张纸,要往上写东西。笔拿在手里,纸却无论如何也找不到。不是写过字的,就是有格子不够正式。虽然笔者夫妇的这两个梦在主题上不尽相同,但有趣的是,两人的"原始人"像老朋友一样用同样的素材各说各的故事。有时两人也会梦到同一个人,但他(她)在他们两人那里的象征意义却不完全相同。也许"原始人"有自己的相互沟通方式,只是我们的意识还没法了解。

心理学家斯坦利·克里普纳等人采用的实验方式是:让被试在实验室里睡觉,并连接上脑电图仪。在另一个房间里有一个人,他打开密封的信封,每个信封中有一幅画,他整晚专门看这幅画,并且有意把思想传给被试。

被试做梦10分钟后,唤醒被试,要求他描述梦境并录音。第二天把12幅画给被试看,让他选择哪一幅最像梦境。结果发现,其准确率远高于猜测概率,而且有些梦和画十分相近,例如一个被试梦见:"我在海边的一条路上或沙滩上行走……海岸这个地方稍高一些,令我想起了凡·高。"当天夜里,另一个房间的人看的画是凡·高的《沙滩上的渔船》。

尽管有许多例子似乎表明梦可以预演未来或心灵传感,但是我们应该对这类事件抱审慎态度,不可轻易相信,直到有一天科学真的破解这个谜。

如果有人从这种梦例出发,提出一些宿命论的观点或涉及鬼神的观点,我是要反对的,因为即使这类梦真的存在,也不能证明宿命论和有神论观点。预言性的梦也许只是爱因斯坦所说的四维空间的一种效应,心灵感应的梦也许是人脑的一种潜在功能。

在梦的研究者中,对这种现象有着不同的态度:某些科学家倾向于相信此现象存在,但是仍旧不愿轻易下结论;有些科学家却宁可不愿相信这种现象存在。

释 梦

第十章
做梦的主人

一、记录梦的方法
二、命题做梦
三、造梦

释梦（修订版）

一、记录梦的方法

1. 影子逃犯

梦如同夜间月光下树丛中的影子，远看像人像兽，走近了却什么也没有。梦如同晨雾，阳光一照就消散了。梦在我们心中很难留下痕迹，它不像夜间走过雪地的小动物，会留下清晰的足迹，却像一些幽灵，鸡一叫就无影无踪了，到处都没有它的足迹。

梦是很容易被忘掉的。原因有两个。

一是梦的记忆痕迹很浅，会很快自行消退。我们都有这种经验，刚醒时还记得很清楚的梦，过不多一会儿就忘了许多，等吃完早饭也许就忘光了。我们只记得做过一个梦，却完全忘了梦的内容。

或者半夜从梦中醒来，清清楚楚记得一个梦，于是又睡了，想第二天早晨再分析这个梦，而到第二天早晨，连一点影子也想不起来了。

在睡眠实验室里，心理学家观察着仪器，有些仪器可以指明睡着的被试是不是在做梦（当然仪器不可能知道他梦见的是什么）。当被试正做梦时叫醒他，他几乎总能讲出一个生动的梦。如果在被试梦结束 5 分钟后叫醒他，他只能说出一些片段。梦结束 10 分钟后叫醒他，他几乎全忘记了。

可见梦忘得是多么快。

第十章　做梦的主人

忘掉梦的另一个原因是：有的梦暴露了内心，因而被压抑，被有意忘掉了。

心理学家沃尔伯特在实验室做梦的实验时，被试中有一个青年，很担心梦会暴露自己。在实验室中，他过了3小时才睡着，刚睡着就做了一个梦。心理学家叫醒他，他叙述了这个梦，但是很难为情。然后他又继续睡。这以后，脑电图指标表明，他开始做梦刚一两分钟，还没等别人唤醒他，他的梦就突然停止了。第二天早晨，心理学家问他做了什么梦，他回答说："梦见打开了电视机，过了一会儿，就起身关上它。屏幕上一片漆黑。"

在日常生活中，人们如果怕梦暴露自己，怕梦中那些不好的念头被自己或别人发现，不必在睡觉时"关上内心的电视机"，只需要毁掉录像带——毁掉对梦的记忆——就可以了。

我们心中的"原始人"是知道梦的意义的。因而，如果连他也不愿说出来让别人知道，他就会让梦忘掉。

惠特曼等人在实验室对两个正在接受心理治疗的病人的梦进行分析，发现了一个有趣现象：女被试在对实验者讲梦时，忘掉了一些梦，这些梦在她到了治疗她的心理医生那里时却又想起来了。经分析，这些梦的意义是对实验者的性欲和敌意。还有些梦对心理医生讲的时候忘了，对实验者讲时却不忘。经分析，这些梦都是与性有关的。由于被试知道心理医生更擅长分析与性有关的梦，所以她到了心理医生那里就把这些梦"忘了"。男被试在和心理医生讲梦时，把在实验室时还记得的一些梦忘了，这些梦的意义是关于同性恋的。

除了害怕在别人面前暴露自己，常忘掉梦的梦者也不愿意自己面对梦所揭露出的东西。有些经常忘掉自己梦的人反而庆幸自己的遗忘。他们说，回想出来的大部分梦都很不愉快或把他们吓得半死。这说明，他们的梦反映了心理冲突，而他们既不愿意面对自己内心的冲突，也不愿记起反映这些冲突的梦境。

出于这种回避的态度，他们会找一些借口回避记录梦，比如说："记梦太麻烦。""有那么重要吗？""生活中那么多事，哪有闲工夫去管梦！"

然而，这种回避对人的心理成长是不利的，因为心理冲突和不良情绪不会因为你不去管它就自己消失。回避梦，就是回避自己的内心，这是一种掩耳盗铃的态度，是不能解决问题的。

由于梦的记忆痕迹浅和人们有时会害怕记住梦这两个原因，梦很容易被遗忘，我们就需要想一些办法记住我们的梦。

2. 捕梦之术

美国心理学家帕特里夏·加菲尔德对如何记忆和记录梦有很深的研究，根据她的经验，有这样一些要点。

（1）重视你的梦，把梦当成珍贵礼物。相信梦能带给你对自己、对世界的洞察，提高你醒后应付生活的技能。不要抛弃表面上荒谬的和琐碎的梦。接受每一个你记得的梦，认真对待它，把它记录下来。

（2）临睡前做出记牢梦的打算，对自己说："我今晚一定要记住我的梦。"在朦胧中再提醒一下自己，要记住梦。

有的人从来记不住梦，这种人应这么对自己说："我愿意了解自己，我愿意记住梦，我肯定能记住。"有了记住的愿望和信心，就肯定能记住。

（3）刚醒时不要睁眼，闭着眼回忆，一睁开眼，我们就来到了白天世界。清晨,我们看见阳光,一下子就清醒了。我们会想到白天该干的事,梦就被抛在脑后了。而闭着眼,我们仍沉浸在梦的世界中,就容易回忆。只要能够回想起一个梦的片段,就可以由它一点点联想起整个梦。

(4)如果一点片段的梦也回想不起来,就想想生活中的重要人物。在想不起来梦境时,也不要放弃。想想你所接近的人、家人和亲密朋友的形象。假设你的梦是关于你父亲的,但是早晨梦被忘了,那么,当你想父亲的形象时,你就会回忆起来:"啊,对了,我昨天好像梦见他了。"这就好像你回忆一个人名,觉得那个名字就在嘴边但就是想不起来,这时别人问:"是不是××?"如果正好说对了,你会恍然大悟地说:"对,对,正是他!"

(5)刚开始不要翻身,当回忆枯竭时,翻一下身。

一醒来就起身或做其他迅速的运动都会打断梦的回忆,所以刚开始回忆时应保持醒来时的姿势。

当回忆枯竭时,慢慢翻个身,就会回忆起另一个梦。一些心理学家认为,保持做这个梦时的姿势最容易回忆。仰卧时做的梦,仰卧最容易回忆;侧卧时做的梦,侧卧最容易回忆。

(6)尽快回忆和尽快记录梦非常重要。在我看来,对我们一般人来说,用不着那么认真地闭着眼找梦。但是在早晨醒来时,倒的确该先想一下:"我昨天做了什么梦没有?"回忆起来后,用笔简略地记录下来,或者讲给朋友家人听。

在白天,某些偶发事件、某句话的声调、别人的某句话、自己的某句话或者看见的什么东西会唤醒你的记忆——"我昨天的梦和这很像",因而使你想起一段梦。正如早晨对梦的回忆一样,尽快把它写下来,因为这些回忆像鸟一样,过一会儿就会飞走。

（7）在床上准备纸笔以记录梦。如果你早晨回忆起一个有趣的梦，想把它记下来，但是床上没有纸笔，你就只好起床去找。起床并且找东西这个过程就足以让梦被忘掉一半。

如果对释梦有兴趣，至少在初学时要认真记录少数梦。

为了记录方便，你应该在床上备好纸笔。"纸"应该用硬皮的本子，稍大一些为好。因为是躺在床上写字，用软皮本显然不方便。另外，硬皮本不易损坏，保存也比较方便。笔最好用圆珠笔，临睡前试试好不好用。用钢笔的危险是，如果不小心把笔帽掉了，笔尖碰到床单就会让床单脏一大块。

最好闭着眼记录，这样梦不容易忘。但是一般人这样做会把字写得叠在一起，也只好睁开眼打开灯记录，但是，床头灯不要太亮。

为什么不能用录音呢？据我的经验，用录音有两大缺点：第一，谁有那么多时间去重听录音并把录音整理出来？第二，刚醒时人的口齿很不清楚，你自以为清清楚楚地在说话，而结果录下来的只是一堆含含糊糊的声音。

记录梦时先记一个简略大纲，不必太详细，然后再填充细节。要拣重要的、印象深的梦记录，如果每个梦都细细写下来，那每天上午就不用干别的事了。

（8）先记录关键词和新奇独特的东西。加菲尔德提出先记动词短语。我发现中文中不一定是动词短语最重要，所以，我记录关键词，用词而不是句子去记一个梦。例如："和郭……卖枣……老太太……店……鱼……螃……无水……"用这些词先勾出梦的轮廓，过一会儿再填充内容："我梦见和郭一起到一个市场去，郭提出我们也卖点东西，于是我们卖枣……"填充可以起床后再做，甚至可以等中午再做，但是不能拖太久，否则也会忘掉的。

如果你在梦中作了一首诗，刚醒时先要把诗写下来，然后再写梦中的其他情节，因为诗是更容易忘的。如果在梦里用了什么怪字或有什么其他创作，也要首先记下来，因为这些作品是易忘的。

（9）为记录下来的梦拟一个标题。像给小故事加题目一样，也可以给一段梦的记录加一个标题。这样做不仅有利于以后回忆这个梦，还有利于理解这个梦。因为为了写标题，你要寻找梦的"中心思想"或"主要情节"，在这个过程中你就发现了梦的要点。

我的梦标题大略如"出游治河""逃向凤凰石山""宝石花"等。

（10）边记录边分析。在半梦半醒之间，释自己的梦很容易。原因是这时潜意识还没有完全停止活动。因此，在早晨不妨躺在床上，一边记录梦一边分析："这一段又是什么意思呢？"

（11）回忆梦，理解梦的能力会越练越精。常常记录自己的梦，记忆梦的能力就会越来越好，同时也更会释梦，这样，就可以从梦中学到越来越多的东西。

美国心理学家盖尔·戴兰妮也提出了一些改善对梦的回忆的方法，基本上与上面所讲的相同。她还提到要允许自己醒来后有安静的环境想梦、记录梦。

盖尔·戴兰妮还总结出一种做梦笔记的特别方法，这种方法把梦和做梦前一天的事、做梦前的孵梦和释梦等记录到一起（下面我们还将介绍孵梦），使自己在很久之后，仍可以清楚地看到梦的全部前因后果，是极为有效的方法。

她的方法如下：

> 我教人用来记录梦的方法，多年来不断改良。我希望目前提供的方法大家可以先试试看，也许以后你也能发展出适合自己风格的改良方法。

按照我们定的格式把梦记录在笔记中,初看之下可能觉得很复杂,不过请记住,那只是一种理想的格式。等哪一天你不想花那么多时间记录,也可以采取较简易的方式。可是务必记住一项原则,做梦笔记里的内容一定要清楚详尽,这样才能从中学习到东西,当你理解自己梦境的能力增强之后,检讨过去的梦将让你发现更多意念。有时候,过去令你百思不解的梦,重读之下竟豁然开朗,与目前的生活有密切关系。

　　我曾在一星期中重温过去四年内所做过的梦,事后某一天,我安详地坐在沙发上,脑袋里任何事都没想。突然间,我灵光闪动,体会到一个在1973年做的梦的意义。

　　我把那只精美的钻石表遗留在溜冰场里。我走出车门的时候才发觉,手上戴的是一只平淡无奇但功能齐全的男用表。我很焦急,担心回去的时候表已经被人捡走。

　　现在,坐在客厅里面对着壁炉,我终于了解,这个梦是在警告我并没有好好利用"宝贵"时间溜冰!进大学之前,我参加集训,准备参加溜冰比赛。可是在1968年念了大学之后,我放弃了溜冰,我告诉我自己,溜冰与认真念书是鱼与熊掌,不能兼得。年满20岁时,我也对自己说,年龄太大了,不适合溜冰。4年之后,我的梦依然在责骂我。我并没有利用宝贵的时间溜冰,只是想成为一名心理学家。我在梦中戴的那只男表,很像某位心理学家戴的表,他很会利用时间,但有些工作狂。我曾经想要把我最初的需求忽略掉,这些需求是爱、创造、艺术,因为它们可能让我分心,妨碍我的研究。我一个月拖过一个月,我的梦终究点醒我,一星期中溜几次冰并不会让我"玩物丧志"。于是,我又开始溜冰了,并获得极大满足。

第十章　做梦的主人

如果以前我能每个月好好重温旧梦，说不定就不会拖这么久才了解这个梦的意思。

如果你只是草草勾勒你的梦境，那么，在温习的时候就不易看出它的意义。对于初次记录梦境的人来说，一定要不断重新检讨自己所做的梦，才能慢慢熟悉自己的梦境语言。下面就是理想的做梦笔记格式。

....

我们就以玛丽亚的做梦笔记为例，让大家知道我们的学员是如何记录他们的梦的，然后再循序说明。

1997年，5月3日，星期六。

一日摘记：

今天我做了好多事，洗完六大篮衣服，用熨斗烫一大堆衣裤，出去购物，染发，恢复自然的金发。真不敢相信，我做出一条肉卷，然后和汤姆去看《教父》第二部。我觉得做了好多事情，玩得很痛快，心情很轻松。

默默讨论：

我很想进一步了解我与汤姆的感情关系。我觉得对他有点烦，可是又觉得孤单，会想念他。跟他一起出去玩很愉快。可是，我们未来发展出的关系，会是我想要的那种吗？我很希望找个好男人，一起建立家庭，生儿育女。

★汤姆在我生命中的地位如何？

＃枫树下的无聊事

汤姆坐在一棵看起来很无聊的枫树下，枫叶已经枯黄——那好像是秋天，可是又没有秋天那么美、那么温暖。我走向他,带来一篮野餐。我想,里面一定满满装着乳酪、法国面包、水果等好吃的食物,我掀开棋格布,发现里面是花生酱、果冻、可乐和薯条,全部用麦当劳的包装纸包着。我们玩得很愉快,并把这些垃圾食品全部吃完。不过,这样过了一整天,我觉得有些失望。

评注:

好一场郊游!原来我对汤姆那么好,是因为"性"的关系。他并不是我心目中的理想男人。当我打开野餐篮时吃了一惊——好像说,原来你期望吃到牛排,可是却只得到汉堡包。这样的比喻够了,我和汤姆的关系就顺其自然吧!

·············

玛丽亚的做梦笔记很简短、易读,段落清楚,从她的符号注记中就知道星期六那天她心里在想什么,而且也知道那晚她做了梦。梦在什么地方结束,她对这个梦有什么看法,也都安排得很整齐。依照如下的说明,你也有办法写出自己的做梦笔记。

一日摘记

临睡之前,记录你一天的活动,尽量简单扼要。玛丽亚就写得很简洁,要点都浮现了。一日摘记的主要目的是简短记下你一天的想法、感受、行为,这有助于检讨你的一日得失,引导你进入状态。请不要以流水账写下你今天做了哪些事,至少用一行写出你今天的感触与想法。通常这会是等一下做梦时的关键意义。制作人制作梦境演出后的数天,这个摘记将可以帮助你诠释梦境。

第十章 做梦的主人

默默讨论（自由选择）

如果你准备在某天晚上针对特殊问题孵梦，最好在入睡前与自己讨论一下该主题。例如，玛丽亚和自己讨论对汤姆的观感。在讨论的时候会激起你的感情和思绪，对于你想孵梦的主题很有帮助。

默念句

如果今晚是孵梦之夜，写一行问句或请求，表达出你想了解某件事的深切渴望。玛丽亚的默念句是："汤姆在我生命中的地位如何？"睡觉前把这个默念句写下来，并在句子前面加个"★"号，表示这是很重要的一行，以供事后参考。

梦的标题

这一行先保持空白，等第二天记录好梦境内容时，再用三至五个字写出足以代表整个梦的标题。玛丽亚所定的标题是"枫树下的无聊事"。这个标题在你复习的时候很有参考价值。甚至，你写下的某些标题很可能是了解梦境意义的重要线索。

梦境的内容

尽量把内容记录下来，越准确越好。描写做梦时及醒来后的感触。醒来后，心中挥之不去的印象、诗歌、幻想、感觉，也要一一记录。它们有如梦本身，有时候也有故事可说。一定要立刻写下梦中出现的特殊引用句、诗词、歌曲，不寻常的梦境影像一定要先描写或画出来。梦中所出现的某些特殊的话，似乎最难回想。你应在回想其他的内容之前，赶快写下来，这样才不易忘记。注意，千万不可过于自信而偷懒。例如做完梦半夜醒来，对自己说："我先回想刚才做的梦，等明天早上起床再用笔记录。"这样的话，你会漏掉许多有意义的内容。另外请记住,从梦中醒来后不可以批评自己的梦。记录应该是最优先的事。有时候,你会想避开某种梦,并在朦胧之际决定把刚做的梦忘掉。这种情形我们前面也稍有讨论。即使一个人经验老到,梦境记录也难免受其影响,失去许多有趣画面。

⋯⋯⋯⋯⋯⋯

我们要学会欣赏、享受梦所提供的自由国度。在这里,你可以自由行动,感受梦中的现实,不受因果、时空、重力的限制。请把握这种无拘无束的画面,请不要用清醒生活的方式描述梦境,用这种方式述说只会引起不必要的限制,而是尽可能把梦的风格写出来。你可以在记录时注明,在什么时候你觉察到自己正在做梦,或觉察到两个梦中的景象同时发生。你也应该注明,在睡眠中何时发生不像在做梦的事件经验,例如,好像飘浮在身体上方,或看到很明亮的光等。

你可以利用两边或上下的空白部分,写下对梦中影像或行为的瞬息联想,你也可以用这些空白部分画出不寻常的梦境影像。把梦境记录与分析、联想区别开来。

评注

在这一部分,记录你的梦境或其他任何你对梦境内容的联想。

因为你是把梦境内容写在另一张纸上,所以,事后温习时,你若有其他的感触或联想,都可以在评注部分随时增加或修改,你也可以利用这一部分,描述你在入睡前朦胧阶段的视觉、听觉及其他感觉经验。

梦典

有些做梦者发现,把经常出现或重新出现超过一次以上的

第十章　做梦的主人

梦境影像收集起来编成梦典,对了解梦的意义很有用处。仔细研究一番,你将会发现属于自己的象征系统。其实,梦典并非一本你自己象征系统的词典。它只是一本你的梦境影像库,帮助你联想,并帮助你进一步检查令你困惑或重复出现的素材。

复习

当你把记录的梦存档于年度笔记本里,你等于拥有自己的无价之宝。每月一次与每年一次复习或回顾自己所做的梦,将让你有意想不到的新领悟。因为生活经验的丰富与技巧的增进,你已懂得如何参考一日摘记并了解多年前你难以理解的梦的意义。

复习笔记的时候,你可能会发现重复出现的主题,每月份或每年份的复习要写上日期,并描述一下你的一日摘记或梦中重复出现的主题。同时也描述一下,在面对自己的恐惧、威胁、攻击、仁慈,或在探索未知领域时,你的做梦人生与清醒人生的解决方法有何不同。经过定期的复习之后,你就可以看出自己经常扮演的角色:是受害者,还是心情沉重的人、抗拒者、陌生人、驾驶人、助人者、独断者、教导者?先回顾你的梦,然后回顾自己的生活,看看你扮演的是什么角色。

复习自己的梦是一件很好玩的事,以前你认为琐碎、无趣的梦,对照现今的生活经验,你将发现,它们是整个生活史中一段迷人的、不断转变的、尚未完成的人生经验……

除上述方法外,我还想做些补充:一是吃安眠药会破坏人记忆梦的能力,所以如果你想记住梦,最好不要服用安眠药。二是早晨睡得很充足,自然醒来有利于记住梦。人在下半夜的梦比上半夜的梦更丰富、更生动,早晨的最后一个梦是最容易记住的。如果你早

释梦（修订版）

晨还没睡好就被叫醒，这个梦就被打断了。所以最好把释梦放在周六日的早晨，这两天多睡一会儿也无妨。而且通过释梦，分析一下自己的心理状况，解决一下心理冲突，对人的心理健康也是有益的。释梦可以看作精神上的保健操。

二、命题做梦

在几万年前，人类不懂得种粮食，只懂得采集。他们走进森林，见到蘑菇就采蘑菇，见到苹果就摘苹果。即使他们想吃的东西森林里刚好没有，他们也毫无办法。后来，人们发现，可以种粮食、种蔬菜和种水果。这样，他们爱吃什么只要种就可以。

对待梦这种精神食粮的态度也有这样的两个阶段，会释梦的人等于会采集，他可以在昨夜的"森林"里采到现成的梦，梦表明"原始人"提出了指导，但是这个梦未必正是他想要的。如果他学会如何"种梦"，播下一粒梦的种子，第二天清晨再收获，这个梦对他就更有用了。播下一粒梦的种子是可以实现的，那就是我们所谓的"问梦"。问梦就是在睡前，先提出一个我们关心的问题去问梦，或者说问我们内心的"原始人"，仿佛一个记者就采访提问题，或一个学生请教老师问题。如果知道方法，当天晚上做的梦就会回答你的问题。

1. 问梦解决智力问题

从事创造性活动的人，如发明家、文学家等人或多或少都得到

第十章 做梦的主人

过灵感的帮助。他们苦思冥想一个难题而得不到解答，却在散步聊天不经意时，突然间从脑海里冒出了一个答案。

灵感和梦一样，都是内心中的"原始人"的创作。只不过灵感是在白天涌现，梦是在晚上出现罢了。

科学家苦思冥想时，他的潜意识也在想，科学家休息散步时，他的潜意识还在想，一旦想出结果就会以灵感形式出现。

梦也可能解决难题，解决后就用梦告诉你答案。那么如何让梦为我们服务，帮我们解决难题呢？

首先，你要把真正的难题留给梦。如果是稍微动动脑子就能解决的问题，何必费力在梦中求解，醒着想一想就可以，不必问梦。

其次，未睡时先认真想想，努力争取解决这一难题。这种努力可以加深潜意识对此难题的印象，使潜意识更清楚题目的意思，了解条件和解题所需的背景知识，而且可以使潜意识知道，你很希望解出这一难题来。

最后，是在临睡时对自己下指令，对自己说："我要在梦中解决关于××的问题。"这一指令要重复说几次，从而加深印象。

这样的话，在梦里就很有可能会看到答案了。这答案也许在梦中是你自己想出来的，也许是一个梦中的神仙或奇人告诉你的，也许是用一个奇怪的景象表演出来的，就像前面讲的苯的发现例子中蛇咬着尾巴的景象一样。把梦记住，利用前面所讲的一切记梦技巧，把梦清楚地记住，然后再在梦中寻找答案。由于梦所给出的答案并不是直接说出来的，而是用形象表示出来的，因此还需要对梦进行翻译。但是不论怎么说，这总归对解决难题有很大帮助。

梦的答案并不一定准确，也会犯错误。由于缺少现实感，梦的错误有时很可笑。即使是错误的答案也是有用的，它往往开拓了你的思路，启发你想一些原来没想到的地方。如果你善于利用这些启示，在醒后，你解决智力难题比睡前应当容易得多。

补充说一句，在利用梦解决难题时，千万不可贪多，每晚只问梦一个难题。否则，难题过多，对它们的思索就会相互混淆，梦反而难于解答它们。

在面临情绪困扰时，不能再让梦解决智力难题。因为你的情绪困扰，本身就是需要梦解决的难题，梦在解决情绪难题时，不能再同时解决智力难题了。

2. 问梦解决心理难题

心理上有问题更应该问梦。除了数学难题、物理难题和发明中的难题，情绪困扰、人生选择、自我发现等也都是难题，而且是对我们来说更重要的难题。我们已经知道，梦有时可以给我们一些指导。通过释梦，我们可以得到这些指导。

但是有时我们更想主动去询问梦，而不是消极地等待它。这时我们可以采用睡前发令方法来向梦提问。

这与让梦解决难题的方法一样，也是在睡前对自己说："我要梦见，为什么我改不掉懒惰恶习。"或者："我要从梦中知道，我的忧郁从何而来。"

3. 向梦提问的要点

（1）反复重复问题，而且重复同一句话。不要说一遍就算了，因为那样只会留下很浅的印象，不能对梦产生影响，也不要用不同的话重复，例如："我要问梦，我怎么这么懒。我总想改，可是改不掉。我的意思是说，人们都觉得我懒。这是不是因为身体不好……"这样问不好，因为不明确，梦反而难以回答。

（2）用简单、无歧义的语言表述。梦是从字面意义上去理解人的话的，如果你的问题话里有话，梦也许会歪曲你的问题。如果你的问题表述得太复杂，梦会印象不深。

（3）问问题时在头脑里把这种情绪感受或与问题有关的事件回想一下。例如，问为什么忧郁时，体会一下自己的忧郁。问为什么懒时，想一想睡懒觉逃课，做功课拖延，书连动也不想动等事，想想所有表现出懒的事情。

（4）一夜只问一个问题。你如果问了两个问题，将造成你自己的混乱，你不知道梦给你的回答是关于哪一个问题的。

美国心理学家盖尔·戴兰妮发展了一套向梦提问的方法，她的具体方法比我的要更复杂些，需用的时间要长一些。但是基本思想是相同的，如果你是新手，严格按她所说的去做更好，熟练之后可以按我上面所说的方法做。以下是她的方法。

第一步：选择合适的夜晚。

首先，你不能过度疲倦。因为你是要与梦中的你携手合作，不是要对抗他，所以有必要避免服用刺激物，譬如不能饮酒，不能吃药。止痛药与安眠药会妨碍心灵的运作，很多用药成习的人，发现梦中的人生反而会更活泼、更有趣，因此不再依赖药物。如果你有固定的用药习惯，而且已经有很长的时间了，请记住，突然不吃药反而有危险。由于做梦时的心灵活动，有时候可以减缓或治疗失眠症，因此，有用药习惯的人，最好请教医生，安排时间表，慢慢戒除药瘾。如果医生一下子开出一两个星期分量的安眠药，你最好再去找别的医生，听听他们的意见，因为这种长期靠药物入眠的习惯，会影响你的睡眠质量。

其次，入睡之前一定要有 10～20 分钟不被打扰的清净时刻，处理接着要讨论的其他几个步骤。

最后，第二天早上醒来，至少需要 10 分钟记录你所孵出的梦，除非你在半夜醒来时已经做了记录。一定要给自己留一点时间，做好这些工作。

第二步：一日摘记。

临睡之前，记录你一整天的生活感触，把一天的想法、感受写在纸上，可让你放松、净化心灵。有重点地简单写下几行即可。

第三步：开灯（在心中默默讨论问题）。

如果你在执导电影，一定要有灯光照明，开灯强调某一局部。我们的这一步骤叫作"默默讨论"。我们运用意识，从各个角度仔细检查所处的情境，把注意力放在以前没有充分照明的地方。然后"默默发问"，问自己是否真的愿意面对问题，是否准备好采取某些行动。跟自己讨论整个问题，把讨论的内容记下，越详尽越好。下列问题可供你参考：

你认为问题的"成因"是哪些？

你觉得有不同的解决办法吗？

写到这里，你有哪些感触？

让冲突悬着，会是"塞翁失马，焉知非福"，还是会有某些益处？

以不变应万变继续在问题中生活，比解决问题更安全吗？

如果问题解决，你会失掉什么吗？（譬如，自怜、自

第十章 做梦的主人

以为奉献牺牲）

如果问题解决，事情是否因此改观？

也许你不会拿困扰问题来问自己，而是寻找各种跟生活利益相符的信息或启发。若有这种情形，你可以问自己，为什么你想获得某些信息，而且，一旦获得这些信息，你又计划怎么做。

当你在清醒状态"默默发问"时，请尽量深入，激发自己的感情，把心中的想法一一写出来。

我们可能胡乱做一做而跳过这一步骤。其实，这是非常重要的一步，越能运用意识掌握问题并写下讨论，就越有机会在第二天早上获得问题解答。有时候做简短的讨论就够了，当然，这必须练习到熟能生巧，这时候就可以把默默讨论这一步骤，部分或全部跳过。比较困难与比较困惑的主题，一定要把讨论的情形写下。请记住，如果你是第一次尝试孵梦，为了确保顺利进行，默默讨论这一步将是成功与否的关键。在讨论之前，请在纸边做一注记，便于填写日期、标题、补充事项等，以供事后参考。

第四步：默念句子。

接下来，在笔记本上写出大约一行的句子。这个句子必须深入而且清楚表达你想要了解困境症结的欲望。这个句子将是你要默念的语句，越简要越好。你也可以先草拟几个句子，反复推敲，直到找到自觉佳妙的好句。你所要默念的句子也许是："为什么我怕高，该怎么办？"或者："我与张三的关系出了哪些问题？"如果你希望得出新点子，就必须明白说出你的欲求，例如："请赐我新观念创作绘画！"不管你是发问还是请求，句子尽可能简单扼要。句子越具体，所做的梦就可能越明确。把句子写得醒目一点，并在左边标示一个★号。

省掉这一步骤将会造成困扰，例如："我不知道该孵什么梦？""我忘掉了该默念的问句！""我是不是该孵梦？"

第五步：调焦。

现在请把笔记放到床边，开灯，闭上眼睛，然后集中精神于默念语句。想象你就要开始制作梦境，解答你的疑难杂症。你要求摄影机对你感兴趣的主题做一近距离特写，就是你默念的句子。你所指挥的摄影机，就是你的意识。焦点完全集中在你默念句的影像上。这时你躺在床上，不断复诵句子，一遍又一遍。入睡前，忘掉你刚才默默讨论时所写下的东西，心思完全集中在你的问题上。如果分神的思绪插了进来，诸如"会成功吗？""明天起床我一定要记住……"，那么不要继续再想下去，全心全意集中在你的默念句上，你的疑问会慢慢升华。把全部的感情专注于句子，坚持到进入梦乡。

照着上述方法做，即使你是第一次孵梦，也有非常大的可能在梦中浮现你的困扰问题。这是孵梦过程中最重要的部分，因此，注意一下你的摄影机是否调妥焦距。

第六步：开演。

这一步最简单，只要睡觉就好。对于整个做梦的奥秘原因，科学家至今也所知不多，我们的所有心理活动，有一部分是以潜意识方式出现。从清醒时的观点看，通常只有在睡眠状态下，这一部分的心理活动才能碰触到我们智慧与经验的根源。当白天一切的知觉活动止息下来，进入梦乡后，我们就进入另一种更为敏锐精妙的经验层次。

第十章 做梦的主人

在睡眠状态下，我们可能接触内心中的更高层自我，并进入了所有个人历史（行为、态度、记忆、印象）以及未来个人可能性的大宝库。许多心理学家、精神医学家，还有研究做梦的专家早已发现，我们的内在自我能够以更清楚、更客观的方式看待我们生活上的问题，而且视角比清醒时分更为广阔、深远。

在非常难得的偶然机会里，你可能变得很清醒，在意识状态下目击梦境制作人的卖力演出。你能够觉察自己的某个部分正忙碌挑选适当的角色，这些角色来自你个人记忆的联想，你正努力把内在自我的经验翻译成意识心灵认为合理的语言。这种与内在自我的接触，明显产生了极具象征性的形式。梦中我的任务是打破这些强烈象征，将其转化为更为具体的风貌，让它与我们的日常经验发生关联。因此，我们所记得的梦，可能只是整个睡眠历程中的末端而已。

有意愿孵梦就可能孵出梦来。梦会重新定义你的问题，把意识所看到的问题做转化，让内在我重新认识这个问题。其中的差别可能极具启发性。梦可能对你的两难困境提供你未曾考虑到的选择机会。梦也可能引导你，进入心理上察觉与理解的全新领域。

最后，有些孵出来的梦，本身似乎有解决问题、安抚、治疗的功能。做梦的经验可能以化解冲突的方式改变你的心境与感情。请相信你的梦境制作人，他会把工作弄妥。你那有创造力的部分，知道你心中的关切重点，并且自动自发地对这些问题做出反应，有技巧地导演出你的梦境。

第七步：记录。

转醒之际，立刻把你记得的梦尽量详尽地写下，不论时间是半夜还是清晨。对于整个梦境或回忆到的某些部分，不要事先批评，也不要把心中突然想到的感触、歌词、幻想等加进来，尽量如实重述梦境。

如果时间允许的话，心中的任何联想，或梦中特殊的影像，可以摘要写下或画下，不过要区别清楚，最好是画或写在纸边。事后在解析时，当初孵梦所默念的句子不能忘记，而且要尽可能追索梦中所包含的确切意义……

三、造梦

梦不好就改梦。

问梦如同点播节目。但是你知道吗？也许电视即将被交互式电视代替，将来的交互式节目将允许观众影响节目。例如，一部交互式电视剧播出时，演到女主人公在舞厅看到男友和另一个女人在一起时，观众可以用控制键盘，决定女主人公是转身跑开，还是冲上去打架，或是装作若无其事地上前打招呼，而后面的剧情发展也就因此而不同了。

我们和梦的关系，也可以是交互式的，我们可以以种种方式影响梦境，实际上这意味着我们用梦所用的象征语言和自己心中的"原始人"交流，向其表达我们的想法。

1. 基本的造梦方法

基本的造梦方法是在睡前向梦提要求，要求梦消除或改变一些

第十章 做梦的主人

消极的东西,使自己的心灵成长。

提要求的方式和向梦提问一样,是睡前用简单、无歧义的语句向梦提出,也同样要遵守我前面提出的要点。与问梦不同的是,这里我们所说的要求指令,都是直接关于象征形象的。

例如,"当梦见那个脏孩子时,不要打他",而不是说"我要接纳我自己身上的缺点和不足"。

我小时候曾经自发地用过这种方法。那时我刚开始自己在一个屋子里睡,离开母亲有点害怕,所以每天夜里都做噩梦,形形色色的鬼怪总在梦中出现。有时甚至一闭眼,还没有睡着,脑海里就出现一只猛虎,吓得我不敢睡觉,但是不睡又不行,我也不愿放弃自己独占一屋的快乐和自由。

于是在我不堪忍受时,我就对自己说:"一会儿再梦见老虎,我要和它搏斗。"一会儿睡着了,老虎出现了,我想搏斗却动不了,老虎在威胁我,似乎还嘲笑我,我吓醒了。

醒来后我对自己说:"一会儿再梦见老虎,我要努力动手,和它搏斗。"过一会儿再梦见老虎时,我努力动手,和它搏斗。结果梦见手微微动了,老虎没有跑,我又吓醒了。

我马上重复指令,继续睡,继续努力搏斗,不久之后我再梦见老虎时,就能梦见自己和老虎在搏斗,老虎被我打败了。从此我不再梦见老虎了。

这就是引导梦境改善心理,梦中的老虎来源于我的恐惧。

"和老虎搏斗"则意味着"战胜恐惧",当我在梦中战胜了老虎,我在实际生活中也就战胜了恐惧。

引导梦境的要点是,当一个消极的形象或主题反复在梦中出现时,首先分析一下梦,了解一下其意义。

例如，反复梦见被追赶。首先分析梦，判定被追表示一种恐惧。然后，根据追你的人的特点，判定你所恐惧的是什么。

如果具体意义不清楚，第一个指令是"正视问题"。

例如梦见被追，梦中却看不清追赶者，甚至没回头去看追赶者。那么第一个睡前指令可以这么说："我要在梦中回头看看谁追我！"因为不回头看追赶者象征着"不正视危险"，而回头看追赶者则象征着"敢面对危险""敢正视困难"。

有一次我梦见被追赶。追赶者的沉重脚步声一直在身后响。我向自己发出指令："回头看是谁追我。"结果后边没有人，"沉重的脚步声"原来是我的心跳。于是我恍然大悟，意识到白天所遇到的那件事根本没什么可怕，我只是在自己吓自己而已。"没有人追你，你怕的只是自己的心跳。"如果你梦中回头看到了追赶者，你就可以根据他的样子分析出来他代表什么，然后采取相应措施。

比如有个女孩用吐口水在梦中打鬼。"鬼怕吐口水"这似乎是一个迷信，但是在梦中它只是象征，即"用轻蔑来对付那些邪恶的小人"。还可以用笔作匕首去打鬼，这就是鲁迅所谓用笔战斗。可以用枪打鬼，用棒子打鬼，当自己难于胜利时，还可以向梦中的友人求助："让××来，他可以战胜鬼。"如果××是一个光明磊落的朋友，那么"××帮助打鬼"就象征着用自己心中的正气压倒邪恶。把敌人埋起来表示"埋葬"怀疑、悔恨等不良情绪，烧死敌人表示把不好的事物"消灭干净"。

心理学家盖尔·戴兰妮说："如果你醒着时经常暗示自己，要正视和反抗梦中的敌人，并且问他为什么要威胁你，那么你就会成功。这也许会立即做到，也许要花上几个月，但你终究能做到。这时你会感到大功告成，直至白天仍然如此，你由此而获得了新的勇

第十章 做梦的主人

气和胆量。"

盖尔·戴兰妮指出,理解梦中的敌人,与之和解,是一种很好的方法。我们从她所举的例子,可以看出这种理解的方式。

玛丽·埃伦的梦:"我待在自己的屋子里,这时一群年轻的歹徒闯进屋子打算向我行凶。我设法将他们骗走,然后关好门窗。我想这下可安全了。然而当我惊魂未定时,他们又来了,又以新的手法恐吓我。他们长得像巨兽,有长长的触须,眼睛突出,皮肤似海怪。我不想让梦中的恐惧压倒我,于是我壮起胆子说:'你们又来了,这下又要干什么?'这些怪人立即变成一群友善的人,他们表示想和我做朋友,帮助我理解自己。他们对我指出了我嫉妒我最好的朋友的原因。他们的解释很中肯。我醒来时更有信心了,也不那样嫉妒她了。"

里克每隔三周就梦见一个可憎而凶恶的男人追赶他。这个男人有时是军人,有时是暴君、恶霸或地主。每次在梦中,他总是设法保护自己,有时还杀死了进攻者,可梦还是反复出现。心理学家分析,这个梦是他对死去父亲的憎恨的表现,于是劝他以"恨罪恶而爱罪人"的态度宽容父亲的缺点。于是他梦见:"一个士兵冲进他的屋子,他刚想抓起一杆枪向来犯者射击时,想起了自己下过的决心,并且模糊地意识到自己在做梦。于是他放下枪,心中对那来人说要理解他。他问士兵:'你要干什么?'这个士兵立即变成一个友善的人,并且答道:'我要你停止憎恨。'然后又对他说了一些话,这些话在里克醒后记不起来了,但在梦中却让他茅塞顿开。正当里克对这个陌生朋友充满爱和感激之情时,梦境改变了。这次里克和他父亲在一起,在他看来,父亲内心矛盾重重,但绝无恶意。他第一次对父亲产生了深深的怜悯和宽恕之心。"

在这个梦之后，里克在 18 个月里只梦见 4 次被驱赶。

盖尔·戴兰妮指出，如果梦中遇到威胁性角色时不是去消灭他们，而是去理解他们，就能有更多的收获。

不仅是梦见被追赶，在任何重复的梦出现时，都可以通过"下次做这种梦时我将如何如何"这种指令，让自己改变梦中做法。

例如，某女孩常梦见捡到钱，但是每次都交公了。分析结果表明，这是一种不自信的态度，认为："幸福不属于我，好的机遇也轮不上我。"因此，她可以在清醒的时候反复对自己说："下次梦见捡钱我就自己收着，那是我应得的。"这有助于提高她的自信。

2. 随心所欲做清醒梦

如果在清醒的梦中，我们一边做梦，一边又知道自己在做梦，而且能采取主动的行动，这就给梦治疗带来了极方便的条件。

你可以边做梦，边分析梦，边改造梦。例如，我曾梦见爬一个公园儿童游乐场的铁梯子，越往上爬，梯子越不稳。我很担心会摔下来，在考虑要不要下来。在做这个梦的同时，我感到爬梯子表示我在努力争取较高的社会地位，梯子不稳表示对命运的不放心。我想我需要的是增强自己的信心，于是我对梦里的我说："你力量很大，把握得很稳，往上爬吧，不用怕。"于是我梦见我继续向上爬，直到顶端。

或者可以不分析，直接改造。

我曾梦见几个男孩在拆除一枚炸弹，他们想用锤子砸。当时我知道自己在做梦，于是我让梦中的人不要砸，要耐心拆。拆开之后，有个男孩把火药放到一个盒子里，说必须有一个人去引爆它，而引爆者必须牺牲。大家都不愿意去。最后让一个衣服破烂的可怜

第十章 做梦的主人

的男孩去。这时清醒的我忽然想,为什么一定要引爆呢,可以把火药用水浸湿后吹散就可以了,于是我让梦中人这样做了。

完全清醒后,我分析此梦,发现炸弹指生活中的另一个人的敌意,我拆炸弹指消除这种敌意。砸碎炸弹指用强力打破其敌意,幸好梦中我没有那样做。引爆炸药并牺牲一个人指我委曲求全,这也并不是好的方法。好的方法是用水(代表爱)使火药不易爆炸,再一点点吹散。

在半梦半醒的时候,也可以主动做梦。早晨将醒未醒时,或晚上将睡未睡时,会出现一些似梦非梦的景象,白天打盹时也会出现,这同样是一种象征,这也是一种梦。

主动做这种梦或改造它也是很有益的。例如,由于与女友发生矛盾,某梦者产生了强烈的嫉妒心和不安全感,在临睡时仍然想着这件事,他脑海中浮现出一支手枪的形象,他知道这支枪随时可能走火伤人。于是他要求梦中的自己把枪里的子弹取出来扔掉。

再如,在临醒时,某梦者梦见一只手表,其指针向左偏。梦者询问"原始人",得知左表示过去,右表示未来。于是要求梦把表针调到中央,也就是"现在"的位置。把时间用在留恋过去、悔恨过去上,用在幻想未来上,都不如把握住现在。只要我们抓住每一个现在,做好现在的每一件事,那么我们的将来就会很美好,将来的我们也不会为过去而悔恨。

在做了一个不好的梦后,早晨也可以"重新"做梦、修改梦。方法很简单,假如你晚上做了一个梦,梦见你失足滑到悬崖边,手里抓住一根树枝,脚下是万丈悬崖。你等待救援但是没有人来,后来你坚持不住了,一松手掉了下去,你吓醒了。

醒后一分析,是你对坚持做某事失去了信心,打算放弃。那么，在醒后，可以重新让自己把"镜头"倒回手里抓住树枝等待救援的时候，然后让自己"改编"后面的情景，告诉自己：只要努力而小心地往上攀，"我还可以爬上去"。或者告诉自己："有一个救援者已经来了，他已经伸手来拉我。"如果改编梦境成功，你在实际生活中也可以坚持继续努力，或至少坚守待援。

修改梦境不可能一切如意。有时，你想让梦这么改，而梦却固执地不这么做。例如，一个女孩梦见一只孔雀在船上，脸朝后面看。在这个梦里，向后看表示回顾过去。而当时她需要的是不再想过去的事，关注现在和未来。于是她让自己修改梦，把梦境的形象重新记起，然后发出指令，让孔雀回过头来向前看。但是，孔雀拒不回头。这种情况表明她的潜意识认为："现在我不愿或不能照你希望的那样做。""我做不到。"在这种情况下，就需要请心理学家帮助，分析原因及症结所在，解决内在冲突。

以下是一个改造自己的梦的例子。

"我和一群熟悉的朋友去逛像庙会一样的广场，里面有许多旧书摊，转了转没发现什么好书。然后向右拐，看见一群一群的人在挖墓穴。我不以为意地往前走。然后过了一座石桥。走着走着，桥忽然竖起来，变成一面陡壁，现在不是过桥而是攀援。我爬着爬着，爬不动了，发现腿很重，一看有个七八岁的男孩正在拉自己的脚。我想这样不行。我让他先放开我，我们可以一起爬。于是我帮着他，和我一起并排向上爬，很照顾他。我们艰难地爬到壁顶，发现像是登山运动员登的山，山上有雪，刮着风。壁的另一面是悬崖。我发现壁顶有一块大石头。我想下去，我和那个小孩躲在大石头后面，这样风就吹不到我们。我知道我们必须下去。怎么下去呢？我发现这时不知怎么，我就有了一大捆粗的绳子。于是我把绳子系成一个圈套住两块大石头,我和小孩溜了下去。"

"溜下去以后,我站在水池里,又像是泥塘里。我在那里采摘蘑菇,捕捉青蛙。这时,水漫到我的脖子。我坐木船过河,船头高高翘起,使我看不见对岸,本来对岸是可以看见的。这时,我意识到我在做梦,我想,我可以把船头变成桥。这样一想,桥果然出现了,直通对岸。我走过去,对岸有很多小吃摊,很有人情味。"

3. 留一分清醒在梦里

做清醒的梦的能力可以通过练习得到提高。首先,练习释梦或问梦可以使清醒的梦增加。因为释梦或问梦都使你更关注梦,关注梦越多,在梦中越容易有更多的意识。

再有,就是利用半梦半醒之间的状态,利用那时的浅梦,把它改造为一个清醒的梦。

在半梦半醒之间,如果你仔细分辨,你可以发现你有两种意识,一种是日常的意识,一种是梦的意识(它就是心理学中所谓的潜意识)。前一种主要由思想构成,而后一种主要是象征形象,只偶尔夹杂一些语句。你还能感觉到睡眠的品质,那是一种难以言传的感觉。你还可以感觉到你是如何由睡眠转入清醒的。在由睡眠转入清醒时,梦的意识渐渐消散,日常意识的声音越来越强,同时,你也许会不自觉地长吸一口气。这长吸一口气的动作是从睡眠转到清醒的一个显著标志,然后你睁开眼,醒了。

在练习做清醒的梦时,你要尽量让这两个意识并存,也就是说,让我们心中的"原始人"和"现代人"同时在场。这不是一下子就能做到的,你也许会失去"现代人",于是沉入梦中,完全忘了"这只是一场梦"。为了避免这种情况出现,你可以时常提醒自己一句:"这是梦。"从而避免失去日常意识,认梦为真。另外,你还要防备另一种危险,那就是你一下子醒了过来。

要小心不要让睡眠转入清醒,当你不自觉想长吸一口气时,抑制住自己,不加深呼吸,你的睡眠就不会一下子消失。在你感觉要醒时,放松一下自己,减少杂念也可以让睡眠继续。

在清醒的梦中,会有一些思维活动。如果这种思维的语句太长,人就会离开睡眠状态。所以,要保持在清醒的梦的状态,就要注意不要让思维的语句太长。如果你的梦里有一个人在讲话,而这个讲话持续时间太长,你也应该让他中止一下,否则也会使你很快醒过来。

在醒后,睡意还没有完全消失的情况下,也可以通过回忆梦进入清醒的梦。具体方法是把注意力集中在梦境中的一个"镜头"上,尽可能让它清晰,并且分析它的意义,向梦提问题,引导它向更好的方向发展,渐渐地从这个"镜头"开始,就会开始一个梦,这个梦就是清醒的梦。

例如,梦醒之后,其他情节都忘了,只记得一个情境:有个中年人在用斧子削木头。梦者分析这个镜头中的中年人,但是仍不知道这个中年人的意义。于是他一方面看着梦中的这个中年人,一方面在心里说:"这个形象会变化,变成另一种形态,我看一看那个形象就知道意义了。"这么想着,这个削木头的中年人变成了一个嘴里啃着一本书的熊,这只熊想把书像啃饼一样啃成圆形,然后用它做建筑材料……在做这个梦的过程中,梦者仍旧是清醒的,他一边看这个梦,一边可以进行分析,一边还可以改造梦境。"可找一把刀来切,"他一边向梦发指令,一边分析,"这个梦表明我现在读书的方式不太正确……"

第十章　做梦的主人

保持清醒的梦，你就可以在梦中随时有一份对梦的理解，有改变梦的自由。你可以边梦边释，边释边改，从而使自己的梦趋于更美的境地。

还有另一种方法能引发清醒的梦，那就是利用"梦标志物"。先在白天选择某个你梦中常见的事物作为"梦标志物"。例如，我经常梦见一个人，这个人在我生活中从没有见过，他面容很粗野。我就选他作为"梦标志物"。或者，梦中我经常见到一种平房，像我小时候住过的房子。我就选这种平房作为"梦标志物"。或者，在日常生活中我从不可能接触枪，但是梦里却常用它，我就选枪作为"梦标志物"。

选定"梦标志物"后，对自己说暗示语："一旦我看到这一事物（比如枪），我就是在做梦。"这样，当你在梦中见到这个"梦标志物"的时候，你就有可能觉悟到你正在做梦，从而使梦中有了另一种意识而变成清醒的梦。

另外，你也可以暗示自己说，你会在梦中发现不符合日常逻辑的事，这表示你在做梦。比如，梦见枪打中人不出血、人可以飞等。一旦发生了这样的事，你就知道你是在梦中了。

印度瑜伽术可以促进清醒的梦，通过修习"梦瑜伽"，人们可以使自己在梦中保持充分的意识，而且清醒的梦品质更高。

前面我们说过，清醒的梦就是日常意识和梦的意识并存。实际上，还有另一种清醒的梦，它虽然也是两种意识并存，但是梦意识之外的另一种意识并不是日常意识，而是一种更高的意识，一种非语言的纯净的觉知意识，这种清醒的梦品质更高。印度瑜伽术得到的就是这种清醒的梦。

虽然在清醒的梦中你有能力改变梦境，但是绝不要想完全控制梦，一是你难以做到，二是你不应该做到。如果你完全控制梦，你内心中的"原始人"就没有和你交流的机会了，梦完全成了你清醒意识的独白，这样，梦对你心灵的成长反而有危险。因为你占据了"原始人"的领地，成了那里的独裁者，而压抑了"原始人"的表达，总有一天，"原始人"会起来反抗这种暴政，到那时，你的心理平衡将被破坏。

释 梦

第十一章
用梦

一、梦是智慧的体现
二、释梦能促进自我接纳
三、释梦能改善心理状况
四、梦能辅助心理咨询

一、梦是智慧的体现

我们了解了梦的语言，走进了梦的世界，在那里发现了不少有趣的东西。如果我们只想做一个梦世界的游客，我们应该心满意足了。我们不需花一分钱旅费，就可以到我们能梦想到的任何地方去旅行。但是，人类总是贪心的。我们都是人类，我们做不到在梦里一点也不贪心。我们希望对梦的理解能给我们带来更多的东西。

而实际上梦的确可以带给我们更多东西。梦是我们的良师益友，了解它，可以增进我们的心理健康，提高我们的心理素质，甚至使我们整个人生都因之改变。

释梦为什么能促进心理健康呢？因为梦是我们内心中的"原始人"的产物。这个"原始人"实际上是我们心理结构中较原始的那部分，他时时刻刻在接收外界信息，分析各种情况，并且通过梦把他的"思想"传达出来。由于以下原因，他的"思想"对我们很有价值。

首先，在意识层，我们思考问题的方式是抽象的、概括的。同样，在意识层，我们观察事物也是有选择性的。例如，我们听一个人讲话时，主要注意力都放在听他说话的内容上，至多能留意一下他的声调是否异样等。而在潜意识层，那个"原始人"像一个日夜开机的功能良好的录像机，他会把那个人的每一句话连同声调、每一个细微的举动都录下来加以分析。这样，对方任何一点点行动上的异常都会引起"原始人"的注意。也就是说，"原始人"对人对

第十一章 用梦

事的观察比意识层的我们细致全面得多。因此他可能会发现一些我们没有注意到的东西。

其次，在意识层，我们往往自己骗自己。人有了语言、思维，比动物聪明多了，但也正是因为人有了这些，人才能够自欺欺人。鲁迅说过这类意思的话：狮子虎狼要吃人，它们吃就是了。绝不会先说一些我为何要吃你、你为何要被我吃的理由。但是人就不一样了，明明是人要害人，还要假借公理、正义的名义，讲他吃人的道理。人欺骗自己的事更是太多了，明明讨厌自己的父亲，但是想到父亲有遗产，需要巴结，就骗自己说我有责任感，我有孝心，所以我会对他这么好；明明是对女孩有企图，却骗自己说我们不过是异性好友，是交流思想谈理想；明明感觉到富翁丈夫有外遇，但是怕揭穿了真相反而会被丈夫抛弃，从而失去物质享受，就骗自己说丈夫不回家是工作太忙。但是在内心中，"原始人"却会直面现实，他知道事实是什么。因此，"原始人"能告诉我们许多真相，促使我们更多地面对现实，从而理智地解决问题。

最后，"原始人"更接近人的本能，他更知道你真正需要的是什么。人由于自欺，并且受种种观念的干扰，往往会不知道什么是自己真正想要的，只是盲目地追求一些社会上人人在追求的东西，看不到自己内心的真正渴望。"原始人"则不会，至少是不大会犯这类错误。

释梦或许可以比喻成潜海，从水面潜下去，潜到内心深处，潜到未知世界，从那里得到珍珠——这珍珠就是知识与智慧。

为什么这些知识和智慧能促进心理健康？因为许许多多心理问题都源于自欺，源于对自己内心的不了解。举例来说，一个女孩像中了邪一样，一次次"爱上"有妇之夫。她自认为这都是为了爱，只不过"刚巧"她每次爱上的人都结婚了而已。后来经心理分析才发现,这种"邪"是从她初恋失败后开始的——她的男友被别的女人抢走了。实际上,她以后的恋爱根本不是真正的恋爱,只是为了证实自己有能力从别的女人那里夺来一个男人做的验证而已。同时她也是在象征性地报复,她把一个个陌生女人看成那个夺走她初恋男友的情敌的化身,从她们身边夺来男人,从而报复她以前的情敌。再有,她也是把有妇之夫当成初恋男友的象征,想把他夺回来。当然,这种象征性的报复和夺回不是真的,受到她伤害的陌生女人并不是她以往的情敌,有妇之夫也并不是她的初恋男友。这种替代性的行为并不能让她得到真正的满足。如果她了解了自己内心,她就有可能放弃这种"引诱有妇之夫"的无聊行动,去寻找真正的爱。

再如,一个小伙子和他的上司总也搞不好关系。他的上司为人并不坏,虽然稍有一点独断但是并不过分。他自己人缘也很好。为什么他就是不能和上司处好关系呢?原来,他与父亲关系不好,而他的上司无论从相貌还是性格上都有些像他父亲,所以他把对父亲的不满迁移到了上司身上。如果他明白了这一点,他就可以把父亲和上司分开,对上司也就不至于心怀这么严重的偏见了。

又如,一个女孩总是十分忧郁,而她自己也不知为什么忧郁。她干什么都提不起精神,觉得自己没有价值,什么也不想吃,失眠。而如果她知道了她忧郁的原因,她就可以有机会摆脱忧郁,从而让自己恢复活力和快乐。我们分析她的梦,梦中经常出现的主题是被剥衣服、掉牙和剥皮,由梦的分析得知她的老板经常以开玩笑的方式伤害她的自尊心。而她白天自以为不在意,实际上却十分害怕。知道了情绪为什么低落,她下决心换了一个工作单位,忧郁明显有了好转。

梦是知识与智慧的一种体现,知识与智慧是心理健康的保证。

二、释梦能促进自我接纳

要靠释梦促进心理健康,有一点是要特别注意的,那就是自我接纳。承认自己不是圣人,只是一个凡人,所以有种种不足也是可以接受的。

梦带来的知识有许多是关于我们自己的阴影方面的,没有自我接纳,这些知识往往让人难以接受。

比如说,一个认为自己很纯洁的人,认为自己不淫秽的人,却在梦中发现自己比所有见过的淫秽者还淫秽。一个认为自己很温和善良的人,却发现在梦中,自己对人有很深的怨毒,恨不得杀掉最亲近的人。一个人在梦中发现自己有乱伦的冲动,还有一个人发现骄傲的自己在梦中自我评价很低……这种知识谁能接受?就算这是真的,他们也不愿睁开眼去看。

在前面的梦例中,读者可能已发现许多梦都与性有关,当梦者知道自己梦中的性欲望后,有些人会觉得:"我怎么这么下流?"反而心里不舒服。

我曾经做过这样一个梦:我和一个小学同学一起在学校,学校教务长说我们犯了错,我们玩色情扑克,责令我们写检查。我没有做这件事,所以不愿写检查。但是同学劝我说:"你不写,他就认为你态度不好,要加重惩罚。你写了,他就认为你态度好,反而不会处分你。"我十分愤怒,瞧不起这个同学,并且想,也许他真的犯了这个错。在实际生活中我就很讨厌这个同学,觉得他是个很恶心的家伙,下流肮脏,相貌丑陋。我坚决不写检查,就这样醒了。

醒后我进行释梦,根据对那个小学同学进行的分析,意外地发现他是我人格的一部分的象征。难道我还会有这样的部分吗?真的难以接受。我还会有这种肮脏丑陋的心理吗?我会"玩色情扑克",也就是说,从色情的游戏中获得性满足吗?这的确让我难以接受。

在我们释这种梦时,自我接纳是十分重要的心理准备。

所谓自我接纳,就是承认自己是一个凡人,有一些不够高尚、纯洁的念头也是正常的。不要为此不安、内疚,更不要掩耳盗铃,不承认这些杂念,更不要自欺欺人,假称圣人。

有个女人与丈夫两地分居,梦中经常以各种转换的形态梦见与邻居某男人有私情。释梦者告诉她梦的意义后,她不接受,说:"我怎么会这么坏?"而实际上,正如人饿了想吃饭一样,在性上出现了饥饿自然会通过梦幻满足自己,这谈不上坏,这只是她人性的特点而已。正如我们不能因为猫偷鱼去责备猫一样,对她的梦也无可深责。社会道德也只约束行为不约束思想。只要在实际生活中不做违背道德的事,对梦何必苛求?

英雄也不是没有过卑下的情操,只是他不为卑下的情操所左右罢了。

有个人的梦经过解析,是盼望他爷爷去世,他对此不能接受。而实际上,这也不是不可接受的事,因为他内心中觉得,爷爷对他的成长是一个阻碍。他内心中的某一部分,自然愿意消除这一阻碍。但是这并不可怕,因为在他心中也有另外一部分不但不盼望爷

第十一章 用梦

爷去世,而且对爷爷还很有感情。退一步说,有些长辈为人极差,甚至心藏邪恶,那么后辈希望他死去也不是大逆不道的事。

人就是这样充满矛盾,爱一个人欲他长生不老,恨一个人愿他马上死去。这些欲望只是表现爱恨情绪而已,人有爱有恨,这难道是不可接受的事吗?

爱慕一个人,从而希望与他共欢爱,这也不是不道德,只是说明一种情感而已。有情感才是人性。

也许有人会问:难道一个人不应该为自己的邪念而感到羞愧,反而该把任何邪念都接纳下来吗?这样做不是纵容自己吗?不会阻碍人进步吗?

对这个问题要这样回答:首先,许多"邪念"都有它存在的理由,有它存在的合理性。比如性的邪念。下流肮脏的性固然是不好的,但是它的存在也有合理性。当一个人压抑正常的性冲动时,被压抑的性冲动就会以一种邪恶的方式、肮脏的方式表现出来。曾经有个教士,认为纯洁的人应当禁欲才能接近上帝。他也自以为做到了。但是,他却变得性格怪僻,而且,在野外看见狗生小崽,都气愤得去踢那狗。为什么呢?因为他从生育想到交配,感到恶心。这个人的心灵难道不是很肮脏吗?为什么他会心灵肮脏呢?因为他不接纳自己,不接纳自己也是人,也必有性欲这一点。

他压抑性,反而使性变得肮脏了。如果我们对他说,你心里有种肮脏的性欲,它使你对狗交配都嫉妒,他显然更不会接受。但是,如果他想心理健康,第一步正是要接纳自己。告诉自己,我也是人,人在性被压抑时会滋生肮脏邪恶的念头也是正常的,不必为此过分羞耻。这样,才可以进一步找到正当的、健康的满足性欲的方式。或者,正像大学生在不可能有性生活时一样,找到把性的能量升华，把它引到艺术创作或其他方向上的方式，从而消除产生邪恶肮脏的土壤。如果那个教士这么做了，他也许看见狗生崽心中会涌起慈爱："多可爱的小狗！"这样，他才是更接近了上帝。

再强调一遍吧，当梦中出现了"邪念"时，要告诉自己：恶的出现是因为善饥渴了。人在正常的需要得不到满足时会产生邪念是正常的，我们不应该只压抑邪念，相反要想办法满足正常需要，从而消除恶的土壤。

个别的人会把一些十分正常的念头也当成邪念。例如，梦见性，而且不是肮脏下流的性，只是正常的性，比如对某同学产生欲望，就很自责。这更不必了，因为这是人性。你是人，有人性是理所当然的。

再有，不自我接纳，对自己严厉批判，让自己内疚，往往并不能让你变得更好。它只是在已有的烦恼上，让你多一层烦恼而已。

一个女人不爱丈夫，爱另一个人，她对自己很生气，也感到很内疚，因为她的丈夫对她的确很好。但是这种内疚并不能让她对丈夫更好，虽然她可以因此做得似乎很贤惠，但是丈夫能感觉到这种贤惠的虚伪。有时，内疚反而使她脾气变坏，对丈夫更为粗暴。

再如一个青年手淫，手淫过度固然有点害处，但是并不大。可是他对此十分内疚。每次手淫后都要痛骂自己一顿，整天没有心情好的时候。这种痛骂使他变好了吗？没有，反而让他多了一层痛苦烦恼。如果自我接纳，认为手淫也没什么大不了的，那么他的情况反而好得多，至多只是有些疲劳无神而已。

如果一个人不能自我接纳，释梦有时反而有害，因为它把潜藏的内心暴露出来了。而如果能自我接纳，梦就会给你一个了解自己，从而改进自己的机会。

三、释梦能改善心理状况

假如你有一个朋友,为人内向,有事总埋在心里。这天和你谈起梦,你分析了他的梦,发现他与父母和妻子都有矛盾,而且发现这些矛盾源于他的处世方式。你便可以借谈梦,和他谈谈这些问题,启发他改变自己。如果不释梦,也许他绝不会和你说这些事,你也就不会有机会帮助他分析这些事。

用释梦去改善心理状况,要点是因势利导,逐步深入。

举例来说,假如有个中年女性说:她梦见一只黑狗追她。她用大棒打狗却打不死,跑也跑不掉,十分恐惧。

释梦者可以告诉她,这种摆脱不掉的追赶者往往是她自己心灵的一部分:"这只狗就在你自己脑袋里,你当然跑不掉。"而狗,往往象征着内心中的警察,它追你,是它认为你犯了罪,那么你是不是做了什么事让你自己的良心不安呢?如果梦者说想不起来,那么这是她不敢说、不愿说,释梦者可以让她再讲一个梦,从中寻找她负罪感的来源,也可以安抚她使她安心。通过对另一个梦的解析,就可能发现梦者有婚外恋的倾向,而她的道德观很严苛,因此十分内疚。

知道这些后,释梦者可以告诉她:"良心"未必总是正确的。人有两种良心。一种源于最深切的人性。这种良心使人喜爱美好的事物,厌恶和愤恨邪恶的事物。当一个人看到北约军队对南斯拉夫狂轰滥炸时,他会义愤,这是出于人性深层的良心。当一个人看到虚伪欺诈时，他会厌恶，这也出于人性深层的良心。另一种源于幼年受到的教育，源于社会道德，这种良心未必总是正确的。在100年前，如果一个寡妇想再婚，人们会认为她很丢脸，甚至很无耻。即使这个寡妇刚刚20岁，人们也要求她不得再婚，更不许有"野男人"。那时的寡妇如果想再婚，她自己的良心也将谴责自己。时代变了，社会在不断进步，在今天，谁还会把寡妇再嫁视为一种不道德的行为？然而，有些人的良心源于幼年的教育，而在社会道德发生变化之后，他的良心仍旧没有变。这时他的良心就有可能是不正确且不必要的。前面说的那位中年妇女有一个过于严苛的良心，它要求她不许想丈夫以外的其他男人，而当她动了一下这种念头时，就"让狗追捕她"。释梦者可以告诉她，她可以对自己说：道德如同法律，不是一成不变的。如果它已不适合，可以修改。现在要把旧道德改为：偶尔受到异性吸引，产生婚外恋的念头，这是难免的，不必当成不道德。为了对家庭的责任和对爱情的忠实，要约束自己不实施行动。当道德或者良心的法律改变了之后，她就不是"道德罪犯"了，狗自然也就不会追她了。

　　由此梦我们还应想到：为什么这位中年女性会产生婚外恋的念头？一般来说，必定是婚姻生活中存在不满。这种不满在哪里呢？夫妻之间是否相互掩饰，不愿意承认关系已经出现了裂痕？或者是否明知有裂痕，却找不出解决的方法？

　　释梦者可以就势探询这些问题，并且尽可能帮助对方找到新的解决方法。这样释梦才有意义。当我们释自己的梦时，也一样可以这样做。自己去问自己，自己去安抚自己，自己去对自己讲话，要求自己放弃旧的观念，重建新的更合理的观念，从而使自己更健康、完善。

第十一章 用梦

释梦能改善心理状况,主要源于以下几点。

(1) 有真性情。

正如前面提到过的,如果把我们心灵领域比作一座园林,这也许应该说是一座夜间的园林。除在一间房子里有灯光,树林、池塘、草地和假山都处于黑暗中,借助淡淡星光,我们可以隐隐约约看到房子外的事物,但是那一切都是变形的:树木像高大可怕的怪人,池塘闪着奇异的光泽,假山的洞穴更神秘。亮灯的房子是我们的意识,黑暗的区域是潜意识。

潜意识会暗暗影响人的意识,正如树林里的风声会传入房子里,草地上的秋虫会闯入房子里,毒蛇偶尔也会爬入房子。人有时会奇怪:"我今天怎么了?这么件小事我会勃然大怒?"他在意识中找不到原因,因为原因在潜意识里。甚至他会说:"我今天怎么这么累,一句话都不想说?"而实际上,他这天对妻子很愤怒,而他不曾意识到愤怒,这愤怒就变成了一种累的感觉。累是假感觉,愤怒才是他的真情绪。

梦可以揭示出人所处的真实情绪状态和心理状态,从而解决心理矛盾,化解情绪,做出正确的人生抉择,使人走向幸福。

某人常梦见沿着危险的梯子向上爬,在高处行走,或者在很高的地方跳来跳去,伴随这些梦的是害怕的情绪。

在白天,他生活得很好,学习不错,受老师器重,也被同学看重。他没有感到自己有什么可害怕的。但是根据梦来看,他是有所害怕的,他害怕他无法保持这种"高高在上"的地位,害怕哪一天不慎失足而摔落在地。

如果细加观察,这种隐藏的害怕在日常生活中也会有所表现,比如表现为失眠、头痛、记忆力下降、易烦躁等。

对他应该这样疏导:"重要的不是战胜别人,不是永远领先,而是把事情做好。人的价值不在于被老师器重,被同学看重,如果你把自己的价值建立在别人的看法上,那是很危险的。你应该用自信代替他人的赞许,发现自己的真正价值。不要管别人怎么看你,不要刻意维持'高位',而要重点发展自己,享受生命。"

再如,有一段时间我发现自己不再梦见美丽的园林。相反常梦见游乐场,梦见打游戏机,看自己的分数越打越高,或从下往上爬滑梯,等等。释梦使我知道,我这段时间过于看重名利了,于是世界对我来说不再是园林,而成了决胜负之处。于是我调节了一下自己,让自己不要过分看重外在成就。

又如,一个高中生苦读功课迎接高考。他梦见自己被剖腹,肚子里被掏空了。这表明他的真正内脏,即他的生命力受到了严重损害,他应该不要那么刻苦了,而要劳逸结合,有些娱乐,不然将会有危险。据说汉代大文学家扬雄曾梦见肚子被剖,五脏流到地下,结果不久后就生大病死去了。这个高中生如果继续苦读,至少也会有生场大病的危险。

经常梦见战斗,意味着过度紧张。分析一下,这种紧张也许来源于竞争,也许来源于害怕与人交往。下一步,梦者就应该想一想,自己如何才能削弱这种紧张。也许应放弃过高的目标,对自己提出一个更现实的目标,放弃过强的好胜心。也许应该尝试更好地与人相处。

(2)能得到警示。

梦可以说是一个报警器,或者说一位忠实的朋友。当你生活中有什么危险时,梦就会提醒你。这里所说的危险也不一定是多大的危险,只要是对你有害的事物,梦就会时时提醒你。

第十一章 用梦

某大学生梦见自己躺在床铺上,同宿舍有个同学站在床边。他可以看见这人的脸,印象最深的是这个人的鼻子很高,而且有点红,好像在发炎一样。这人正叼着根烟。而在实际生活中,这人是不吸烟的。

根据分析,梦中的高鼻子同学实际上是梦者自己的化身。高鼻子又代表什么呢?梦者有鼻炎,而医生告诉过他,吸烟多会使鼻子流血。梦中让自己的化身的鼻子被强调出来提示鼻炎,鼻子红表示流血或表示发炎。而为什么用这位同学代表自己呢?因为这位同宿舍的同学以前也吸烟,但是现在戒了。

因此这个梦就是一个警示:如果你再继续吸烟,你的鼻炎就会加重,鼻子流血。某某以前也吸烟,但是他戒了,你应该和他一样。

荣格讲过一个梦例:一个登山者梦见自己越攀越高,直到山顶又往上攀,结果攀到了半空中。这也是警示,警示他会"上天"。

古人陶侃,即著名诗人陶渊明的曾祖父,曾经梦见壁上挂的梭子变成燕子飞上天。又梦见他自己飞上天,看到天门有九道,他走进了八道,只剩最后一道门。他要进门时,被守门者打落到地下,一翼被打伤。醒来后,他的手臂仍然很疼痛。

陶侃自己解释梦见上天代表想当皇帝,被打落在地代表失败。因此,在他拥有八州兵马,有实力去争夺帝位时,他决定还是不做为好。

虽然陶侃相信此梦是种神灵启示,但是他对梦的意义的解释是对的。梦,即他心中的"原始人"来信告诉他,不要轻举妄动,企图上天,如果那样做,你将会被打落在地。

不要忽视梦的警告,梦比我们更细心,它会看到我们所忽视的事。梦不会被野心、贪婪蒙蔽,梦会更清楚地看到真相,听从它的警告可以使你避开即将到来的危险甚至灾难。

（3）能择善而从。

在我们的一生中，常常会面临选择：选择职业，选择恋人，选择做不做某件事，等等。每一次选择的对错都会影响到未来我们幸福与否。选择是意志的体现。如果一个人什么事都不自己选择而让别人代为选择，比如事事让父母做主或让其他亲友决定，那么可以说他在精神上是一个奴隶。选择是重要而又困难的，因为外界有太多的不可知。我们选择买哪一只股票后，不可能知道这只股票未来是涨是跌、涨跌多少，因为国家的经济环境、股票管理者的政策、其他股东的决策等都是不可能完全把握的。报考一个大学专业时，我们也很难知道这个专业在四年后是不是仍旧热门。而最大的不可知却不是外界的不可知，而是内在的不可知：自己究竟喜爱哪一个女孩？她俩各有长处，也各有不足。自己究竟更喜爱哪种工作？我该怎么做？等等。每当你面临这种选择的难题时，梦就会认真思考，做出它的选择，而它的选择几乎总是更正确的。

这是因为，梦对你的内心更清楚，它知道你真正爱什么不爱什么、真正需要的是什么、真正的愿望是什么。同时，对外界，它也了解得更多，它从许多细枝末节得出了对未来的判断，正如见到一两根绿草就能判断春天即将到来一样。

一个大学生临毕业时有两个单位可供选择，一个单位名气较大，另一个稍小些，待遇也是前者稍高。但是前一个单位工作比较紧张，压力较大，后一个较轻闲。他很难决定，到了晚上他做了一个梦：梦见有外敌侵略，敌机在投弹。而他却在一个地窖里，或者说防空洞里，和兄长一起打扑克牌。

我们都很清楚，战争表示紧张。因此这个梦的意思是：如果我

第十一章 用梦

去了前一个单位,地位比较高(在地面上当然比在地窖里"地位"高),但是那样就会被紧张侵袭。如果我在后一个单位,地位比较低,但是却没有那么紧张,可以舒服地过日子,打扑克牌就是指舒服轻松地生活。在这二者之间,应该选择后者(因为梦中他是待在地窖里打牌的)。

在前面提到过的一个梦里,梦者梦见两个女孩,一个漂亮,另一个有气质。他分析这两个女孩分别代表他的女友和一个他有些倾心的女孩。在那个梦里,实际上他也已做了选择,选择那个有气质的女孩而不是他的女友。同样,在第五章讲到,另一个梦者梦见自己的女友穿一件军大衣,上面贴着贴画,而另外的女孩穿运动装,这也已把选择明白地呈现了出来,他喜爱穿运动装的女孩超过女友。

如果事态继续发展下去,没有什么意外的话,这两个梦的主人都将在恋爱上出现危机,因为他们已在心里放弃了现在的女友,必有一天他们将在行为上放弃。未必是他们会"甩了"女友,也许他们只是变得冷淡、粗心、粗鲁等,让女友先提出分手。

聪明的办法是面对自己不喜欢对方的现实,当断则断,这也许看起来有些薄情,但是却可以把痛苦减到更少,比起心里不喜欢却又虚情假意要好得多。

梦传达的是"原始人"的信息,而在"原始人"那里,他和世界的联结更直接,就像灵敏的动物对自然界的反应一样。他对环境的信息更开放。其实选择就是一个依赖已知条件的运算。参考"原始人"得到的信息,也就意味着使运算的已知条件更充分。这样做出的选择,不言而喻就会更正确。倾听梦的声音,它会帮我们更好地做出选择。

梦例一：

小枚已和男友定了婚期。眼看日子一天天临近，小枚积极又疲惫地准备着，可心里总有股烦闷不安的情绪。也许是太累或太过兴奋，小枚这样对自己解释着。一天晚上，小枚做了这样一个梦："我和男友一起去什么地方，走着走着就剩我一个人。我来到一个房子前面，房子外表上很宽大、好看。可仔细看，我发现房子是用席子做的。这时我感到很慌张，好像我犯了什么错，有人要来抓我。于是我开始逃跑，一边逃一边心里充满了恐慌。这时好像我妈妈和我在一起，我慌张地问妈妈：'如果我被抓住，会怎么样？'妈妈说：'会被判无期徒刑。'"

就这样，小枚从梦中醒来。"无期徒刑"这几个字一直在她的头脑里萦绕。

"原始人"已经给她写来了信，看她去不去读，会不会读。其实"原始人"是告诉她自己对婚姻的感受。房子代表婚姻。"原始人"说：这个婚姻表面上看起来很不错，实质上，它是不坚固的（在这里用席子来象征），中看不中用。但是你会为自己发现真相而害怕。如果你走进这个婚姻，就意味着你像个囚犯，今后再没有自由了。

小枚在心理学家的帮助下，读懂了"原始人"的信。也借着"原始人"的提醒，小枚开始正视自己即将建立的婚姻，她发现这个婚姻的确存在很多问题，尽管按一般的标准，他们很般配。她也意识到自己的恐惧来源于什么。她因为孤独所以渴望婚姻，也没有轻易结束关系的勇气。小枚迫于种种外界压力和自己的脆弱，觉得自己必须逃进婚姻的城堡，而且慌不择路，她不敢去细究这是温暖的港湾还是禁锢心灵的囚室。"原始人"则不忍看小枚做出重大的

第十一章　用梦

错误选择，于是就在一个晚上给她写了一封语重心长的信。

小枚借助"原始人"的力量，鼓足勇气解除了婚约，而且有了这次与"原始人"的交流，小枚有点找到了自己力量源泉的感觉。

其实"原始人"的智慧和力量始终和我们在一起。只是我们不习惯，也不会，甚至不敢和它交流。"原始人"也很着急，所以经常在晚上给我们写信或"打电话"。

梦例二：

徐某梦见自己要去上课，站在穿衣镜前，打扮得很雅致、体面。这时她又想到应该穿一条长裙。于是便在镜子里看见了自己穿长裙的样子。这是条格子裙，有点淡淡的红色。裙子长及脚踝。突然，她又想到穿裙子里面是要穿长筒袜的。又一想，来不及找袜子了。自己穿的裤子也很不错。最后依稀记得的是自己穿着长裙里面是裤子站在镜子前的样子。仿佛还有把房间收拾得一尘不染的喜悦的感觉。

梦者徐某是位 30 岁的知识女性。在此梦的前几天，她正犹豫着是让丈夫继续深造，自己甘当成功男人背后的女人，还是自己去深造，成为一个成功的，或者说在"台前"的女人。

这个梦的关键细节是裙子和裤子。"衣服"一般是人格面具的象征，也就是常识意义上的做什么人，在别人的眼里是个怎样的人。"照镜子"一般是反省的象征，自己审视自己的意思。在这个梦里，"衣服"和"照镜子"用的都是较普遍的象征。

问梦者："穿裙子"和"穿裤子"有什么区别？梦者答：穿裙子比较妩媚，穿裤子则比较潇洒。

当了解了这个梦的背景后，梦的意义便一目了然了。梦的意思是这样的：梦者对自己的内在心灵状况（一尘不染、令人喜悦）很满意。对自己外在的即社会性的状况也很满意（事实也是如此，她有一个不错的婚姻，自己和丈夫在事业上都有所建树）。但是在这样的前提下，是让自己更独立（穿裤子象征更男性化，即更事业取向），显得更像自由的职业女性，还是让自己更富女人味（穿裙子象征女性化，即更家庭取向）？

"原始人"给她的答案是：没有足够的机会可以让她更倾向家庭，做个幸福的小女人（事实上，她的丈夫并不是很积极争取这个在她看来难得的深造机会）。虽然她更满足于做个幕后的小女人，但现实是她更该抓住这个机会，让自己的事业更上一层楼。而且追求事业的态度也不必一直潜藏在对丈夫的鼓励和支持后面（就像梦中妩媚的裙子挡住了洒脱的裤子）。

如果梦所提出的选择和我们意识中的选择不同，我们是否应该听从梦的劝说呢？一般来说，应该听从梦。当然，听从梦的前提是，你确有把握你对梦的解释没有错误。

梦能改善性格。性格不同的人，常做的梦也不同。

常梦见飞翔的人，性格自信开朗，朝气蓬勃。但是这种人往往缺少踏踏实实的作风，做事不够认真细致。这种人也许才华横溢，为人们所称赞，然而做起事来，却容易失于懒散草率，结果成绩并不出色。他们有创造力，想象力丰富，但是过于放任自己，贪玩懒散。因此，常做这一类梦的人，应该时时提醒自己，做事要认真细致，有责任感，要脚踏实地。要切切实实防止自己耽于幻想，待人接物要力戒自夸、骄傲。

"飞翔"的另一个意思是"借幻想逃避现实"。代表性的梦中情境是：先是被可怕的东西追赶，在马上要被追上的危急时刻，主人公突然飞了起来。做这种梦的人以知识分子为多，他们对待生活中

第十一章 用梦

的困难的方式是逃避。而他们逃避的方式是沉迷于幻想或沉迷于思想，结果在表面上他是一个自信的人，追求的是高尚的事物和理想，很清高，不屑于关心功名利禄等俗事，而实际上，他只是害怕竞争而已。

如果由释梦了解了自己的性格真相，这些"飞翔者"也许会感到失落。他们首先应自我接纳："目前我的确是这个现状，我不像我自以为的那么优秀、伟大。但是这也没有关系。我过去那么自欺、逃避，不也生活得还好吗？现在我对自己有了更多理解，也就有了改善性格的机会，这不是一件好事吗？"在接受现实的基础上，他可以有意识地改善自己的性格。例如，在发现自己沉迷于幻想的时候，提醒自己："不要去想那么远的事，先想想怎么做好今天的事吧。"在发现自己逃避困难时，不论自己有什么理由，都应告诫自己："那些理由都只是借口，我不应该逃避困难，把这一关闯过去。"日久天长，他的性格就会发生改变。

常梦见荒凉景象的人，往往性格孤僻退缩。梦见荒漠、沙漠，寸草不生的石滩、荒山野岭，梦见在空无一人的屋子里、在废墟里，梦见自己或别人变成石头、变成死人等，都是生命缺乏活力的象征。这种人害怕与现实接触，害怕与人接触，退缩到自己的幻想世界中。让外人看到的只是虚假的自我、一个面具。由于他们的自我不接受外界现实的信息，又不能向外界表现，于是自我就慢慢枯萎了。这种人发展下去是很危险的，他们的出路是自救，挣扎着努力让自己面对现实，表达真实的感受，和世界建立联系。这样，他们才能使生命复苏。

这种人内心中的不安全感极为强烈，很难信任别人，也很容易被别人伤害。所以，他们应该选一个有爱心而又细心的人做朋友。

他们往往会懒于或怯于与人接触，但是为了自救，应强迫自己至少每天和别人交流一次，强迫自己有机会找朋友交谈，以避免自己走入死寂的生活。他们还可以学习一门艺术，如绘画、音乐等，去表达情绪，宣泄情绪，调节情绪，久而久之，也可以使性格向好的一面转变。

常梦见鬼、梦见别人追赶、梦见与别人战斗的人往往性格偏执、固执。由于偏执，会怀疑别人和自己作对；由于固执，容易和别人起冲突。因此，会梦见鬼，即指恶人；梦见被追赶和战斗，即指被别人威胁和被迫斗争。这种人应力求放弃偏见，放弃对他人的不信任。也许他们会说："我身边的确小人很多。"但是要想一想：为什么偏偏是你身边小人多呢？有人说：世界是一面镜子，你对它笑，它也对你笑。你对它哭，它也对你哭。我们也可以这么补充：你对它怒目而视，它也对你怒目而视。当你把别人当敌人时，别人自然会与你为敌。你首先攻击别人，别人自然会算计你。对偏执者来说，信任别人、善待别人很难。这是因为：一方面，他们不愿对自己负责，当出了问题时，愿意把责任推给别人；另一方面，他们从父母那儿学到了苛责、挑剔的待人方式。要想幸福，偏执者必须下决心对自己负责，不责备别人，才能做到信任和善待人，才能放弃偏见。

常梦见鬼，梦见被别人追赶和隐藏逃避，但不常梦见战斗的人往往性格怯懦。这种人需要的是从小事做起，一点点锻炼自己的勇气。例如过去买菜不敢讨价还价，就从讨价还价开始。然后一步步面对一些困难的任务进行锻炼。

梦见道路曲折、泥泞，步履维艰，或面对深渊，无法前进，梦见吓得不能动弹，梦见做事失败，梦见别人对自己冷漠等，都在提

第十一章 用梦

示梦者性格忧郁消沉、缺少自信。这类人需要的是培养自信。要经常用自己有过的小小成功勉励自己,对自己说:"我信任你。""你是很不错的。"遭到失败也不用在意。有位心理学家说过:没有失败这件事。如果你做一件事没做成,这只不过是说这件事还在尝试过程中而已,不是失败。因为多尝试几次,你总会做成。

梦中常有很长的浪漫故事。往往是在早上临醒前做这种梦,以致有人贪睡不爱起床。这种梦显然是一种愿望满足。这种人的性格往往内向,好幻想,爱通过梦获得生活中缺乏的东西,他们所需要的是走出幻想,进入现实,在现实中寻求真正的满足。

有些人感到,梦中的自己和清醒时的自己性格相反。有的人醒时十分勇敢,而在梦中却谨小慎微或胆小怕事。有的人醒时十分善良,而在梦中却仇恨别人。梦与现实不同是由于:首先,也许醒时的自己是伪装,梦中的自己才是真相。一个怯懦的人,也许会刻意让自己显得勇敢,也许为了克服自己的怯懦故意去冒一些不必要的风险。《红与黑》中的于连是不勇敢的,所以他偏要做勾引市长夫人这种危险的事。如果是这种情况,梦者不必在日常生活中刻意去勇敢,以免增加心理压力,应选择一种适合自己的生活方式。例如钱钟书是一个优秀的学者,生活也很幸福。但是让他去做军人或做商人,也许他的胆魄或能力就显得不足。你也许正宜于做学者,就不必去做商人。

其次,梦与现实中性格相反也许是由于梦在提醒梦者,你的性格过度朝某一方向发展了,现在应发展一下性格的另一面了。例如,勇敢已足够了,该学习如何谨慎了;善良是好的,但是也要正视自己对别人还有仇恨这件事。假如唐僧梦见自己挥棒打死了一个妖怪,这也许是说他该发展一下性格中对恶的威力,而不仅仅是以软弱的善感化妖怪。具体是哪一种情况,只能具体分析。

在梦的指导下,改善性格这件事是可以做到的。但是,我们必须知道那句俗话:"江山易改,本性难移。"改善性格不是一天两天就能见效的,应拿出愚公移山的精神来,不断做改造自己的事。也许你在几个月后,也许在一年后,你再比较一下从前的你和现在的你,才会发现自己真的改变了。恰如一个少年过了几个月再量身高,发现自己长高了。

有人说:"工作那么忙,哪儿有时间去做改善性格的事?"我们对他的回答是:"不需要你拿出多少时间专门坐在家里'改性格'。因为性格不是一个木雕,让你可以抓在手里改。性格就反映在你的工作中和生活里,在做每一件事时,在和每一个人交际时,你的性格都体现出来了。在每一件事上留心自己的表现,在工作、生活中逐渐改善自己的性格。"

在比较过去和现在的性格时,还有一个简单的方法,那就是比较你的梦。由你常做的梦,你就可以知道你的性格有了什么样的改变。

社会生物学家认为,各种动物的不同,说到底是生存策略的不同。比如一个危险的敌人来了,你应该怎么办?有多种策略。一种是逃跑,鹿、羊、兔子都选择了这种策略。所以它们让自己发展出了快速奔跑的能力——轻巧的身体和小小的胆子。胆小对它们也有用。设想一只鹿胆子比较大,总是在狼离它很近时才逃跑,它会遇到什么命运呢?另一种策略是防御。乌龟就是这样,所以它有了硬硬的壳。还有一种策略是自卫。野牛、野猪就是这样,所以它们有了尖角和獠牙。

各种人的不同说到底也是生存策略的不同。面对危险,有人战

第十一章 用梦

斗,有人逃避。这些不同在梦里清晰地体现了出来。

例如,有人梦见敌人来了,于是他逃走了。逃过一条河,面前是一个高耸的山崖,他抓着草往上爬,因为爬上去就安全了。由此可见,这个人面对生活中的紧张焦虑时,首先是想避开。由此可见他不是一个攻击性很强的人。再有是过河,即想寻找新领域。还有是上山,这表示"往上爬",即提高自己。这种性格应该还是较好的,也许他会因紧张的驱迫而做出成就。

另一个人也梦见敌人来了,但他不是逃跑,而是倒在地上装死。他想,这样敌人就不会杀他了。在生活中,他也是一遇到问题就躺倒,就装傻。在遇到竞争情境时,他总是退后一步,他信奉的哲学是"枪打出头鸟"。采用这种策略,他的潜力将被埋没,他的发展将受阻碍。这种人应该以梦为警示,迅速改变自己的生活方式。

还有一个人梦见敌人来了,手足无措,不知该怎么办,结果被敌人一枪打死。这种人往往在生活中也一样被动地任命运摆布,因此常常生活在抑郁沮丧的情绪中。如果他努力让自己学会新的生存策略,他的命运也将改变。

再有一个人,他梦见敌人来了,假装投降,但是暗地里和敌人作对。有一天,敌人发现了真相,挥刀劈他,他恐惧地大叫一声醒来。表面看这个梦不错,梦者是个地下工作者似的人物。而实际上,这个人待人虚伪,表面上对人很好,而心里并没有真感情。当别人要他做什么时,他从不反对,但是却消极反抗,不是拖延就是故意出错。对他自己来说,生活也并不幸福,因为他要随时掩盖自己的真面目。这类人需要做的,是逐渐学会以真面目示人,而不是欺骗。

还有人梦见和敌人战斗,战斗的结果是胜利较少,大多数不分胜负,少数是失败。这种梦反映了一种斗争性的生存策略。梦者好竞争,敢于斗争,不怕困难,被人们视为强者。但是他也有他的问题,那就是性急、好胜、武断等。对年纪大的人来说,这种性格会引发心血管疾病。

还有人梦见敌人来了,连忙向别人求助。这是一种依赖的生存策略。在生活中,这个人的依赖性也很强,如果有人可依赖,比如嫁了一个父兄型的丈夫,也可以生活得挺好的。如果他不幸失去了依赖的对象,那对他来说就是个灾难。所以他还是应该培养自己的独立性。

有人问,梦见敌人来了,梦者这样做、那样做都不是完美的生存策略,那什么才是最好的生存策略呢?就这些生存策略来说,也许没有哪一种是最好的,正如没有哪一种动物是在生物界立于不败之地的。有一利必有一弊。例如,依赖策略利在省力,弊在受制于人。但是,还是有相对完善的人,他们可以很少使用上述策略。当他们梦见敌人来时会如何呢?他们根本不会梦见敌人来,因为他对人无敌意,处事有办法,没有那么紧张焦虑。

上面我以"敌人"梦为例讲了从梦看生存策略。实际上,在任何一个梦中,都会多多少少透露一些信息,反映出这个人的生存策略。例如在前面讲联想技术时,我引用了一个梦例:梦者梦见一个他喜欢的女孩总躲着他,和她的家人在一起。于是梦者很生气,骑上一匹好马,觉得自己很英俊,抢先出了屋子。这就是一种策略。"我生气了,我走了",用这种方式促使女孩让步,促进女孩追他。另一个男孩梦见把一只小鸟踩在脚下,一扯它,没承想扯掉了它的皮。他还威胁说:"你再跑就把你喂猫!"这里的小鸟当然指一个女孩,这个男孩的生存策略是"威胁和恐吓"。在对女孩时如此,在其他情境中,这两个男孩也都会常用他们各自的策略——"我生气了,我走了"或"把你喂猫"。

了解了生存策略,就可以深入去想一想,自己的这种策略利弊何在,如何让自己采用更有建设性的方式生活。

"原始人"既然很聪明,就不免要对身边的人加以评论和判断。通过释梦,我们可以获悉他的判断,从而帮助我们理解周围的人。在理解周围人的基础上,可以使人际关系得到改善。

某人做了一个梦,梦中他的两个朋友合伙把另一个朋友杀了。他目睹了凶杀并且决定揭发两人。在做梦前,两个"杀人犯"之一曾来找过梦者,在言谈中流露出对"被害人"的不满,暗示他要和"另一凶犯"一起做对"被害人"不利的事。梦者当时没有在意,而他的潜意识却留心了这件事,并且提醒他应该把这件事通知"被害人"。

当你认为某个人很好,而梦认为他不好时,要相信梦。反之也一样。因为"原始人"敏感而又细心,他可以注意到别人的许许多多细微特征和不引人注意的言行,并且根据经验,从这些小的地方去推断其品行。在清醒时,我们也有这种经验,有时我们初见一个人就莫名其妙地不喜欢他,我们说不出理由,甚至相信这个人很好,但心里就是不喜欢。

这实际上就是"原始人"做了判断。它根据一些细节,判断这个人不好。这些细节我们很难注意到。举例说,当一个人说谎时,他的瞳孔会缩小,我们谁也不会注意到别人瞳孔的收缩,但是"原始人"却能感觉到瞳孔变化带来的眼神差异,当一个人和你说话时瞳孔缩小,"原始人"就感到他不可靠。"原始人"的这种判断一般称为直觉。一般人不太愿意相信直觉,因为直觉说不出理由,但是事实证明,直觉往往是对的。

别人讲述他的梦,更是让我们了解他的一个顺畅途径。它可以让我们看到他不加掩饰地展示出来的内心世界。人们虽然不一定愿意对别人坦白内心,却不在意给别人讲自己的梦。

例如,有个人爱上了一个女孩,但是他却摸不清对方的态度。一天夜里,在同学聚会谈天时,他找了个机会向对方做出暗示,但是对方不动声色。于是他在第二天又找借口到这个女同学宿舍去谈天,并且把话题引到梦上。结果那个女孩讲了她昨晚的梦,让这个人喜出望外。原来,梦告诉他那个女孩对他已心仪许久了。

有的梦表面看起来很可怕,例如梦见亲人死亡。梦醒后,梦者还会很担心,害怕梦是凶兆,怕这件事真的发生。而实际上,梦的真实意义与表面意义是不同的。梦见亲人死亡未必是凶兆。也许它所表示的是亲人所代表的某种事物的消失。例如,某人梦见一位长辈死亡,释梦后发现,该长辈一生贫困。梦者用他来象征贫困,这一天睡前,梦者得到消息,自己的毕业分配已定下来了,所去的单位收入很高。因此,梦所表示的不过是"贫困"已离他而去,这是一个快乐的梦。

还有相当一部分人相信,梦是吉凶预兆,因此梦到不好的事会让他们忧心忡忡、心神不安。通过释梦,当然我这里指的是科学释梦,就可以解除其疑虑,消除迷信。

未知的东西容易引起迷信和恐惧。在人们不了解雷电的时候,人们以为它是天上的雷公在用大斧劈砍,让人去靠近雷或者电是极为恐怖的。而在了解了雷是云之间放电产生的之后,人们就不再提什么雷公了。现在,电这种曾经可怕的东西流进每一个家庭为之服

第十一章 用梦

务，人们安然睡在电的旁边，毫不恐惧，享受电带来的好处。

恐怖的梦也是引起迷信和恐惧的一个原因。有时，一个人梦到亲人死亡等灾祸，难免心中惴惴不安，甚至因此失眠和严重焦虑。它之所以引起迷信和恐惧，也是因为人们不了解它的意义。人们以为它是一个坏兆头，会带来灾祸。如果你了解了心理科学中释梦的技术，了解了你的梦的意义，它也就不可怕了。

心理学家发现，梦表面上荒谬奇怪，实际上，梦在表面意义下掩藏着一点也不荒谬的真实意义。如果我们懂得如何分析梦、解释梦，我们就可以知道梦的真实意义。这种意义往往并不是对未来祸福的预言，而是对你现在的心理状况的指示，对你改善自己的心理极有助益。

经过释梦，你就会知道恐怖的梦未必都是不好的。有时一个表面上恐怖的梦实际上有很好的含义。

有这样一个例子：一位女性梦见和弟弟一起走过一座桥。她先走过去了，她的弟弟落在了后面。桥忽然塌了，弟弟掉到河里。她吓坏了，急忙去救弟弟。可是河水流得太急了，她弟弟被卷入漩涡淹死了。她悲痛地放声大哭。她醒来以后，感到很担心害怕，怕弟弟真会出什么事。

心理学家听到这个梦后，高兴地说："太好了，祝贺你，我为你高兴。"

这个心理学家绝不是幸灾乐祸，而是通过释梦，了解了梦的真实意义。原来，这个做梦的女性当时正在做心理咨询，她没有心理障碍，只是希望通过心理咨询改善自己的性格和夫妻关系。她的性格有两面性，一面很独立，另一面很依赖，导致家庭矛盾的主要原因是她的依赖性过强，种种问题因此而起。

事实上梦者是有一个弟弟，弟弟的性格是依赖性较强。经过释梦，她的梦并不是什么可怕的预兆，而是她当时心理状况的写照。"桥"在梦中出现，可能有几种意义：有时它象征男性性器官，按心理学大师弗洛伊德的说法，桥"连接男女之间的距离"；桥还可以象征连接友谊的纽带；有时它还可以象征从一个阶段过渡到另一个阶段。

在这个梦里，桥就是象征从一个阶段过渡到另一个阶段，象征她的性格将有一个较大的变化。这个变化就是"弟弟落水了"。

弟弟落水也是一个象征。对梦里的所有情节，我们都不能按表面的意思理解。弟弟落水并不是表示她的弟弟真会落水，也不是像民间所说的那样梦要反着解——难道在水里会冒出一个弟弟来？弟弟实际上也是一个象征，象征她自己性格中和弟弟性格相似的地方——依赖性强。弟弟落水淹死就是指她的性格将不再是过度依赖。这个梦和实际的弟弟毫无关系。梦只是说："你的性格将会有一个较大的改变，你将不再那么过度依赖别人。虽然你对此不习惯（梦中救弟弟象征对失去旧的性格特点不习惯），但是，这种改变是必然发生的。"

对这样的事情，难道心理学家不应该表示祝贺吗？

有一个人梦见自己杀了一个人，他俯身去看，却发现那个被杀死的人不是别人，正是自己。这个被杀死的自己的样子很丑陋。

前面曾提到一个人梦见自己被人杀死了，一把匕首正插在胸口。她气愤至极，但是那个凶手说这只不过是一个手术。她梦见自己倒在地上，凶手在解剖自己。这时，她站在一旁看着凶手在把自己开腹剖心，忽然她明白了被杀死的不是自己。

这两个梦看起来都很恐怖、血腥，但是实际上和上面那个梦一样，真实意义是很好的。

前一个梦中，梦者自己杀死了一个丑陋的自己。杀死代表着消除什么东西，杀死了一个丑陋的自己代表他消除了自己身上的一些缺点、一些丑陋的心理。

后一个梦中，另一个人即"凶手"，在做前一个梦中梦者自己做的事。但是，后一个梦的梦者自己一开始还不理解"凶手"的善意。后来她才明白，凶手杀死解剖的不是她，而是那个应该被消除的她，是她性格中病态的东西。

梦中的"凶手"在实际生活中，是在帮她分析她性格中的问题，解剖问题，寻找问题的原因，帮她改善自己。"凶手"对她的心理分析和批评可能有些尖锐，但是对她是有益的。梦者因为被触痛，在情绪上有一点反感，但是"站在一旁看着凶手把自己开腹剖心"（看别人分析自己）这一有益的经历，使她终于懂得了，是"凶手"正在剔除自己有病的心理。

鲁迅不是说他在解剖自己也解剖别人吗？实际上，他就像这个梦中的"凶手"，让被解剖者气愤，但是能使被解剖者受益无穷。

做了一个恐怖的梦，醒后真的没必要惴惴不安，也许这个梦正象征着很好的意义呢。

四、梦能辅助心理咨询

心理医生常常把梦作为一种了解来访者、帮助来访者的重要工具。梦是进入心灵的线索。

笔者在多年的心理咨询与治疗中就常常利用梦来了解来访者的心理问题，甚至结合意象对话技术利用梦来治疗来访者。所以在这里我要专门谈谈心理咨询与治疗中梦的运用，也是为了让读者通过掌握梦来改善自己的心理健康、加速心灵的成长。自我分析、自我治疗对每个人来说是一个终身的任务。古人说："知人者智，自知者明。"心理健康、心灵不断成长对现代人的意义不单是快乐没烦恼，而且意味着更大的适应性、更强的心理力量和更融洽的人际关系。

一个面色苍白的女孩走进我的咨询室。她大约二十五六岁，皮肤白得有些不协调。她是因为最近总是无缘无故地呕吐，才来到我这里，寻求心理治疗的帮助。她告诉我，最近总是不舒服，医生多次为她做身体检查，没发现任何异样。"是医生建议我来做心理治疗的。"她说话的声音低低的，始终没有抬头看我。我的各种提问都被她轻声而漠然地挡了回来。于是我决定从梦入手，了解她、帮助她。

她给我讲了一个梦：她在看一本连环画，但画像电影一样会动，故事的女主人公爬过嵌满了竖起的玻璃片的墙头，和她一起爬的是几个陌生的男人。他们也许是想去偷什么东西。这时，他们仿佛被人发现了，女主人公也想和那几个男人一起往外逃。可是，那几个男人很轻松地就翻过了墙头。女主人公很张皇地看着他们。同时，她的双臂抱着一个已死的婴儿。

我判断这个梦反映出了她心理创伤的症结。她很想把这种感觉"吐"出来，"吐"掉。这是一个很明显的与失身、怀孕、堕胎有关的梦。梦中连环画的女主人公就是梦者自己。因为自己无法承认、面对这是自己所经历过的事，就把这种不愉快、痛苦的经验投射在别人身上。

第十一章 用梦

梦者曾和男性有过越轨的行为。"爬过墙去偷什么"指越轨行为,至于越轨的是什么,则由"竖起的玻璃片"来象征,这是阴茎和性交的象征。在对性还十分无知的少女心目中,性是危险的,会划伤自己。接下来,梦再继续演绎整个过程。越轨了之后怎样呢?出现了"危险",而当危险来临的时候,男人却"轻而易举"地就走开了,把女人留在危险之中。是什么样的危险呢?女人的双臂抱着一个死亡的婴儿。这是堕胎的象征。怀孕了又堕胎,结果就是一个"死亡的婴儿"。

到这里可以说"梦相大白"。来访者可能有一番难以启齿的经历。她和什么人发生了性关系,但怀孕及堕胎的后果却只有她一人承担。由于无人倾诉,这段经历的羞辱、难堪,还有整个过程的恐惧、无助,使她如鲠在喉。所以她的反应是呕吐,她非常想一吐为快,从此轻松生活。

虽然有了这样的判断,却还不能唐突地对她和盘托出。而且判断归判断,心理治疗师对自己的任何判断都得保持一定的弹性,否则就是武断。

我对她说:"梦中连环画里的那个女主人公,好像陷入了某种困境。是什么呢?"

她沉吟了一会儿说:"她很害怕。"

我的语气尽量和缓:"她怕什么?"

"没有人能帮她。"她语气低沉地说。

"你问问她,她有怎样的心事,才使她这样痛苦、害怕。"我说。

"她很蠢、很傻,也很下贱。"她的语气有些激烈。

"为什么要这样说?"我预计着快触碰到横亘在她心里的那块礁石了。果然,她抬起头,既期盼又疑惑地看着我。"你觉得我们说这些有用吗？已经这样了，还能怎样？"她说。

"发生的事不能改变，但它对我们的影响可以改变。改变了，我们就可以生活在今天，而不是一辈子生活在昨天。"我鼓励她说。

"我想你已经知道了？"她说。

"重要的不是我知道不知道，而是你自己怎样理解，怎样从过去的阴影里走出来。"我继续鼓励她，安慰她。

"能走出来吗？"她像在问自己。

"如果梦中的这个女人是你最要好的朋友，你和她情同姐妹，那么看到她这样，你会怎样对待她呢？"我启发她。

"她怎么了？"她一脸想掩盖什么痛苦的迷惑。

"她和男性去了有危险的、被禁止去的地方。结果男性轻松逃脱，而她自己陷在里面，手里抱着个死去的婴儿。"我很耐心，也很理解她的心理阻抗。

"我不知道该对她说什么。"她很冷漠地反应道。

我意识到这个创伤对她有多巨大。所以我更耐心、更温和地对她说："想象你是她最要好的朋友，除了你，她没有别的可以依靠的亲人和朋友。你看到她很痛苦、很害怕，你心里也很难过。我想作为她的好朋友，你能忍心让她就这样陷在这种处境和心境中不能自拔吗？"

"我不知道我能做什么。"她说，语气和缓了许多。

"先找到你关心她、爱护她、愿意帮助她的感觉。你是爱护她的，不管她做了什么，对吗？"我注意着她细微的变化，力争每个字都有打动她的分量。

"对，我想是的，因为我们是朋友。"

"是最好最好的朋友。"我插话道。

第十一章　用梦

"对,是很知己的朋友,所以不管她做了什么,我都一样看重她。"她仿佛很费力地说。

"对,因为你关心她、爱护她,所以愿意帮助她。那么看到她这样害怕、无助地站在那里,你会做什么,会怎样反应呢?"我问。

"我会上去抱住她,让她不要害怕。"她说。

"你上去抱住她,她会怎样反应呢?"我问。

"她会发抖,一直抖个不停。"她说。

"那你怎样做呢?"我问。

"我会更紧地抱住她,对她说,别怕,别怕,有我在,我会帮助你的。"

"那么然后呢?"我知道她已经可以按我引导她的方式继续往下做了。

"她不那么怕了,我和她一起把孩子埋掉了。我对她说:'这不是你的错。向前看,你还年轻。谁都有走错路的时候。'她听了,脸色显得比刚才红润了些。"

"然后你们会做些或说些什么呢?"我继续问。

"我想带她走出那个园子,那个园子死气沉沉的,并不适合她。"她说。

"好吧,那你和她一起出来吧。"我说。

"怎么出来的?"我问。

"我们走到墙跟前,发现有半开的栅栏门,其实是很容易出来的。她有些犹豫,回过头看,我想她是在看那个小孩的墓地。"

"你怎么做了呢?"我问。

"我对她说,过去的就让它过去,向前看。于是我们就出来了。……外面的阳光很强烈,她有点不习惯。我对她说:'你很快

351

就会习惯的,你不是一直都很喜欢阳光吗?'她慢慢地感觉到阳光的温暖了。"她说着,脸上也逐渐恢复了些血色。

"你现在感觉怎样?"我问。

"轻松了很多。"她边说边长长地吁了口气。

以此为契机,我又和她面谈了几次,直到她内心的力量越来越强,带领她从容地走进今天的阳光里。那段经历带给她的罪恶感、羞耻感、自卑、自责,都被整理好,掩埋了起来。她终于从昨天的阴影里走了出来。

其实,每个伤疤都可以蜕变成玫瑰,只是这个转化还需要更深地进入心灵。也许她的另一个梦又是一道漏进心灵的微光,我们摸索着它,可以不断地深入领会心灵的巨大和丰富。那时收获的不只是常识意义上的心理正常,而是心理真正的健康和成长。

当然,梦仅仅是进入心灵,或者说进入潜意识心理的一个线索。但正因为它的特殊性,它已成为进入心灵或潜意识心理的重要渠道。

释梦本身就可以作为心理咨询及治疗的一种方式,如以下梦例:"我梦见有个丑陋、粗壮、高大的男人闯进来,穿着黑衣服,手里拿着手枪。我和另外两个男人在屋里,我们虽明知打不过他,但仍然和他搏斗。这时另外两个男人中的一个不见了,好像是溜出去了。这个闯进来的人对我说:'我前世杀了你。'我一听仿佛记起来似的,愤怒地朝他扑过去。他对另外的那个男人说:'是我使你成了孤儿。'那个男人也很愤怒,知道是他杀了自己的父母。来人也在找另一个男人。"

"我们一起从玻璃窗出去。这时梦境一转,这个闯进来的人,头朝下地掉在下面的水池里,浮在水面上。于是,我用手里的枪瞄准他。我觉得瞄准有些困难,打中了他的肩膀。我想这样并不能打死他。于是又瞄准他的后脑勺。我开了5枪,我觉得他的脑浆被打了出来。四周围了许多人来看,他们朝他的尸体扔石头,嘲笑他。我又有些不忍。我和另一个人(那个孤儿)一起去护卫他的尸体,那第三个人始终看不见。"

梦者是位39岁的学者,因为新近到一个大公司工作,负责市场销售,所以压力很大,前来咨询。

有些梦是很重要的,它往往反映的是梦者较深层的心理内容。如何"嗅"出那些梦是重要的,这要靠释梦者的经验和进入自己心灵的程度。这二者结合,释梦者可以很容易有一种发现重要梦的直觉。

我意识到这个梦对他很有意义。于是我以此为切入点,直接对他进行辅导。

我:你现在舒适地坐好,尽量进入你梦中的形象。让梦境尽可能生动地浮现在你眼前。能做到吗?

来访者:能。(轻轻地闭上了眼睛)

我:梦中的这些人物都是你人格的不同侧面。有的侧面你乐于认同、容易认同,就好像你的兄弟或好朋友;而有的侧面你不能也不愿意认同,就像你梦中的强盗。其实,这些都是你人格的不同部分。好,回到那个丑陋、粗壮、高大的男人刚刚闯进来时的情景。让梦中的你放松,友好、和平地面对来者。试试看。

来访者:(呼吸变得匀且长,深深地吁出一口气)

我:请你以一种很友好、很欢迎的姿态对他说:"你来找我有什么事吗?我很高兴你来,我一直盼着你来。"试试看。

来访者：我并不希望他来。

我：（语气和缓地）他是你人格中的一部分。你们彼此生疏得太久了，本来是兄弟一家人，何必互相敌视？

来访者：我就想和他拼杀，谁怕谁。

我：他就好比你的左手，你就好比右手，你愿意用右手砍掉左手，还是愿意两只手一起做事？

来访者：（沉吟了一会儿）好吧。我问他"你来干什么"，他说，他想让我认识他。我就上去拍了拍他的肩膀。

我：他有什么变化或反应吗？

来访者：他的脸比刚才好看多了。

我：你身边的那两位也是你人格的不同部分，你们几个原本就是一个人，就像四个最好的兄弟。你们互相表示下友好。

来访者：我们几个抱在一起，大家都挺高兴的。后来不见的那个，比较瘦小，低着头好像不高兴。

我：你们去关心关心他，他肯定有自己的心事和委屈。

来访者：我们问他怎么了。他说，他觉得自己无能，没脸和我们待在一起。

我：你们怎么做呢？

来访者：他是挺无能的，根本不适应压力社会。

我：他也是你的兄弟，而且他未必像你想的那么无能。你去拥抱他，看看会发生什么。

来访者：我拥抱他了。他很高兴，而且好像变得高大起来，人也显得结实了。

我：我们每个人其实都是充满智慧和力量的，需要爱来激发。

第十一章　用梦

　　来访者：我们四个一起要出去做些什么了，我们从门里不是从窗走出去。门是正道，窗是左道。

　　我：这和你的生活有关系吗？

　　来访者：（微笑着）我可以堂堂正正地做生意、做人。（长长地吁口气，胸部起伏着，人坐得更舒展些）我们合在一起了，变成另外一个人，这个人强壮、有力而且相貌俊朗。

　　我：好，把这个人和你，现在坐着的你合在一起。

　　来访者：（胸部明显地起伏，慢慢睁开眼睛，微笑着）我想我该抓紧时间工作了，谢谢你，我知道该怎么做了。

　　我：不断地在生活中接纳你自己，好的、坏的、聪明的、愚蠢的、坚强的、软弱的，只要你接纳它们，你就会更有力量、更丰富，也会更有智慧。

分析到这儿，这个梦的意义，我和他都已明了。他说："这个梦反映了我自命清高的学者部分的人格与世俗的人格之间的矛盾。而世俗的人格（梦中以丑陋、粗壮、高大的男人代表）是我的一部分，他有一种现实的力量。可能正是基于这部分人格，我才有弃文从商的举动。然而，我心里又厌恶他的世俗，所以梦里就有了文弱书生与世俗强盗的殊死搏斗，结果还是我的书生一面占了上风。好在我隐隐约约也有些认同那现实的一面（梦中以怜悯他的死为代表），否则，也不会这么顺利地和他结合。"

上面这个例子就是用梦做心理辅导的一个实录。用这种方法，在心理治疗中或在自我帮助中，都可以把了解自己和自己的成长很好地结合起来。它可以避免冗长的自由联想费时费力的缺点，也不会陷于"我的内心原来是这样，可知道了又怎样，我怎么改呀"的困惑。

使用这种方法其实很简单，只要掌握两个最基本的原则：一是梦中所有的人、事、物都是自己心灵的一部分；二是无条件地接纳自己的心灵，以及心灵中的任何一个部分。

具体的操作技术是：让心灵中的各部分交流、沟通；然后彼此拥抱，接纳对方；最后合为一体。懂得了这种方法，那么每个梦都是在提醒你，还有哪些心灵内容没有得到整合，于是再整合。这个过程就成为心灵不断成长的过程，而心灵的成长会带给你整个人生的改变，从人生观到生存方式、人际关系、身体状况等。

当然说难也难，难就难在你必须明了并相信，无条件的接纳或说无条件的爱，真的能创造奇迹。

无论如何，就像我在咨询中常说的，"试一试"，因为它真的很值得试，而且只有试了，你才会真的懂、真的去用。

释 梦

第十二章
梦与文化

一、梦文化的解读
二、文化的梦解读

一、梦文化的解读

通过对梦的研究，人们形成种种观点，从而有了种种梦行为习惯以及各种传统，并成为本民族文化的一个有机的组成部分：梦文化。在这一章，我们将从心理学的视角，对梦文化加以分析解读。

当然，我们分析的重点是中国的梦文化。本书不是专门研究梦文化的著作，所以仅以漫谈的形式、简略的文笔，提出梦文化的只鳞片爪，供读者了解。

1. 解读梦的灵魂观

古老民族和现代的一些保持了原始思想的民族中，梦的灵魂观是最常见的。

我国东北的赫哲族人，清代以前尚处在史前时期。在他们的信仰中，人人都有三个灵魂：一是生命的灵魂，一是转生的灵魂，还有一个思想的灵魂或观念的灵魂。据说，生命的灵魂赋予人们以生命，转生的灵魂主宰人们来世的转生，观念的灵魂使人们有感觉和思想。人们在睡眠的时候，身体之所以不动，耳目之所以没有知觉，就是因为观念的灵魂离开了肉体。人们之所以做梦，之所以在梦中能看见很多东西，甚至看见已经死去的亲人，就是因为观念的灵魂离开身体后，能到别的地方去，能同神灵和别的灵魂相接触。正因为梦中灵魂可以同神灵相接触，可以同祖先的灵魂相接触，因

第十二章 梦与文化

此他们便把梦象作为神灵或祖先对梦者的一种启示，梦象随之对梦者就有了预兆的意义。在赫哲族人看来，有些梦是好梦吉兆，如：梦见喝酒得钱，预示着打猎会满载而归；梦见死人、抬棺材，预示着一定能打到野兽。有些梦则是坏梦凶兆，如：梦见黑熊预示着灾难降临，不是家里死人就是亲属死人；梦见骑马行走，预示着狩猎空手而归。赫哲族人对梦兆的这种迷信，明显地同他们的狩猎生活联系在一起，也同他们古老的思维方式联系在一起。从上面所举的一些梦兆中可以看出，这些梦兆都是基于生活经验的一种"逆推"。拉回来猎物才能有钱有酒；反过来，喝酒、得钱之梦，只有拉回来猎物才能应验。同样，打死了野兽，必须像抬死人、抬棺材那样把它们抬回来；反过来，死人、棺材之梦，在打死了野兽之后也算得应验。还应补充一点，原始人常常喜欢把自己打扮成野兽的样子，抬死兽在他们的心目中，同抬死人没有两样。

生活在大兴安岭大森林的鄂伦春族人，同样也有灵魂的观念。他们对灵魂的解释和赫哲族人大体相同，只是主要强调观念的灵魂。人为什么会做梦？他们也认为，人睡眠时灵魂会离开肉体跑出来，像是遇到了什么东西。死去的人为什么能在梦中相会？他们认为，亲人的肉体虽然死亡，但他们的灵魂还存在。

我国西南的傈僳族人，新中国成立前其生活的有些地区还停留在刀耕火种的原始阶段。傈僳族人不但信仰灵魂，还有梦中"杀魂"之说。据说，有一种人叫"扣扒"，他的灵魂是一只鹰鬼。由于鹰鬼在梦中可以"杀魂"，人们对"扣扒"非常害怕又非常气愤。如果一个人梦见一只鹰，同时又梦见某个人，那么这个人就是"扣扒"。梦者如果由此得病以至死亡，那就是梦者的魂被"扣扒"杀了。为了证明某人是"扣扒"和追究"杀魂"的责任，巫师们要举行驶人的捞油锅的仪式进行"神判","扣扒"将因为"杀魂"而受到严厉的惩罚。

瑶族人对梦兆也有他们的解释。据说,梦见太阳落山,父母有灾;梦见刮风下雨、梦见与女子相恋,自己有灾;梦见唱歌,要与别人吵架;梦见吃肉,有病有灾;梦见吃饭,将劳累终日;梦见解大便、蛇跑或自己把木头、石头滚下山,都要丢财。相反,梦见打小蛇或火烧房子,要进财或发财;梦见野火烧山或梦见父母,天要下雨;梦见死人或自己死,则自己或被梦者长寿有福;梦见哭,倒有福气;等等。

景颇族人一般把灵魂称作"南拉"。他们认为人之所以做梦,就是因为灵魂离开了自己的肉体。如果灵魂不离身,人就不会入睡做梦。有时候入睡却不做梦,就是因为灵魂外出没有碰见什么东西,如果灵魂外出碰到什么怪物,人在睡眠中就要做起怪梦来。按照景颇族的习俗,梦见枪、长刀之类,是妻子生男孩的吉兆;梦见铁锅和支锅的三脚架之类,则是妻子生女孩的吉兆。梦见黄瓜、南瓜结得很多,自己又摘了一大箩背回来,据说是凶兆。梦见太阳落山、牙齿掉了和喝酒吃肉也是凶兆,不是家里死人就是邻居死人。

在现代人看来,灵魂存在的说法是一种迷信,按生物学和物理学的解释,精神活动归根结底是大脑的活动。在睡眠时,也不可能有什么实体的灵魂从脑子里飞出去。

虽然现代人嘴里说不信灵魂存在,但是在心中却常常或多或少有相反的意见。人们会传说一些怪事,这些怪事只有用灵魂甚至鬼神才能解释。反迷信的工作之所以不断地进行,正是因为迷信在不断地冒出来。我们谈到古代人信鬼神灵魂,可以说那是因为他们不知道科学,而在科学已经如此发达的今天,为什么人们却并不能和

第十二章 梦与文化

旧的观念一刀两断呢?

以心理学来看,这是因为"灵魂"这一观念经过了人类一代代的长久的信仰,已经沉淀进入了人的心灵深处,进入了人的集体潜意识。而集体潜意识中存在的东西,不是轻易就可以改变的。

另外,我们还可以说"灵魂观""鬼神观"的产生,都是人把一些精神性的存在想象为实体的结果。

除了物质性的存在,如山、树、石等之外,还有观念性的存在。比如我们说:"这个世界上存在着真、善、美,也存在着假、恶、丑,存在着正义,也存在着伪诈。"正义是一个存在,但不是物质性存在,它看不见摸不着,但它仍旧是确确实实的存在。除了物质性、观念性的存在,还有精神性的存在。荣格所说的原型就是精神性的存在,一个英雄原型虽然也看不见摸不到,但是它也确确实实存在。

当一个人唤醒了自己的英雄原型,他会感到仿佛有个英雄活在自己心里,鼓励自己面对一切困难,征服一切困难。也许这个人有一天会死去,但是他可以以自己的英雄行为激发起另一个人心中的英雄原型,这样,仿佛那个英雄没有死,还活在了另一个人心里。我们会象征性地说,英雄没有死,英雄是永生的,他会在一代代人身上复活。

原始人和现代人的潜意识,有时会把这一精神性存在当成物质性存在,猜想有个英雄的灵魂附在这个人的身体上,使他变得勇敢无畏。这个灵魂也许以一只鸟的形态出现,也许只是看不见的一股气。即使是气,也是一种物质,而精神性存在不是物质。他们混淆两种存在形式就是灵魂观出现的原因。在做梦时,我们的心理的确在活动,我们的心思和想象的确离开了身体,到了各个地方,但是心理、心思和想象都是精神性存在，如果把它们当成灵魂，那就是混淆了。

2. 解读梦的文化

虽然以心理学释梦只有100多年的历史，但是人类的占梦活动却有极为久远的历史。古今中外的各种占梦的理论及方法数不胜数。

从心理学分析，占梦活动应该是古代人类极为重要的活动。在现代人的生活中，逻辑思维占举足轻重的地位，而在原始人那里，这种逻辑思维尚未形成，或至多有一点简单的萌芽，那么，原始人靠什么来决定行为呢？他们所具有的只有形象思维，只有象征，而梦又是人类最主要的象征活动，所以梦在原始人那里的作用就如同逻辑思维在现代人这里的作用一样巨大。占梦就如同现代人进行逻辑推理。

中国古代很早就有占梦的记载，据刘文英先生总结，根据现有文献，提到占梦最早的人物是黄帝。皇甫谧《帝王世纪》曰："黄帝梦大风吹天下之尘垢皆去，又梦人执千钧之弩驱羊万群。"醒后黄帝自我分析："风为号令，执政者也；垢去土，后在也。天下岂有姓风名后者哉？夫千钧之弩，异力者也；驱羊万群，能牧民为善者也。天下岂有姓力名牧者哉？"于是"依二占而求之"，得风后、力牧两位名臣。

这个故事记载非常清楚，但其内容则妄不可信。黄帝的时代，尚无文字，怎么还能运用析文解字来占梦？即使有文字，也不会是汉魏时期的隶书，而应该是比甲骨文还要早的象形文字或图画文字，用析文解字来占梦根本不可能。但是，参照国内外许多原始民

第十二章 梦与文化

族的情况，如果说黄帝的时代已经出现占梦，那倒完全有此可能。

黄帝和尧舜禹时代的梦与占梦活动，都是远古的传说，只能供研究参考。在中国历史上，从殷人开始，梦和占梦才有了可靠的记载。殷人的甲骨文字中，已经出现了比较规范的"梦"字。甲骨卜辞中有关殷王占梦的记载也很多。而且殷王总是问，其梦有祸没有祸，其梦有灾没有灾。这说明，殷王对其梦的吉凶非常关心，也说明，占梦在殷王的生活中占有相当重要的地位。

根据著名甲骨学家胡厚宣的归纳，殷王在卜辞中所占问的梦境或梦象，有人物、鬼怪、天象、走兽，还有田猎、祭祀等。在人物当中，既有殷王身旁的妻、妾、史官，又有死去的先祖、先妣。在天象当中，既占问过下雨，又占问过天晴。在走兽当中提到牛和死虎。其中要数鬼梦最多。

同怕鬼的心理相联系，殷王占梦似乎还有一个特点，就是多着眼于梦的消极方面，因为殷王凡遇鬼梦总是问有没有祸乱，有没有灾孽。其他梦景、梦象，一般也是这样占问。

"有没有喜幸"的占问，从未见过一例。大概由于这个缘故，殷王尽管无事不占，占梦在整个占卜中的地位并不那么重要。

根据许多古籍的记载，殷高宗梦傅说的故事流传很广。据说殷高宗（武丁）梦见上帝赐给他一位良臣，来辅佐他主持国政。他根据梦中这个人的形象，到处寻找。结果在傅岩之野发现一位奴隶，名说，很像，于是便把他立为国相。

《史记·殷本纪》和《帝王世纪》等也有类似记载，基本情节相同。这个故事和卜辞不同的地方在于，它强调高宗德行高尚，感动了神明，所以神灵给他托梦。

在我们今天看来，此梦很可能是武丁为了破格用人而杜撰。但是，就算是杜撰此梦，利用神道，为使人们相信就不能随意胡编，而必须利用爱憎分明的传统的观念。我们着重想要指出的是，殷人不但认为鬼魂能够通梦，而且认为神明也能通引入梦，梦境、梦景和梦象，都是神意的表现。

周人灭殷之前，梦的传说和占梦活动也极为频繁。据说，周文王和周武王事前都做过不少吉梦，预兆着周人代殷。

《帝王世纪》曰：文王曾梦"日月着其身"。日月，帝王之象征，显然是说文王受命于天。

《尚书·太誓中》还记载着武王伐纣时的明誓之言："朕梦协朕卜，袭于休祥、戎商必克。"武王到底做了一个什么梦，《太誓》没有讲。据《墨子·非攻下》说："武王践功，梦见三神曰：'予既沉渍殷纣于酒德矣，往攻之，予必使汝大勘之。'武王乃攻狂夫，反商之周。"

以上诸梦，明显地都有强烈的政治意义和政治目的，不可避免地包含着虚构。但从中我们可以看出，占梦在周人政治生活中占有极重要的地位，周王对梦的态度似乎比殷王更为虔敬。凡有关政事，必召太子。而占梦则需在神圣的明堂进行。占为吉梦，更要向神明膜拜，以感谢上天的保佑。

在周人灭殷的过程中，姜太公起了极其重要的作用。正像武丁梦得傅说一样，关于姜太公也有很多梦的传说。据谶纬《尚书中候》说，太公未遇文王时，曾钓鱼于溪，夜梦北斗辅星告诉人以"伐纣之意"。那姜太公就应当是天神派遣的辅臣了。《庄子·田子方》又说，文王梦见一位"良人"告诉他："寓而政于臧丈人，庶几乎民有瘳乎！"这位"良人"不同凡俗，当属神人；"臧丈人"即在臧地钓鱼的渔夫，实指姜太公。

第十二章 梦与文化

《博物志》还有所谓"海妇之梦",据说太公为灌坛令时,文王夜梦一个妇人当道哭,曰:"吾是东海神女,嫁于西海神童。今灌坛令当道,废我行。我行必有大风雨,而太公有德,吾不敢以暴风雨过。"东海神女当为龙王女。龙王女遇姜太公都害怕,足见其神威。这些梦当然也可能有后人的虚构,但用梦来神化周初这位名臣,当时完全是可能的。

从《周礼》当中我们还可以看到,周人在占梦时把梦分为六类:"一曰正梦,二曰噩梦,三曰思梦,四曰寤梦,五曰喜梦,六曰惧梦。""六梦"之中有"惧"亦有"喜",这说明周人对梦的心理和殷人单纯的惧怕颇不相同。

从《左传》一书中可以看到,各国诸侯在春秋时期的历史舞台上表演得相当充分。他们无论遇到战事还是进行祭祀,都爱疑神疑鬼,因而他们对梦的态度大多非常认真。

《左传·昭公七年》记载,卫卿孔成子梦见卫国的先祖康叔对他说:立元为国君。史朝也梦见康叔对他说:我将命令苟和圉来辅佐元。由于两人之梦相合,卫襄公死后,孔成子即把元立为国君,他就是卫灵公。《左传·昭公十七年》记载,韩宣子曾梦见晋文公拉着荀吴,而把陆浑交付给他,所以他决定让荀吴领兵挂帅。荀吴灭了陆浑之后,他特地把俘虏奉献在晋文公的庙里。在这两段记载中,孔成子之立国君和韩宣子之命统帅,也都把梦作为他们的根据。他们同样认为,康叔在梦中说的话,也就是祖先的命令;晋文公在梦中的活动,也就是祖先的意旨。由此可见,他们对梦的迷信,何等之深!

《左传》所记之梦,大多是诸侯公卿之梦及其将相臣僚之梦。当然,梦者当中,也有诸侯的嬖妾和一般的小臣。但所梦的内容,

365

也都因为与诸侯有关，才被记载下来。至于梦象和通梦者的情况，似乎比殷周时期要复杂。

第一类梦象和通梦者是神灵，有天、天使和河神等。

第二类梦象和通梦者是"厉鬼"。"厉鬼"即恶鬼，据说绝后之鬼常为"厉"。这类梦一般属于凶梦，而在梦中为"厉"者，多是梦者仇敌的鬼魂。

第三类梦象和通梦者是先祖、先君之灵。这类梦在《左传》中最多。如孤突梦太子申生，孔成子和史朝并梦康叔，鲁昭公梦襄公，韩宣子梦晋文公等。由于它们向梦者所传达的都是先祖、先君的意旨，因而一般都是吉梦。《左传·成公二年》记载，韩厥梦见其父子舆对他说："且辟左右。"让他第二天在战车上不要站在左右两侧，他便站在中间驾驶战车追赶齐侯。结果，站在车左的人死在车下，站在车右的人死在车里，他不但保全了性命，而且取得了胜利。

第四类梦象是带有象征意义的日月、河流、城门、虫鸟之类；通梦者虽未点明，终究只能归于神灵。

值得注意的是，《左传》对于王侯将相之梦的记载，完全作为一种重要史实或史料来看待。凡是前文记梦，后文必述其验。《左传·成公十年》载："晋侯梦大厉，被发及地，搏膺而踊曰，杀余孙不义，余得请于帝矣！"晋侯梦"大厉"，其验更神更奇。先是晋侯召桑田巫占梦，巫说："看来，君王是尝不到新麦子了。"晋侯由此病重，求救于秦国著名的医缓。医缓未到之前，他又梦见两个小孩，一说："医缓是名医，恐怕要伤我们，我们往哪里逃？"一说："我们待在肓之上膏之下，看他把我们怎么办！"医缓到后对晋侯说："病没有办法了。肓之上膏之下，砭石不能用，针刺够不着，

第十二章 梦与文化

药物也达不到。"到了麦熟时节，晋侯认为早先桑田巫的占卜是胡说，他要当其面口尝新麦。可是，刚要进食，肚子胀，进了厕所便栽入粪坑一命呜呼了。作者不厌其烦地记述事件过程，他到底要说明什么呢？显然，他要通过这些所谓"史实"告诉人们，梦的吉凶应验是注定的，谁也无法抗拒。

《左传》对梦的记载，反映了那个时代占梦在社会上的影响。孔子虽称"不语怪、力、乱、神"，但对梦同样是很迷信的。孔子晚年曾经说过："甚矣吾衰也！久矣吾不复梦见周公！"（《论语·述而》）应该说，这种哀叹并不是严肃地对梦发表什么见解，但确实包含着一种观念，即周公之灵不再给他托梦以提供新的启示了。孔子在行将就木之前还讲过："而丘也殷人也。予畴昔之夜，梦坐奠于两楹中间。"（《论语·檀弓上》）他梦见自己坐在两楹之间而见馈食，以为是凶兆。这也证明，孔子虽非事事占梦，但确实受到占梦迷信的影响。

到了战国时期，七雄争霸，完全是一场经济实力、军事实力以及智术谋略的较量。由于人的作用得到充分的彰显，无神论思潮空前活跃。由此，占梦在上层人物心中的地位急剧下降。在记载这一时期历史的文献中，就很难看到哪个国君及臣僚以占梦来决定政治军事活动。在思想界，作为儒家代表人物的孟子、荀子，作为法家代表人物的商鞅、韩非，以及道家的庄子，兵家的孙膑，阴阳家的邹衍，都没有流露出他们对占梦的迷信。当然，占梦在民间的影响肯定还是很深的。

由以上材料可以看出，占梦在古代有十分重要的地位。

殷高宗要提拔傅说、周文王要提拔姜太公，都是只需说一个梦，就可以让一个平民做相国。这种事情不要说在现在，就是在秦汉以后的封建时代也是完全不可能的。占梦的重要性到后来逐渐降低，除了其他因素外，在心理上的原因是，人们的心理离深层的集体潜意识越来越远，因而原始意象对人的影响减少了。

3. 解读古代占梦术

古代占梦术的理论是非科学的，但是这并不意味着古代占梦术一无可取，因为古人在生活经历中可以直觉地了解到一些梦的意义，也可以发现一些常用象征的意义，甚至其占梦方法中，也有一些合乎心理学原理。但绝大多数都似乎带有宿命论的味道。

我们试举一些例子。

《敦煌本梦书》中有如下占梦的内容：

> 梦见龙斗者，主口舌。
> 梦见龙飞者，身合贵。
> 梦见黑龙者，家大富。
> 梦见蛇当道者，大吉。
> 梦见蛇虎者，主富，吉。
> 梦见蛇入床下，重病。
> 梦见〔蛇〕上屋，大凶。
> 梦见蛇上床，主死事。
> 梦见蛇相趁，少口舌。
> 梦见蛇咬人家者，母衰。
> 梦见蛇作盘者，宅不安。
> 梦见打煞蛇者，大吉。
> 梦见杂死（色）鸟者，远信至。
> 梦见飞鸟入屋，凶死。

第十二章 梦与文化

梦见飞鸟自死,行人病。

梦见百虫自灭,小口衰。

梦见蛟虬者,大吉利。

梦见蜘蛛、蟢子,口舌。

梦见龟者,口舌。

梦见鳖者,主百〔事〕吉但。

梦见鱼者,尽不祥。

我们知道,蛇的象征意义很多,其中有"狠毒"等意义。所以有时可能一个人梦见蛇上屋、上床或入床下,过不多久的确遇见了祸事。我们可以假设有一个人隐约感觉到生活中有个阴险小人在算计自己,于是梦见蛇,结果不久这个小人真的用诡计害了梦者,而梦者就得出结论:"梦见〔蛇〕上屋,大凶。"这种经验的总结有时的确会应验,但是不一定总是正确,因为蛇也可能代表其他意义。假如有一个女人梦见蛇上床是在她新婚之夜,那么这仅仅是一个性象征,而且是一个喜悦的象征。

正因为如此,这类占梦辞书往往会自相矛盾,如前面说"梦见蛇虎者,主富,吉""梦见蛇当道者,大吉",后面又说"梦见蛇作盘者,宅不安"。

在印度,也有和中国相似的占梦书。下面摘录一些在印度常用的梦象征,读者可以对照比较一下。

咬牙——梦见自己用牙咬别人,预示着要报仇。梦见自己又咬了一个人,是别人仇视自己的兆头。梦见被狗咬,将会受到仇人的攻击,或患重病。

盲人——梦见自己双目失明,预示着不可相信自己的亲属和朋友，对妻子和孩子也不要相信。梦见门口站着一个盲人，客人要来临。梦见盲人叩门，会发财。

血——梦见自己在喝血，是发财的祥兆。梦见血，自己的财产会有继承人。梦见血受损，预示着失败。梦见床铺或衣服上有血迹，会患重病，或受刑事案件牵连。梦见别人的床铺或衣服上有血斑，仇人将被自己征服，并向自己求饶。梦见血流成河，预兆着要发大财。女人做了上述的梦，居住的地区会出现流行病。

身体——梦见身体被烫伤，是凶兆，预示着与别人为仇，卧床不起。梦见被人剥光了自己的衣服，经济会出现危机。梦见自己身体健康结实，是祥瑞。

鞋——梦见新鞋，要交新朋友。梦见旧鞋，会与妻子分离，为忧虑所困扰。

袜子——梦见穿袜子，预兆要生病。女人梦见穿袜子，能得到丈夫或恋人的爱。梦见购买袜子，很快要去旅行。梦见送给别人袜子，能交新朋友。梦见得到别人送的袜子，会忧虑重重。商人梦见穿破袜子，会病魔缠身。旅行者梦见穿破袜子，旅行会愉快、顺利。商店老板梦见穿破袜子，生意能获利。梦见袜子丢失了，财产所遇到的危险会消除。

死人——梦见与死人交谈，会扬名四海。梦见与已经死了的人进餐，会长寿。梦见把死人抱在怀里，或呼喊死人的名字，不久要离开人世。鳏夫梦见已故的妻子，会与一位受过教育的女人结婚，她会成为自己事业的助手。寡妇梦见已故的丈夫，会恪守贞节，史册留名。

耳聋——梦见自己成了聋子，朋友会给自己带来损失。梦

第十二章 梦与文化

见与聋子交谈,神经要失常。梦见亲友聋了,会受到敌人的欺骗。

耳朵——梦见自己的耳朵被割掉,命令能被执行。梦见别人的耳朵被割,要遭受苦难。梦见自己掏耳朵,或者让别人给自己掏耳朵,有好消息。梦见有人拧自己的耳朵,所犯的罪会受到法律制裁。梦见耳朵里长毛的人,能发财。

耳环——梦见耳环,婚姻美满、幸福。已婚女子梦见自己佩戴金耳环,会生一个漂亮的男孩。梦见别的男人佩戴铜耳环,收入会锐减。女子梦见别人赠送耳环,会生一个漂亮的男孩。男人梦见自己戴金耳环,妻子会很快怀孕。

这些对梦的解释一定程度上还是有一些道理的。例如:"梦见自己双目失明,预示着不可相信自己的亲属和朋友,对妻子和孩子也不要相信。"我们知道,梦见失明的诸多意义中,的确有一种表示"盲目相信别人"。如果梦者的生活中曾盲目相信别人,那么潜意识是有可能以双目失明的梦提醒他的。再如"梦见旧鞋,会与妻子分离",我们知道鞋可以作为婚姻的象征,因此如果梦到丢了旧鞋,的确表示你潜意识中愿意离开妻子。再如"寡妇梦见已故的丈夫,会恪守贞节"更容易理解,如果她时常梦见死去的丈夫,说明她对丈夫的感情深,当然她恪守贞节的可能性就比较大。但是,我们也要看到这种占梦都不是完全靠得住的。假如一个寡妇梦见已故的丈夫很像邻居男子,也许这仅仅表示她希望邻居做自己的丈夫。

4. 解读禳梦术

古人既然相信梦预兆吉凶,做了噩梦,当然不愿意坐以待毙,因而种种禳除噩梦的法术也就应运而生。下面是一个引自《敦煌本梦书》中的例子：

> 凡人夜得恶梦，早起且莫向人说，虔净其心，以黑（墨）书此符，安卧床脚下，勿令人知，乃可咒曰：赤阳，赤阳，日出东方。此符断梦，辟除不祥。读之三遍，百鬼潜藏。急急如律令。夫恶梦姓云名行鬼，恶想姓贾名自直，吾知汝名识汝字，远吾千里，急急如律令敕。又姓子字世瓠，吾知汝名识汝字。

没有古人告诉我们这种符咒是否有效。即使这种符咒真的有效，也不能说明噩梦真的名叫云行鬼，一听到我们喊它的名字，知道我们识破了他的行藏，就吓得跑到千里之外了。

但是，我们仍不能把这种符咒说成无聊的把戏放在一边，以心理学的眼光，我们会发现它也是有一点道理的。首先，它是一种催眠或暗示术。心理学发现，重复说一些语词会对潜意识产生作用。最常见的简单的例子就是重复说"放松，放松，放松"，人就会松弛下来；重复对小孩哼唱"睡吧，睡吧"，小孩就会睡着；重复对一个女孩说"我爱你"，她就会对你有感情。禳除噩梦符咒也是一种暗示语。

一个小孩做了噩梦，妈妈对床下大喊："大老虎快滚蛋，滚得远远的，不许吓唬小宝宝。"喊上几遍，孩子就能安心入睡了，这并不意味着大老虎跑掉了，只意味着孩子接受了母亲的暗示，相信床下已经没有了老虎。实际上这个咒和小孩妈妈的用语很相似。"远吾千里，急急如律令敕"翻译成通俗的语言就是："你给我跑得远远的，远到一千里以外去，快快！"而且成年人知道那不是大老虎，就另编一个名字叫"云行鬼"，大喊让它走，而且要连续把咒读三遍，心里也就踏实了。

成年人潜意识中也有胆小的部分，对这一部分也可以用哄小孩的方法来对付，让他胆子大一些，如果暗示生效，这个人的噩梦自然会有所减轻。

另外还有一点有趣之处，咒语中含有一种想法。一旦你知道了噩梦的名字，它就会闻名逃窜。在这个咒里，只给噩梦起了一个名字"云行鬼"，给噩想（可怕的想法）起了一个名字"贾自直"，在其他符咒中，不同时间做噩梦，要喊出不同的名字才行。

这种观点当然很荒谬，但蕴含着一点道理。噩梦虽不是鬼来作祟，也没有种种名字，但是，噩梦中之所以出现可怕形象，也是因为你潜意识中有些被压抑的部分试图和你沟通。它们没有固定的名字，我们可以说，如果你压抑性欲太严重，它就叫"性"；如果你压抑了野心，它就叫"野心"；如果你与父亲的关系有问题，它就叫"父亲"。如果你在噩梦后，通过释梦，知道了这个可怕形象代表着什么，决定了应该如何改变自己现有的行为方式而更好地对待它，噩梦就会消失。因此可以说，消除噩梦靠的是认识被压抑的自我。

只是古人也许隐隐感觉到了这个道理，但是他们无力准确地释出噩梦的真实意义，也就只好为噩梦起一个"云行鬼"之类不着边际的名字了。

5. 解读中国古代的梦故事

中国古代流传的梦故事很多，与其说这是古人的梦，不如说是古人的寓言。因为这些梦故事中有很多并不是（或者并不能肯定是）梦，而是古人编出来以传达自己的思想的。大略而言，中国古代的梦故事可以分为以下几类。

（1）人生如梦类：以著名的庄周梦蝶故事为代表。梦很简单，庄周梦见自己是一只蝴蝶。他醒来后，提出一个很难解的哲学问题："是庄周梦见自己变成蝴蝶，还是蝴蝶梦见自己变成庄周？"从现象学角度，我们实在没有办法分辨这两种假设孰真孰伪。

梦例：黄粱一梦。

唐玄宗开元七年（719年），有个名叫吕翁的道士，因事到邯郸去，途中遇到一位姓卢的书生。这位道士可不简单，他长年修道，已经掌握了各种神仙幻变的法术。

二人攀谈起来，谈话中，那位姓卢的书生流露出渴望荣华富贵、厌倦贫困生活的想法，吕翁劝解了一番，但卢生仍感慨不已，难以释怀。于是，吕翁便拿出一个枕头来，递给卢生，说："你枕着我这个枕头睡，它可以使你荣华富贵，适意愉快，就像你想要的那样。"卢生接过枕头，发现这是一个青色瓷枕。枕头两端，各有一孔。卢生便将头枕在上面，睡了起来。

刚刚睡下，就朦朦胧胧地发现枕头上的洞孔慢慢地大了起来，里面也逐渐明朗起来，卢生于是把整个身子都钻了进去，这一下子，他回到了自己的家里。过了几个月，他娶了一个老婆，姑娘家里很有钱，陪嫁的物品非常丰厚，卢生高兴极了。从此以后，他的生活变得富足起来。

第二年，他参加进士考试，一举得中，被任命为专管代皇帝撰拟制诏诰令的知制诰。

过了三年，他出任同州知州，又改任陕州知州。卢生的本性喜欢做治理水上的工程，任知陕州时集合民众开凿河道八十里，使阻

第十二章　梦与文化

塞的河流畅通，当地百姓都赞美他的功德。于是，没过多长时间，他被朝廷征召入京，任京兆尹，也就是管理京城的地方行政官。

不久，爆发了边境战争，皇帝便派卢生去镇守边防。卢生到任后，领军开拓疆土九百里。此后又迁户部尚书兼御史大夫，功大位高，满朝文武官员深为折服。

卢生的功成名就招致了同僚们的妒忌。于是，各种各样的谣言都向他飞来，指责他沽名钓誉，结党营私，结交边将，图谋不轨。很快，皇上下诏将他逮捕入狱。与他一同被诬的人都被处死了，只有他因为有皇帝宠幸的太监作保，才被赦免死罪，流放到偏远蛮荒的地方。

又过了好几年，皇帝知道他是被诬陷的，所以，又重新起用他为中书令，封为燕国公，加赐予他的恩典格外隆重。他一共生了五个儿子，都成为国家的栋梁之材，卢家成为当时赫赫有名的名门望族。此时的卢生地位崇高，声势盛大显赫，一时无双。

后来他年龄逐渐衰老，屡次上疏请求辞职，皇上不予批准。将要死的时候，他挣扎着病体，给皇帝上了一道奏疏，回顾了自己一生的经历并对皇帝的恩宠表示感激。奏疏递上去不久，卢生就死了。

就在这时，睡在旅店里的卢生打了个哈欠，伸了个懒腰，醒了。他揉揉眼睛，摇晃几下头，发现自己正仰卧在旅店的榻上，吕翁坐在他的身旁，店主人蒸的黄粱米饭还没有熟。触目所见，都和睡前一模一样。他一下子坐了起来，诧异地说："我难道是在做梦吗？"吕翁在一旁，对卢生不动声色地说："人生的适意愉快，也不过这样罢了。"卢生怅然失意了好一会儿，才对吕翁谢道："我现在对荣辱兴衰的由来，穷达的运数，得和失的道理，生和死的情形，都彻底领悟了。这个梦，就是先生用来遏制我的私心欲念的啊！谢谢先生的点拨。"

和这个故事相似的梦故事有很多,如淳于棼梦中做南柯太守,醒来发现自己是在蚂蚁的国家里做官的故事,还有徐玄之梦中到蚂蚁国的故事、《聊斋志异》中曾举人梦见自己当辅相做贪官入地狱的故事。《萤窗异草》中也有黄粱一梦类的故事,主人公是女人:黄婉兰梦见自己做了王妃,国王迷恋于她不理朝政,结果被敌国入侵。敌国的要求是奉送此美女。黄婉兰大义凛然投河自尽,梦醒才知道做王妃的一生全是一梦。

这类故事实际多是寓言,目的在于让人不要贪恋富贵荣华,要把功名富贵看作一场梦。这种梦故事是不必以释梦的方法来解释的。

(2)梦游天宫地府类:在梦中游天宫、地府、神仙境界等。这种梦故事也是多得不胜枚举。下面请再看看"梦游洞庭湖仙宫"的传说。

南皋居士年轻的时候,曾经做过一次奇怪的梦。梦中,南皋居士不知怎么来到了洞庭湖中的一个小岛上,遇到一个穿一身红衣服的人,自愿引他去游览,他也就稀里糊涂地跟随这个人往前走。不一会儿,他们来到了一个地方,这里楼阁华丽,金碧辉煌,很像是王侯的宫殿。南皋居士慌忙整整自己的衣服,跟着传呼的人往里走。来到一座大殿前,远远看见一个王者模样的人高高坐在大殿上,殿堂上排列着仪仗。王者赐坐,并问他:"先生会做诗吗?"南皋居士回答:"懂得一些,但是写得不好。"王者说:"我这洞庭湖景色很好,请先生吟诗一首,为我洞庭湖增添光彩。"南皋居士当下诵诗一首道:"一轮新月洞庭波,夜色湖先玉镜磨。八百里中秋水阔,片帆飞看楚山多。"

王者听了拍案叫绝,非常兴奋,又对南皋居士说:"先生博学

第十二章 梦与文化

多才,文思敏捷,谈吐风雅,将来必定以诗成名。只是先生这一辈子运气不好,实在可惜。"正说得高兴,忽然看见一个卫士报告,好像说的是关于军事方面的事情,气氛突然变得紧张起来。于是,王者只好请南皋居士离开。到了殿外,南皋居士看见从万顷碧波中突然升起一轮鲜红的太阳,它在空中急速地滚动着。不久,又从水中冒出一个既像人又像兽的怪物,它头上长着一只角,身上长满了鳞甲,周身金光灿灿,样子十分凶猛。它一钻出水面,就攫上了太阳,同太阳争斗起来,景象非常壮观。突然,有一束光线,像一条光亮闪烁的金蛇,直朝南皋居士的胸前射来。南皋居士大吃一惊,顿时吓醒了。

这与其说是梦不如说是人对天宫的一种幻想,这种无拘无束的想象在"游地府之梦"中同样充满了奇幻的色彩。清代袁枚编写的《子不语》中就记录了这样一个传说。

陕西刺史刘介石,奉调到江南任职,他来到苏州城,住在虎丘山上。夜晚二更时分,他做了一个梦,梦见自己又驾着轻风回到了陕西,不料在路上遇到一个鬼,紧紧跟在他身后。这鬼有三尺来长,一副囚徒的脸面,相貌丑陋狰狞。刘介石与此鬼打了起来,他牢牢抓住鬼并将其夹在肋下,准备到河边把鬼扔到河里去。就在这时,碰到了一位熟人,他建议将鬼送到庙里,让观音来处置。

刘介石觉得有道理,于是将鬼押进庙里。观音看了说:"这是阴曹地府的鬼,必须押回阴曹地府,你就跑一趟吧。"刘介石一听,连忙下跪申述:"弟子我凡胎肉体,怎么能够到阴府去呢?"

观音说:"这事容易。"当即往刘介石的脸上连吹了三口气,然后就叫他去了。

刘介石押着鬼朝北面大路走去,看到有个斗笠,盖在地上。他拿开斗笠，发现下面遮着一口井。鬼一见井，非常高兴，一跳就跳了进去。刘介石也跟着跳进井里，顿觉寒气直往身上逼，只听得一声碰撞的响声，才发现自己已经落到屋瓦上，再向四面观望，只见白日当空，眼前变得十分明亮，而他坠落的屋瓦，正是阎罗殿的殿角。

只听到殿中群神的呼喊声："哪里来的生人的气味？"接着就有一个金甲神过来，把刘介石抓到阎王座前。阎王发问道："你这个生人为何到这里来了？"刘介石连忙详细地禀报了奉观音之命押解鬼的情况。阎王马上厉声命令道："恶鬼难留，把他押回原处。"话音刚落，殿上群神马上举起叉子，把那鬼叉起来，扔到池子里去了。池子里养着许多毒蛇、怪鳖，一见扔下个鬼来，迅速扑上去争抢着将鬼吃掉了。

刘介石心想："我既然到了阴府，为什么不借这个机会问一问前生的事情呢？"于是问金甲神。金甲神抽出一册簿籍，翻到某页，指着上面道："你前生九岁那年，曾经偷盗人家的孩子卖了八两银子，导致丢失孩子那家人懊恨不已而双双死去，你因为造了这个大孽，很快短命死去。到了这一世，还应该受罚当瞎子，这才能抵偿前世的债。"刘介石听了，大惊失色，忙问："做好事能够补救吗？"金甲神说："那就要看好事做得怎么样了。"

刘介石又向阎王请教离开阴间的方法。阎王把他拉过来，在他背上连吸了三口气。刘介石终于从井里升了出来。

就在他向观音讲述在阴间的遭遇时，他身旁有个小人儿也在陈述，所说的话和刘介石说的完全一样。刘介石惊奇地发现小人儿长得和自己一样，只是身躯小得像个婴儿。观音对刘介石说："你不要怕，这小人儿就是你的魂！你是魂恶而魄善的人，所以做事坚毅

第十二章 梦与文化

刚强，但不是很透彻。现在我帮你换一换好了。"刘介石连忙拜谢，而小人儿却不答应，说道："如果我被去掉了，难道对他不是伤害吗？"观音笑道："不会的。"

观音拿起一根一尺来长的金簪，从刘介石的左肋插进去，挑出一段肠子，把它绕起来，每绕上一尺，就见那小人儿身体缩小一截。绕完之后，往屋梁上一扔，小人儿也就随之消失了。

随后，观音用手往桌上猛地一拍，刘介石心中一惊，就吓醒了。睁眼再看，自己左肋下面真的有红色的痕迹。

这种故事反映了古人相信天宫地府的存在。这种梦故事却不可能是完全编造的，有可能是以真实的梦做基础的。

梦中梦到天宫或神仙府第，无非象征一种美好自由的理想状态和境界。而梦见地府，有时往往是荣格所谓的集体潜意识的作用，因此，梦见地府的梦中会出现一些原型形象，如上述刘介石梦中的鬼就是魔鬼原型的一个演变，而观音的形象正是东方人心目中的圣母原型，阎王显然也是一个原型形象。就是梦中的刘介石本人，实际上也带有英雄原型的特点。地府在地下，正是人的深层潜意识的象征。因此，这类梦故事还是可以当梦来解的，从中我们可以对编撰这个故事的人的心理有所了解。

（3）梦见古人或梦中相会美女类：这类故事在古代的稗官野史一类的书中有很多，如《搜神记》《世说新语》《剪灯新话》等以及我们大家较熟悉的《聊斋志异》中，都记录了这类故事。这里就不一一举例了。

梦见古人的故事，往往是文人编造，无非想借古人之口发一些议论而已。即使果然做了这类梦，梦中的古人也是梦者自己心中的人物。

梦中相会美女的故事更像真的梦。即使这些故事纯属编造，也完全可以看作一个梦。因为在编这种梦故事时，编故事者并没有打算借此说多少微言大义，表达多少深刻的思想，因此，他们的想象是生动的、自然的。

《聊斋志异》中还有一些据说不是梦而完完全全是真事的故事。故事里有一群美丽妖娆、婀娜多姿、古灵精怪的女鬼、女狐狸精。在作者的笔下，她们多以正面形象出现，并具有人的体态和性格。她们大都风情万种，爱憎分明。作为穷书生，做梦娶一个"不费一文，白日自上门来"的媳妇当然是极可以理解的。我们可以称《聊斋志异》中的这类故事是书生的白日梦。但是，这些狐狸精不仅仅是性的对象，她们还有极为鲜明的性格——她们实际上是中国知识分子潜意识中的阿尼玛原型。

（4）梦兆类：讲梦兆如何变为现实，这一类在本书中已经分析过很多，这里就不多说了。

二、文化的梦解读

正如一个人会有梦，一种文化也会有梦。正如用心理学的方法我们可以解读一个人的梦，在梦荒谬无意义的表面之下找到其意义，我们也可以用这种方法解读一种文化的梦，从而了解这种文化。以心理学的方法研究文化，可以开拓出一个新的视角，发展出一种新的文化研究的工具，从而可能得到一些新的发现。

梦是什么？在精神分析理论出现之前，科学界否认梦有任何意

第十二章 梦与文化

义。当然那时的科学界对梦有一种解释：梦是大脑神经细胞的无规律的活动。在人们睡眠时，多数神经细胞不活动而处于抑制状态；而少数神经细胞没有抑制而进行无规律活动。这就是梦。所以梦没有意义。它是大脑的涂鸦。如果你梦见了被狗追，这什么意义也没有。

精神分析理论提出了一种新的关于梦的见解，在梦荒谬无意义之表面下有另外的隐藏的意义。例如一个女人梦见一条蛇在追赶她，这也许表示在实际生活中有一个男子对她有性的侵扰（因为蛇的外形像男性性器，所以在梦里常作为性象征出现），也许表示别的什么意义。通过心理学的释梦技术，我们可以解读梦，知道梦隐藏的真意——梦的隐义。

根据精神分析理论的创始人弗洛伊德的观点，人的心灵或者说精神不是一个单一的、完全可以意识到自己的一切活动的主体。人的心理活动大部分是在意识之外的，用弗洛伊德的话说就是潜意识的。人自己的一些欲望、观念在潜意识中，人自己意识不到，而它们却对人的行为有着潜在的影响。

潜意识的认识方式和意识不同，意识中的思维活动是以逻辑方式进行的，而潜意识中的认知用的是另一种方式，弗洛伊德称之为原发过程。这是一种原始的"逻辑"，一种形象的、感性的认知，一种形象的象征活动。梦就是潜意识中的主体用形象的象征方式，用原发过程的语言所做的表达。

弗洛伊德之后，心理学开始了对梦的研究，所有的研究都支持这一基本的对梦的理解：梦是潜意识中的主体的元逻辑的象征体系。弗洛姆区分了"惯例的象征"和"偶发和普遍的象征"。惯例的象征的示例是：用"桌子"这件物品代表家具的一种。而偶发的象征的示例是：一个人如果在某城市遭遇过悲哀经验，以后对他来说，这个城市的形象就象征着悲哀。普遍的象征的示例是：火往往象征着活力、光明、能量等。火的形象可以代表我们有相同特性的内在经验：热情、激动、智慧的光明、心理的能量等。

语言是惯例的象征体系，而梦是偶发和普遍的象征体系。梦是可以解读的，梦的解读就是把梦的象征转化为语言。解梦就是对梦的"文本"的释义。例如，一个男人梦见："看到果园里有苹果，正想摘，一只狗朝我追过来。"当我们知道苹果往往象征诱惑，而狗往往象征外在的法律、规范和内在的道德约束时，把这个梦解读为"他受到婚外的异性诱惑，又受到道德的谴责"似乎是十分合理的。

1. 文化是一个梦

荣格、弗洛姆等人的研究把梦这一现象由一种个体的心理活动引向了集体或社会文化。

荣格指出，个人就像一个小群体。人类经历过的一切都在每一个人的心理结构中留下了痕迹——集体潜意识。在人们的梦里，有时会出现极为相近的情节，仿佛他们在梦里讲着同一个故事。虽然主人公的名字不同，但故事是同一个。孩子或没有受过教育的人做的梦中有极为深刻的哲理和象征意义，这些哲理和象征意义是他们清醒时完全不知道的。

荣格指出，这些梦来源于集体潜意识。每个人的集体潜意识中都存储着人类千万年来的经验。不同的人的集体潜意识中的内容是几乎相同的，因为人们有共同的祖先、共同的心灵史。集体潜意识的内容不仅出现在个人的梦中，也同样出现在其他象征性的活动中：童话、神话、传说、宗教、艺术等都可以反映集体潜意识的内容。我们感到最能触动心灵的那些神话，实际上都是集体潜意识的象征活动。由集体潜意识产生的梦有直觉智慧，因此可以预测将要发生的事件。例如在第二次世界大战前，荣格的德国患者的梦中经常出现"金色野兽即将出现"的主题。

弗洛姆指出群体就像一个个人，不仅一个个体有潜意识，一个群体、一个社会、一种文化也有潜意识——社会潜意识。那些与主流意识形态不符的观念、象征体系，在社会中受到压抑，不被主流认可，但是依旧存在，成为文化中的一股暗流。社会潜意识会在梦中出现，或在其他的象征性的活动中表现出来，成为流行的风尚、畅销书主题、有巨大影响的电影等。

因此，不仅个人有梦，集体、社会或一种文化也有梦。

所谓文化之梦有两层意义：一是这种文化中某些个人做的、特别有典型性的梦。这些梦或反映出这种文化的基本特点，或反映出这种文化的发展和变迁。二是这种文化中的其他象征活动，如神话、童话、传说、宗教，以及流行的风尚、畅销书主题、有巨大影响的电影等。这些象征活动可以看成是广义的梦。我们可以用分析梦的方法分析它们，从它们不可理解的外表后面找到意义。

分析文化中典型的梦和用释梦法分析文化中的其他象征活动就是解读文化之梦。

2. 梦的兄弟姐妹

梦是潜意识的产物，如果说潜意识如同一个母亲，梦就是她的一个精灵古怪的孩子。但是潜意识这个母亲绝不是只有这一个孩子。

神话、童话、民间传说、非现实的文学艺术作品都是潜意识的产物。可以说，它们就像梦的兄弟姐妹。

它们和梦使用同样的原始的逻辑和象征方式。

因此，在我们现代人的日常思维看来，它们都像梦一样奇异荒谬。

它们和梦不同的只有一点：梦是一个人自己的产品，也只是一个人自己观看，而神话、童话、民间传说、非现实的文学艺术作品等，都是可以在人与人之间交流传播的。

在远古的时候，人们认识世界的方式就是像梦一样的象征方式，所以原始人之间交流时，所用的形式也就是类似梦的方式，用形象化的事物，进而用神话和传说。

如果一个原始人看到邻家少年好像狮子一样威风勇敢，在他的心里，他就会把这种相似当成相同，想"他是一只狮子"；看到这个少年被别的部落的一个少女强烈吸引而不能自拔，他就会想"这个女孩是狐狸或者蛇"。所以在原始人那里，梦的世界和现实的世界是更相似的。

他会对其他人说："这个孩子是只狮子，他肯定是，我看到过他一个人打败了十个敌人，不是狮子怎么可能做到？哎，可是这只狮子被那个部落的一只狐狸或蛇——我还看不出她是狐狸还是蛇——给迷住了。他现在已经不行了，他饭也不吃，酒也不喝，总是围着她的房子转。"而这样的交流就可能成为一个神话传说，即一只狮子如何被蛇诱惑而失去力量的故事。

神话、童话、民间传说、非现实的文学艺术作品和梦的不同就在于此，通过人与人的传递，神话、童话、民间传说越来越具有普遍性，能够反映大家的心理，从而得以不断流传。

第十二章 梦与文化

神话、童话、民间传说、非现实的文学艺术作品都是大众共享的梦，而梦是个人独有的神话、童话、民间传说、非现实的文学艺术作品。

也许有人会说，文学艺术作品不是原始人的作品。实际上，文学艺术作品虽然不是原始人的作品，但是任何文学艺术作品都含有一定的白日梦成分，都是日常的思维和人潜意识中的原始象征思维的混合。

文学作品中日常思维越少，潜意识原始思维越多，它就越显得奇异不现实，越像一个梦。

文学作品中日常思维越少，潜意识原始思维越多，写作的过程就越像做梦——不由自主、形象、生动。

福楼拜写作《包法利夫人》，写到包法利夫人自杀时，福楼拜感到自己嘴里有毒药的味道——他就是在做梦。

作家有时无法控制笔下人物的命运，比如不想写她自杀，却身不由己地写她自杀，仿佛书中的人物确有自己的生命。这就是因为作品的创作是潜意识的活动，而人对自己的潜意识——例如对自己的梦——是无法完全控制的。

一般的言情、武侠小说往往是较浅层的潜意识的产物，所以不太神秘深邃，对人的震撼力也较弱。而一些伟大的作品是深层潜意识的产物，是原型形象的展现，所以神秘、深邃，虽然我们不一定能理解，但是我们肯定会被深深触动。

例如，歌德的《浮士德》就是这类作品之一。浮士德就是一个原型形象，象征着永远追求探索的精神。书中的魔鬼也是一个原型形象。所以我们说前一种作品"浅显"，后一种作品"深刻"，因为它们分别来自我们潜意识的"浅"处和"深"处。

好莱坞被称为造梦工厂,也是有道理的。好莱坞的电影实际就是一个先由编剧做出来,再让演员表演出来的梦。大众看了电影,仿佛自己做了一个梦。

既然神话、童话、民间传说、文学作品都和梦一样是潜意识的作品,我们就可以用释梦的方法来解释这些"大众的梦"。

3. 西方文化之梦

我们可以用对海明威的小说《老人与海》的解读作为对西方文化之梦的分析。海明威的小说《老人与海》是早期美国小说的代表作,是西方文化中影响巨大的作品。人们都能感受到它的巨大感染力。这证明它来源于集体潜意识:一个人集体潜意识的产物最容易打动别人,因为它唤起了别人集体潜意识中相同的东西。

老人冒着风浪到海上捕鱼,捕到了一条大鱼。因为鱼太大,船放不下,于是它被捆在船边。鲨鱼群追赶来吞吃大鱼。老人和鲨鱼搏斗并往回赶,等到他回到岸边,已筋疲力尽,大鱼也只剩骨头了。故事里有一个小孩,他想继承老人的事业。

阅读者在意识层面对这一小说的解读往往是:小说反映了人的不屈不挠的斗争精神。老人和大海、鲨鱼搏斗,虽然没有把自己捕到的鱼带回来,但是他的精神很伟大。而以释梦方法解读的结果是:这个故事里的海是潜意识的象征,它深不可测,变动不定,它代表着个性意识的消失,代表着死亡。老人是面对死亡的人。他的态度是抗拒死亡,和死亡斗争。鱼既代表我们获得的东西,也代表生命本身。而一块块夺走鱼肉的鲨鱼象征着时间——它把我们的生命一块块夺走。如果把这个故事当作梦,梦的隐义就是:我们面对着死亡,面对着个性意识消失的危险。我们的意识就像漂流在潜意识大海上的一条小船，随时有沉没的危险。而我们要和一切风雨搏斗，才能得到生命的收获。但是时间会一点点夺走我们的生命，我们最后能得到的只有"骨头"，骨头既代表死，也代表无生命的东西，例如枯燥的理论。最后我们只有死，而新一代的人（由孩子象征）会重复这一过程。

由此，我们可以看到海明威真正关心的主题是"死亡"（心理分析认为，实际上这是他一生作品的唯一主题），也可以看到西方文化的特点：抗拒死亡，为竭力保持自己的个性，采取斗争的方式；而骨子里是悲剧性的意识，因为斗争终将失败。由此我们可以判断，一种悲观的，认为人生空虚无意义，思考死亡的哲学将在这种文化中逐渐兴起。

而观察现在的西方，我们可以看到电影灾难片。电影中有龙卷风、地震、小行星撞击地球、地球变成水世界、侏罗纪的恐龙复活害人等。虽然表面上主题不同，但是以梦的解读方法看，这些电影的主题是相同的。电影中的事物都象征着一种心理的事物。土地象征着人的本能、人的集体潜意识。人的生命基础，象征着黑暗的不为人知的力量。地震代表这种力量的爆发。水世界和海明威故事里的大海一样，也代表潜意识。世界被水淹没象征着人的心理世界将被潜意识淹没——非理性的东西将淹没理性。恐龙是古老的动物，它象征着我们心灵中古老的成分：原始的思维、集体潜意识、非理性。小行星代表外在于我们世界的力量，它象征着在现在的意识世界中还不存在，但是将从潜意识闯入意识的事物。外星人的意义和小行星一样。龙卷风代表的是自然的、非人类的、毁灭的力量。总之，所有这些灾难片都有同一主题：未来西方世界将有巨大的、令人恐惧的改变，潜意识的、原始的、非理性的心理力量将占上风，秩序井然的现有世界将被破坏。

但愿这只是一场噩梦。

4. 中华文化之梦

我们更应该谈谈中华文化之梦。

每个文化的梦都有其特点。中华文化中的神话可以称为古中华文化之梦。

西方（以希腊文化为代表）文化之梦的主题是意识与潜意识、个性与共性、人与非人的斗争。

古中华文化之梦的基本主题是"救灾"。我们熟知的女娲补天的故事，就是一个关于救灾的神话。还有大禹治水的传说、羿射十日的神话也是关于救灾的。

关于"救灾"的神话构成了中华文化中神话的主题。中华神话中的灾难不同于西方，西方的灾难往往是由一个对立的破坏力量引起的，而中华神话中的灾难往往是自然失去平衡，天倾斜了、水泛滥了、太阳太多了，并且中华神话中解决问题的方法也大多是调节而不是斗争。女娲补天，大禹疏导河流，只有羿采用的方法有攻击性，他射掉了多余的太阳，但是他的行为本质上还是一种调节——人类需要适度的阳光。

由此可以看到中华文化的调和性。中华神话中的灾难同样象征着人的心理状态——象征心理失去平衡。而救灾的活动说到底是调整心态获得新的心理平衡的象征。

西方的现在和中国古代有一个相似点，都是灾难的"梦"开始出现。这象征着这两种文化正处于相似的处境：虽然都是一个文明的顶峰，但都面临走下坡路的危险，都面临危机。

这预示着古中华文化可能会对西方产生更大的影响。分析现代中国人的梦,寻找典型的梦和梦随时代的变迁,也是极为有意义的。遗憾的是,关于现代中国人的梦,我们没有改革开放前中国人的梦的详细资料。我只发现了改革开放以来中国人的梦的特点:前一段常见"赶不上火车"一类的梦,近来"考试"一类的梦增多。这些梦固然有多种可能的象征意义,但常见的是:害怕"赶不上机会"("赶火车的梦"和"面临考验")。我们都意识到了改革带来的机会,也体会到了自己面临许多考验。

梦是原始的智慧,是用象征代表对世界的把握,它不是荒诞无稽的。对理解它的人、懂得解读它的人来说,它是人的心灵的语言。一个人的梦可以告诉我们关于这个人的心理状态的知识,同样,一种文化的梦可以揭示这种文化的特点、这种文化的问题、这种文化的现状,以及这种文化将会有的未来。

解读文化之梦,就是解读这种文化中的人的心灵。

5. 阿拉伯人之梦

每一个民族的梦,或者广义上的梦如神话、传说等,都有这个民族的特点,这个特点和这个民族的性格有关,和他们的生活方式有关。很有趣的是,有些时候,一个民族的"梦"甚至似乎和他们的未来有关。

比如阿拉伯人的梦就是这样。我没有办法找几个阿拉伯人来,给他们释梦,所以我释的是阿拉伯人的故事,阿拉伯人的文化之梦。

我在阿拉伯故事里发现了一个常见的主题,那就是"发横财"。我们最熟悉的"阿里巴巴和四十大盗"的故事、"阿拉丁和神灯"的故事都是这样的故事。阿里巴巴和阿拉丁都不是靠自己劳动致富,而是靠从外人那里得到了意外的财富而一下子变得富有。特别是"阿拉丁和神灯"的故事,简直是阿拉伯人后来的命运的绝妙写照。

阿拉丁是一个天真、顽皮但并不勤劳的孩子。有一次,一个外国的魔法师来到这里。这个魔法师知道在这里的地下有一个宝库,里面有许多珍宝,其中最重要的珍宝是一盏神灯。魔法师可以用魔法打开地下宝库的门,但是,魔法师自己不能进去,要让阿拉丁为他取宝。

魔法师用魔法打开了门,阿拉丁走进地下宝库,发现里面满是宝物。树上有黄金、白银还有钻石。但是阿拉丁只拿了最珍贵的宝物——一盏旧的油灯。这就是所谓的"阿拉丁神灯",有了这盏灯,他就可以要什么有什么。他只需要擦一下神灯,就会出现一个魔鬼,他想要什么,只要和这个魔鬼说一声就行。谁是神灯的主人,魔鬼就为谁服务。

阿拉伯人在以后果然遇到了魔法师——科学家。在原始的象征中,科学家就是魔术师。在中东文化中,魔法师不是那种在舞台上演一些假的戏法的人,而是真有法术,可以用魔力呼风唤雨的人。科学家就像这种魔法师一样。马克思也曾经把科学比作魔法。因为科学家以一种在较原始的人看来神秘的法术,应用一些神奇的器具,真的可以实现一些奇迹。他们可以用一把钥匙,就让一个铁做的名叫汽车的小房子跑起来,还可以借助飞毯似的东西飞上天空,而最特别的是,可以打开大地的门。而科学家的确为阿拉伯打开了大地的门,也就是说,在大地上钻井。

在地下宝库中,最珍贵的宝物是油灯——我们很容易联想到油、石油。这就是魔术师（科学家）给阿拉丁带来的宝物——油井。有了油井这盏神灯，阿拉丁（阿拉伯人）想要什么就有什么。

在故事里，阿拉丁和给他带来机遇的魔法师并不友好。魔法师希望阿拉丁满足于得到金银，把神灯让给魔法师。阿拉丁当然不愿意，他认为魔法师只是在利用自己，因此对魔法师没有好感——直到现在，海湾战争等一系列冲突也许仍可以说成是：阿拉丁和魔法师继续在争夺神灯。

那么，阿拉丁用神灯主要做了什么呢？故事里说：阿拉丁爱上了一位公主。国王当然不愿意把女儿嫁给一个穷小子，于是他要求阿拉丁盖一座宫殿，否则不能娶她的女儿。而有了神灯，盖一座宫殿还不容易？于是，国王惊讶地发现，一天之后，在原本是一无所有的荒漠上，盖起了一座金碧辉煌的宫殿。如果你有机会到阿拉伯国家，见到了极为豪华的大厦，你要知道，那就是阿拉丁的宫殿，是神灯为他建造的宫殿。

"阿拉丁和神灯"的故事仿佛一个预言，而这个预言今天完全实现了。

我们似乎可以说，阿拉伯人的集体潜意识，或说深层的直觉，早已感觉到在这片荒漠的地下有一个和油有关的宝库，一旦"外国魔法师"到来，就可以为自己带来无穷无尽的财富。

6.《易经》中的梦象

以梦的解读方法去看《易经》，也会有一些发现。

《易》是对中国文化影响最大的几部著作之一，也是最古老的几部著作之一。从汉代开始，易学就兴盛于中国，两千年来研究易学的著作汗牛充栋，几乎绝大多数古代学者都对它有所研究。后来，《易》被称为《易经》，成为科举取士中的必修课，读它的人就更多了。在这种情况下，《易经》的各个方面都曾被无数才智之士苦心研究过。在今天，我们试图在《易经》研究中获得新的发现已不是件容易事，获得较大的发现更好像是天方夜谭，如果说是由一个并非专攻古文的人获得较大发现，那可以说像是个笑话了。

但我还是斗胆提出我的一个初步发现，那就是《易经》中卦辞和爻辞有些是对梦境的描述。我更进一步提出假说：《易经》的一个来源是占梦的著作，《易经》中大多数卦辞和爻辞以及占断是梦和对梦的占断。占梦和龟占、蓍草占相结合构成了《易经》。

这是个极简单的发现，但是，以往几乎没有什么人看到这一点。这类事在科学发展史上其实极为常见。许多大科学家看不到极容易被看到的事实。原因往往是，他们的思维受固有定势的影响，已经紧紧黏附在旧的思路上了，因而也就不容易转换到新思路上。

《易经》中有哲学，有伦理，有数术，吸引着无数学者在这些方面下功夫，但学者们却较少将其作为一本占卜的书去看待。而江湖术士虽然努力用它卜卦，却少有人对它的起源和演变这类问题感兴趣。因此，此书作为占卜书的最基本的问题却被人们忽视了。

如果我们抛开两千年来人们对《易经》的一切注解、评论和衍化，用看古代卦书的眼光看它，我们就会很容易接受这个论点：它包含占梦的内容，而不用占梦书去解释，许多经文将不可理解。

下面我们对卦辞和爻辞予以初步分析。

《易经》包括两个部分。一是本文部分，称作经；二是解说的部分，称作传。经由六十四个卦以及所附的卦辞、爻辞构成，据说是周文王被殷纣王囚禁时所著。也有人说爻辞不是周文王写的，而是周公写的。但无论如何，经是《易经》中更古老的部分，当我们探讨关于《易经》的来源的问题时,经是更可靠的。《易经》的传包括《彖传》上下、《象传》上下、《系辞传》上下、《文言传》、《说卦传》、《序卦传》、《杂卦传》等十篇,相传为孔子所著。

传只是孔子作为后人读《易》时的读后感,对理解《易》的来源来说,传的可靠性就差多了。

《易经》的卦辞和爻辞也可以分为两个部分,第一部分是对某个形象或事件的描述,第二部分是吉凶的占断。

例如:"履虎尾,不咥人,亨。"(履卦卦辞)可分为两部分:一是"履虎尾,不咥人"(踩了老虎尾巴,老虎没咬人),这是一个描述;二是"亨"(顺利),这是一个占断。

再如:"出涕沱若,戚嗟若,吉。"(离卦六五爻辞)可分为"出涕沱若,戚嗟若"(哭得泪水直流,一阵阵叹气)和"吉"(吉祥)这两部分。

大多数卦辞都没有前一部分,只有详细的占断。

例如:"乾:元亨,利贞。"(乾卦卦辞)据刘文英先生考证,"贞"就是古代的"占"字的别体。这一卦辞的意思是:乾卦,万事顺利。没有描述什么形象。

再如:"咸,亨,利贞,取女吉。"(咸卦卦辞)意思是:咸卦,顺利,娶妻的人占卜吉祥。也没有描述什么形象。

而大多数爻辞都有前一部分。

例如:"枯杨生稊,老夫得其女妻,无不利。"(大过卦九二爻辞)前一部分是"枯杨生稊"(枯杨柳生出新叶),后一部分是"老夫得其女妻,无不利"(占断老人娶到了年轻妻子,没什么不好的)。

那么,描述部分是什么?

如果按过去的认识,说《易经》只是从龟占或蓍占中发展出来的，那么这本占卜书的卦辞、爻辞似乎没有前面的描述部分才更合适。

龟壳烧出乾卦来，占卜者说，是乾卦，什么事都会顺利。这合乎情理。卦辞，特别是爻辞，又何必加上一段描述的话呢？比如某个人决定不了该不该结婚，就抛硬币决定，正面就结婚，反面就不结婚。结果抛出正面，他决定结婚，他会说："正面，还是结婚好。"但是他不会这么说："正面，枯柳树发了个芽，我还是结婚好。"

我们相信，《易经》的编著者不会无缘无故地写上这样一段话。那么这段话是什么意思呢？有这样一些可能性：

(1) 龟壳被烧时显示的形象。

(2) 是实际发生的事或是当时占卜者实际看到的形象。

(3) 是一个比喻，或者是一个梦。

这段描述到底是哪一种呢？或者说它是否有些是龟占形象，有些是实际事件或实际形象，有些是比喻或梦呢？对此很难下一个肯定的结论。但是，在我看来，它是梦的可能性要大一些。下面我具体说一下我的理由。

如果我能证明描述部分不适于作其他解释，或至少证明部分卦辞和爻辞的描述部分不适于作其他解释，就可以初步证明这些描述只能是对梦境的描述。

下面我将尝试这样做。

(1) 描述部分不适于解释为龟占的形象。

最早的占卜主要方式是龟占，也就是烤龟壳，根据龟壳上的裂纹判断吉凶。这些裂纹也的确构成一些形象，那么，卦辞和爻辞中的描述部分是否就是在描述这些形象呢？例如"履虎尾，不咥人"是否就是龟壳上显示出的一个图形呢？是否原来龟占时，这个图形

第十二章 梦与文化

的出现表示吉祥，后来，《易经》编著者把这个龟占的内容编入《易经》了呢？对这一假定，我的回答是否定的。

理由如下：

首先，龟占时绝对不会根据如此复杂的形象去判断吉凶。

"履虎尾，不咥人"，这个形象是很复杂的，包括一只虎的形象、一个人的形象，人的脚还踩着虎尾，虎的头还不对着人。烧一只龟壳，在某一次偶然出现类似这样的图形或许可能，但是这种图形不可能常常出现。作为龟占的经验总结，总结出这么一条说，"如果出现好像一个人踩着虎尾巴，虎却不咬人的图形，占断是吉祥顺利的"，这是不可能的。也许几千几万次也烧不出一次这样的图形。龟占肯定要采用一些更常见的、更简单的图形作为占断的基础。我们可以合理地断定，某种龟占是根据裂纹的断续占断吉凶的，连线"—"和断线"--"是基本的图形，由一组这样的线构成的图形就是龟占的图形，如"☵"，代表水。

其次，蓍占是在龟占的基础上发展出来的。我们可以假设，周文王被囚禁时，极想占卜自己的命运，但身在狱中无法烧龟壳，便找了些蓍草棍（也许是从草席上抽下来的）用来占卜，并且把蓍草的数目和龟占的各个图形联系了起来。把不同的数目指派给"☰""☱""☲""☳""☴""☵""☶""☷"这些图形，又进一步把两组图形叠加形成一些稍复杂的图形，如"☵"，然后据此占断。

也就是说，龟占的形象，在《易经》里转化成了卦形。如"☵"，好像上下牙咬着东西，它的意义就是表示"咬"，就是对这一图形的描述。因此，卦辞和爻辞里的描述部分，如噬嗑卦第一爻的爻辞中的描述部分"履校灭趾"（脚镣伤了脚趾），就不会是对这一龟占图形的描述。☰这个形象怎么也不像脚镣伤了脚趾的样子。

总之,龟占的形象转化为卦形,并用卦名来描述,卦辞、爻辞的描述部分不描述它。

(2) 有些描述部分不适于解释为实际事件或实际形象。

古人相信征兆,相信一件事的发生可以预示另一件事。

例如,喜鹊在门前叫这件事,预示着有喜气到来。而猫头鹰叫则预示着灾祸。如果我们把描述部分解释为征兆,也就是有预示意义的实际事件,则至少在理论上是能自圆其说的。

但是,卦辞、爻辞中的描述部分并不都像是征兆。如果说《易经》的确像记载所说的,主要是周文王所著,那么用征兆来解释也不合理。一个被囚禁的人所能看到的东西很有限。描述部分中的许多内容,都是不可能在狱中见到的。即使说周文王创作《易经》时归纳了民间关于征兆的说法,有些描述也不好解释。

例如睽卦上九:"睽孤,见豕负涂,载鬼一车……遇雨则吉。"古人怎么可能会说,如果你见到一只满身是泥的猪拉了一车鬼,那么你出门赶上下雨是吉利的?因为难得会有谁见到这种征兆,除非他有幻觉,所以这种征兆毫无价值。只说见到猪一身泥预示着什么,才是更合理的征兆性语言。

再如大过卦上六:"过涉灭顶,凶。"蹚水过河水没了头顶,凶。这又是一句废话,水淹没头顶本身就是灾祸,它不是另一个灾祸的征兆。

另外,许多中国人极为相信的征兆,比如日食预示灾祸,地震预示战争,喜鹊叫预示喜事等,在《易经》中都没有出现,这也说明描述部分不是征兆。不可能说周文王时期的人相信的征兆和过后并不很久的春秋时期的人相信的征兆就完全不同了,也不大可能周

第十二章 梦与文化

文王不把日食等重要预兆收入《易经》内。然而，把这些描述说成是一个比喻，或一个梦却是说得通的。但是解释为比喻相对来说不很合适，因为用"履虎尾，不咥人"这种少见的事情作比喻，不如用一些更常见的事。再如旅卦上九："鸟焚其巢，旅人先笑号啕。丧牛于易，凶。"如果作为比喻，可以把什么比作先笑后哭呢？

（3）描述部分很像梦。

有些卦的描述部分明确提到了"梦见什么会如何"，这些描述当然是梦。

有些卦的描述部分和古代流传下来的释梦书中的条目或古人释梦的例子极相似，例如，"困卦六三"的描述部分有这样一句："入于其宫，不见其妻，凶。"《敦煌本梦书》中有："梦见宅空者，主大凶。"再如乾卦九五："飞龙在天，利见大人。"《敦煌本梦书》中有："梦见龙飞者，身合贵。"

一卦中各爻的描述往往是同一形象的不同状态，比如乾卦是龙的七种状态：潜藏的龙、在田地里的龙、在渊中的龙、在天上的龙……渐卦则是：大雁落在小河边，大雁在石头上吃东西，大雁在树上……这种形式极像一本梦书：梦见大雁在地上如何，在树上又如何。

如果我们把《易经》的描述部分当作梦，用释梦的方式解释，得出的结论和《易经》的占断就有很高的一致性。

例如屯卦六四："乘马班如，求婚媾。"按梦来解释：骑马可以是一个性象征。因此梦见骑马，对应白天的婚姻是很恰当的，而且表明了梦者的生理愿望已经有一定程度，这对婚事成功是个有利因素。这和卦中占断"无不利"是一致的。反之，如果梦见"屯如邅如，乘马班如。匪寇，婚媾"（屯卦六四），即说骑马走得极为

397

艰难，求婚的人弄得像强盗一样，那么这种梦虽然也是性象征，但同时有困难、强求的特点，相对就较难成功。卦中占断是："女子贞不字，十年乃字。"一时还结不成婚。卦的占断和释梦也是相似的。

再如大过卦九二："枯杨生稊，老夫得其女妻，无不利。"梦见"枯杨生稊"，即老树长了新叶子，象征老年人重新恢复青春。"老夫得其女妻"，即老夫得到了年轻妻子，也同样象征老年人恢复青春。进一步，老年人象征精力衰弱，而"枯杨生稊""老夫得其女妻"则象征一个人（未必年纪真老）精力得到恢复，这自然是一个很好的象征。卦上的占断"无不利"和梦的解释也是一致的。而大过卦九五（"枯杨生华，老妇得其士夫"）则不同，枯老的树上开出了花朵，花象征女性，所以这个象征代表的和九二爻有性别差异。

又如井卦各爻，就是各种有关井的情境。如果我们把它理解为梦见井的种种具体情境，就可以这样分析：正如我们前面所说，梦中的井，往往象征着内心的源泉、心理力量的源头、一种滋养等。但是同是梦见井，"上下文"不同，意义也不尽相同。梦见井水浑浊，梦见旧井可能已半干，一般象征着心理潜能没有得到开发。这不是很好的心理状态。而井卦初六正是"井泥不食，旧井无禽"。这一爻的结果是得不到滋养。再如，梦见井水清澈但是没有人喝，我认为象征着心理能量没有被使用。而井卦九三中则说："井渫不食，为我心恻。可用汲，王明并受其福。"即是说，如果国王是明君，你就有福，否则你会怀才不遇，也很可惜。以梦来解，《易经》这样解也是对的。只是《易经》没有提到梦的更深一层意义：你只有自己提升了心理能量，才会得到机遇。清清井水象征你的能力，它能不能被使用不仅在于国王，也在于你自己。

7. 梦书与《易经》的"亲缘"

既然我们认为《易经》中的描述有些是梦象，那么我们必须说明，为什么梦象会进入《易经》。

我认为，这是古人将龟占、梦占等占卜方式相结合的结果。

为了保证更可靠，古人同时应用多种占卜术，这是完全可以理解的。那么，在用八卦以至六十四卦占卜时，也会参考占梦的结果。这样，他们就很自然地要对照这两种占卜方式。对照的结果，自然是将有类似占断的放在一起，相互参照。我认为就是这样，古人最后把梦书的内容放进了《易经》，按六十四卦对常见的梦象进行了分类。

如果我们更进一步假设传说中周文王被囚期间创作《易》的事件是真实的，那么，被囚的他在占吉凶时，除了用蓍草，最方便的就是释梦了，因为被囚的人最有时间做梦。

当然，我们说《易经》中有梦象，并不是说《易经》中所有的描述部分都是梦象。有些显然不是梦，如"帝乙归妹"，是典故，还有一些是不是梦很难说清楚。

《易经》中藏着一本梦书，这个假设是否成立，还需要研究者进一步探讨。本书的说法不能称为定论。不过，至少可以对这一有趣的题目加以思考，也许你也会有新的发现。

在《梦的迷信与梦的探索》一书中，刘文英先生也关注到了梦与《易经》的关系。有兴趣的读者不妨读一读。

图书在版编目(CIP)数据

释梦 / 朱建军著. --2 版，修订版. --北京：中国人民大学出版社，2025.7. --ISBN 978-7-300-33877-4
Ⅰ. B845.1
中国国家版本馆 CIP 数据核字第 20251609H6 号

释梦（修订版）
朱建军　著
Shimeng

出版发行	中国人民大学出版社		
社　　址	北京中关村大街 31 号	邮政编码	100080
电　　话	010 - 62511242（总编室）	010 - 62511770（质管部）	
	010 - 82501766（邮购部）	010 - 62514148（门市部）	
	010 - 62511173（发行公司）	010 - 62515275（盗版举报）	
网　　址	http://www.crup.com.cn		
经　　销	新华书店		
印　　刷	北京宏伟双华印刷有限公司	版　次	2016 年 1 月第 1 版
开　　本	890 mm×1240 mm　1/32		2025 年 7 月第 2 版
印　　张	12.875 插页 2	印　次	2025 年 7 月第 1 次印刷
字　　数	297 000	定　价	78.00 元

版权所有　侵权必究　　印装差错　负责调换